Ser humano

Ser humano

Charles Foster

Traducción de Marta de Bru de Sala i Martí

TENDENCIAS

Argentina — Chile — Colombia — España
Estados Unidos — México — Perú — Uruguay

A mi querido padre y a mi querida madre, con la esperanza de que podamos encontrar un lenguaje común con el que hablar de la gran aventura de ser humano.

*«Estoy buscando el rostro que tuve
antes de que se hiciera el mundo».*

W. B. Yeats [1]

Índice

Nota del autor

Pocos de nosotros sabemos qué clase de criaturas somos.

Y si no sabemos lo que somos, ¿cómo podemos saber cómo deberíamos actuar? ¿Cómo podemos saber qué es lo que nos hará realmente felices, lo que nos hará prosperar? Este libro es mi intento de averiguar qué somos los humanos. Es una cuestión de vital importancia para mí porque, a pesar de lo que digan mis hijos, soy un ser humano.

He pensado que si averiguaba de dónde venía, quizá podría arrojar algo de luz sobre lo que soy.

No puedo vivir en toda la historia de la humanidad. Ni siquiera puedo vivir en la mía. Así que he intentado vivir en tres épocas cruciales, sumergiéndome en las sensaciones, los lugares y las ideas que las caracterizaron. Se trata de un prolongado experimento mental y no mental, ambientado en bosques, olas, páramos, escuelas, mataderos, cabañas de bahareque, hospitales, ríos, cementerios, cuevas, granjas, cocinas, cuerpos de cuervos, museos, playas, laboratorios, comedores medievales, tabernas vascas, cacerías de zorros, templos, ciudades desiertas de Oriente Medio y caravanas de chamanes.

La primera de esas épocas es el Paleolítico superior temprano (hace unos 35.000-40.000 años), cuando apareció el «comportamiento moderno». Es una etiqueta un poco confusa. Tal y como veremos en las páginas siguientes, los seres humanos actuales se comportan de una manera radicalmente distinta a la de los cazadores-recolectores del Paleolítico superior, aunque no lo piensen ni lo sientan. Lo que entendemos por «comportamiento moderno», y dónde evolucionó, son cuestiones muy discutibles, pero estos argumentos no afectan mis propósitos. [2]

Los cazadores-recolectores eran nómadas y estaban conectados de manera íntima, reverente y extática con la tierra y con muchas especies (y sigue siendo así en el caso de la mayoría de los cazadores-recolectores modernos). Vivían una vida larga y relativamente libre de enfermedades, y hay pocos indicios de que hubiera violencia entre humanos. Para la mayoría, asentarse no era una opción, e incluso si lo hubiera sido les habría parecido poco atractiva. ¿Quién elegiría comer tostadas durante toda la vida teniendo a su disposición un amplio bufé suculento y constantemente cambiante?

No era habitual poseer mucho más que un cuchillo de sílex o una bolsa de escroto de caribú. Si supieras tanto como los humanos de entonces sobre la transitoriedad de las cosas, te parecería ridículo reafirmar la propiedad: el mundo no es algo que se pueda poseer, y ellos (a diferencia de nosotros) pensaban que los humanos no debían tener un comportamiento contradictorio con respecto al del mundo.

Era una época de ocio. No podían estar cazando o recolectando durante todo el día y la noche. Y es por eso que creo que era una época de reflexión, de historias, de intentar dar sentido a las cosas. Las obras de arte humano más antiguo, que están en las paredes de las cuevas del sur de Europa, son de las mejores que ha habido en toda la historia. También son las más alusivas y elusivas.

A los que podrían sugerir que esta es una visión romántica del buen salvaje, por el momento solo les diré que no veo la necesidad de defenderme ante la alegación de «romántico». «Romántico» no es un término insultante. Todo lo contrario. Simplemente los románticos tienen en cuenta más datos a la hora de interpretar el mundo que sus oponentes.

El segundo periodo es el Neolítico, que según se establece habitualmente empezó hace unos 10.000-12.000 años y duró hasta los albores de la Edad de Bronce, hace unos 5.300 años. La cronología es controvertida y las transiciones entre fases varían significativamente entre las regiones y, por supuesto, no hay un límite claro entre las diferentes épocas.[3]

Algunos cazadores-recolectores empezaron a asentarse durante una parte del año, mientras que el resto de meses seguían deambulando. Sin duda, empezaron a gestionar la tierra (quizá plantando árboles cuyos frutos les gustaba comer) mucho antes de que se instaurara nada remotamente parecido a la agricultura sistemática. Sin embargo, con el tiempo la división se volvió muy real. Los nómadas dejaron de deambular. Su mundo geográfico se hizo más pequeño. Ya no tenían la necesidad de conocer y relacionarse con un gran número de especies. Podían arreglárselas, y con el tiempo tuvieron que hacerlo, conociendo solamente a la vaca (un uro sometido y truncado)[4] que habitaba en el campo detrás de la cabaña, y una especie de pasto en concreto con grandes semillas. No pasó mucho tiempo, unos pocos miles de años, antes de que todo, incluido el ser humano, fuera sometido y truncado. Su relación con el mundo natural pasó de ser de asombro y dependencia por todo, a controlar unos pocos metros cuadrados y unas pocas especies.

Aunque la actitud mental del Neolítico fuera de control arrogante, la realidad era muy diferente. Los humanos empezaron a ser controlados. Tuvieron que permanecer en sus asentamientos y ocuparse de la cosecha. Los asentamientos trajeron consigo la política, la jerarquía y las leyes creadas por el hombre. Se acortó la esperanza de vida. La peste empezó a circular libremente. Los huesos se deformaron debido al esfuerzo de moler y levantar peso. Los esclavizadores de cerdos y los segadores de maíz fueron a su vez esclavizados y segados. El ciclo de las estaciones, que siempre había impulsado sus vidas, empezó a hacerlos polvo, y la ley de la oferta y la demanda no los enriqueció, sino que los tiranizó. El ocio desapareció. La arrogancia siempre acaba destruyéndolo todo: pregúntaselo a cualquier griego. Los grandes relatos del Paleolítico superior se codificaron y se restringieron a las historias contadas por los sacerdotes de Stonehenge. La codificación y la restricción acabaron estrangulando la mente. Las ideas, así como las ovejas, quedaron encerradas en un corral. Podemos observar las marcas de este estrangulamiento en el arte. El arte neolítico es menos logrado, matizado y evocador que su predecesor del Paleolítico superior. Durante el Neolítico es cuando comenzamos a volvernos aburridos y miserables.

Esta última etapa en la que todavía nos encontramos (excepto algunos que se resisten enérgicamente) es la irónicamente llamada Ilustración. La Ilustración continuó y sistematizó la revolución que se inició durante el Neolítico. El proceso de divorcio entre el ser humano y el mundo natural que se había iniciado en el Neolítico acabó completándose. El decreto provisional fue el corpus de los escritos de Descartes; el decreto absoluto fue firmado por Kant. El resultado fue la pérdida sistemática de espíritu del universo. Hasta entonces (sí, incluso en el monoteísmo abrahámico) todo había estado preñado de algún tipo de alma. Aristóteles insistió en ello, la ortodoxia oriental no lo dudó en ningún momento, Santo Tomás de Aquino convirtió las almas en un elemento canónico para los católicos, los cabalistas las catalogaron y los sufíes las bailaron.

La Ilustración abolió las almas del mundo no humano. El universo pasó a ser una máquina gobernada no por una esencia encarnada, sino por las leyes de la naturaleza. Las leyes son mucho menos interesantes que las esencias.

Puesto que la Ilustración fue, al principio, una revolución en los cerebros cristianos, los humanos consiguieron mantener su alma durante un poco más de tiempo. Pero no mucho; pronto pasamos a considerarnos máquinas dentro de una máquina. La consigna «rabia contra la máquina» muestra una comprensión muy precisa de todo lo ocurrido desde el siglo XVII. [5]

Darwin podría haber mitigado algo del desastre. Nos recordó que formamos parte del mundo natural, que al fin y al cabo era la idea central del Paleolítico superior. Aquella idea, bien gestionada, podría habernos propiciado la humildad que necesitábamos. Pero, en general, aquella parte del mensaje de Darwin transmutó en un cínico y peligroso «no hay nada que hacer». Se le escuchó decir (erróneamente) que los seres humanos no son más que «engranajes de la máquina»: que no somos más que materia y, por lo tanto, no importa nada. Aquello fue la receta perfecta para la baja autoestima y la destrucción sin sentido del medio ambiente. Puede que esté mal matar a un ser que tiene alma: pero no hay nada evidentemente inmoral en destrozar una máquina.

En aquel momento parecía bastante lógico ver a los humanos como *Homo economicus*, y además aquello encajaba bien con la premisa que había establecido el darwinismo respecto de que la competición era el combustible que impulsaba el motor del mundo. Durante mucho tiempo habían sido, en varias iteraciones, *Homo deus*. Uno de los indicadores más claros de los humanos con un comportamiento moderno [6] en el registro arqueológico (y ciertamente el indicador con mayor repercusión y más definitorio) es la religión. Si hay evidencias claras de prácticas religiosas en las excavaciones, entonces nos encontramos ante humanos modernos.

Pero, más tarde, Dios desapareció. Solo quedó la materia, y nosotros éramos solamente materia. La naturaleza era, como nosotros, competitiva y despiadada pero, al igual que un león de circo, podía ser muy valiosa si se la trataba con mano dura. La única métrica de valor en este mundo era la económica. Dejaron de haber comunidades naturales intrincadas, antiguas y desgarradoramente bellas; en cambio, había recursos naturales. A día de hoy tenemos esta idea tan arraigada, incluso en el discurso de los conservacionistas, que ya no nos chirría. ¿Por qué deberíamos conservar una pradera ancestral? Seguramente la respuesta sea porque tiene un valor monetario.

Nuestra mayor esperanza, ya que el reduccionismo de la Ilustración ha hecho metástasis en los órganos vitales de nuestra cultura, sea probablemente la propia Ilustración. El escepticismo y el empirismo riguroso fueron dos elementos fundamentales en el manifiesto original de la Ilustración. Pero las ciudadelas de la Ilustración moderna, como por ejemplo las oficinas de los contables y la mayoría de los laboratorios de investigación biológica, carecen de esos dos elementos. No obstante, el escepticismo y el empirismo pueden y deben ayudarnos a recuperar el encanto. Si somos lo bastante escépticos y empíricos sobre cualquier cosa (ya sea una estrella, un bebé o un vaso de plástico), la percibiremos como algo desconcertante, misterioso, emocionantemente extraño y que desafía todas nuestras categorías, por lo que requiere una respuesta poética, matemática, emocional y física. Cuando el escepticismo y el empirismo están debidamente implementados nos muestran las vertiginosas maravillas del mundo, que nos exigen todos nuestros recursos, en todas nuestras modalidades intelectuales, sensoriales y, sí, también espirituales, para poder explorarlo.

Este libro no es un tratado anti-Ilustración. Ni mucho menos. Es un alegato para que la Ilustración cumpla minuciosa y honestamente la tarea que se propuso en el siglo XVIII. Es un intento de sacar a la Ilustración de las garras de sus autodenominados Sumos Sacerdotes, los fundamentalistas científicos, y conseguir que mire sin miedo ni prejuicios el mundo natural y el humano. Si lo consigue, se unirá a Niels Bohr (que demostró que la incertidumbre no era un fallo de la ciencia, sino algo que formaba parte del tejido mismo del universo), a Werner Heisenberg (que sabía que la objetividad científica era imposible porque toda observación está teñida por la relación entre el observador y lo observado) y a los pintores chamánicos del Paleolítico superior (que sabían, al igual que Darwin, que la frontera entre humanos y no humanos era fluida) en un vibrante misticismo científico. Si la ciencia abordase el tema de la propia existencia real y no la afirmación neurótica de sus propias presunciones sería una vocación épica y mística, porque la existencia es épica y la realidad es misteriosa.

Somos materialmente más ricos que nunca. Hemos abolido muchos males materiales. Y, sin embargo, estamos mal ontológicamente hablando. Tenemos la sensación de ser criaturas importantes, pero no tenemos manera de describir esa importancia. La mayoría de nosotros abjura de los burdos fundamentalismos, tanto religiosos como seculares, que nos ofrecen respuestas fáciles y baratas a la pregunta: «¿Por qué estoy vivo?». Ningún cazador del Paleolítico superior alzaría la cabeza al cielo y menospreciaría a los dioses pensando que se les puede limitar dentro de las escuetas fórmulas del protestantismo conservador.

Estamos ridículamente mal adaptados a nuestra vida actual. Comemos en un solo desayuno la cantidad de azúcar que un hombre del Paleolítico superior comía en un año y nos preguntamos por qué somos diabéticos, por qué nuestras arterias coronarias se taponan y por qué estamos tensos debido a la energía no gastada. Caminamos en un año lo que un cazador del Paleolítico superior recorría en un día y nos preguntamos por qué nuestros cuerpos son como de plastilina. Consagramos nuestros cerebros diseñados para estar en un constante estado de alerta por los lobos a la televisión y nos preguntamos por qué tenemos un sentimiento persistente de insatisfacción. Aceptamos ser dirigidos por sociópatas egoístas que no sobrevivirían ni un día en el bosque y nos preguntamos por qué nuestras sociedades son miserables y por qué tenemos la autoestima baja. Nosotros, que funcionamos mejor en familias y comunidades de hasta 150 personas, elegimos vivir en grandes bloques de cemento y nos preguntamos por qué nos sentimos alienados. Tenemos unos estómagos hechos para consumir bayas orgánicas, alces orgánicos y setas orgánicas, y nos preguntamos por qué se rebelan ante los organofosforados y los herbicidas. Somos homeotermos y nos preguntamos por qué todo nuestro metabolismo se descontrola cuando delegamos nuestra regulación térmica a los edificios. Somos criaturas salvajes diseñadas para tener un contacto extático constante con la tierra, el cielo, los árboles y los dioses, y nos preguntamos por qué las vidas construidas sobre la premisa de que somos meras máquinas que vivimos en invernaderos con calefacción central e iluminación electrónica no nos parecen óptimas. Tenemos cerebros moldeados y expandidos (a un alto coste) para la relacionalidad y nos preguntamos por qué somos infelices en una estructura económica construida sobre la suposición de que somos islas amuralladas que no deben mezclarse entre sí.

Somos personas que necesitamos historias tanto como el aire que respiramos, pero la única historia que tenemos es la lúgubre y degradante dialéctica del libre mercado.

Estas últimas observaciones sobre el estado del mundo están muy trilladas. Pero lo que no está tan trillado es como están conectadas con los últimos 40.000 años de la historia de la humanidad.

Este es un libro de viajes. Viajaremos al pasado en un intento de descubrir qué es el ser humano: qué es el yo; y cómo el pasado está conectado con lo que somos ahora. Es el intento de un hombre por sentir esa conexión: la historia de cómo traté de convertirme en un cazador-recolector, en un agricultor y en un reduccionista de la Ilustración, y todo por una búsqueda desesperada para saber qué soy, cómo debo vivir y qué forma adopta la conciencia cuando se incorpora en un cuerpo humano.

Creo que ha valido la pena. Y ha sido francamente divertido.

Los libros académicos sobre el pasado siempre empiezan por los hechos; en cambio, yo empezaré por mis sentimientos, por los sentimientos que me invaden cuando me sumerjo lo mejor posible en una época, o en un bosque, o en una idea, o en un río.

Al fin y al cabo, en la Prehistoria y en la Ilustración había sentimientos, así que si nos hacemos una buena idea de cuáles eran, podremos estudiar mejor esas épocas.

Nunca nada tiene un interés meramente histórico, y desde luego no el estudio de nuestros años formativos. Estas épocas no han pasado: todavía nos gobiernan. Suelo llevarme mejor con mis amigos que están plenamente inmersos en el Paleolítico superior, es decir, con aquellos que no saben dónde acaban ellos y dónde empieza el jardín, aunque la mayoría de nosotros, por lo menos a primera hora de la mañana, tenemos instintos del Paleolítico superior. Nuestra mansedumbre y nuestro afán de compartimentación, dominio y control son neolíticos, y nos arruinan a nosotros y todo lo que tocamos. Pero no todos nuestros aspectos neolíticos son malos. Nuestro deseo de mimar y cuidar la tierra procede del Neolítico.

Solo las personas neolíticas compran bebederos para pájaros y perros.

Este libro no es un manual. No encontrarás recetas de estofado de reno, ni patrones para hacer polainas de piel de ganso, ni instrucciones sobre cómo transportar fuego con hongos redondos, atar la cabeza de un hacha de sílex a un asta o levantar un menhir. Tampoco se trata de una crónica de un intento sistemático de recrear la vida de otras épocas. Hay muchos libros y páginas web que ya hacen este tipo de cosas.

No soy arqueólogo ni antropólogo, pero he intentado constatar los hechos (o por lo menos no equivocarme) y no tergiversar el consenso académico en caso de que exista. Algunas de las figuras más destacadas de la arqueología prehistórica y la antropología accedieron muy generosamente a hablar conmigo, y con paciencia infinita respondieron a mis preguntas e intentaron corregirme. En la sección «Agradecimientos» los menciono a todos y les doy las gracias. Si no consiguieron corregirme, cuando era posible, asumo toda la culpa. Sin embargo, hay que entender que a menudo las preguntas relacionadas con la Prehistoria humana no tienen respuestas correctas. Hay mucho espacio para opinar y, muy a menudo, me he encontrado con que las opiniones están dictadas tanto por el temperamento o la historia personal del protagonista como por lo que se ha desenterrado. Ocurre exactamente lo mismo en la mayoría de los ámbitos del mundo académico, por supuesto, pero quizá sea más visible en la arqueología prehistórica.

Las conversaciones de la sección de la Ilustración se han extraído de las muchas que he mantenido con infinidad de personas a lo largo de muchos años. Puedes buscar en los claustros de Oxford al Catedrático, al Shakespeariano y al Fisiólogo, pero será en vano. O mejor dicho, están por todas partes. En ningún lugar y en todas partes, también están Steve el Peedo y sus compañeros del matadero, Giles el agricultor cristiano «neoneolítico» y el capitalista maestro de cacerías de zorros.

En varios momentos del libro encontraremos a dos personajes del Paleolítico superior: un hombre al que he llamado X y su hijo. Me han preguntado si son reales: si realmente los conocí en el bosque, y si realmente fueron apareciendo subsecuentemente, haciendo comentarios irónicos pero silenciosos, representando la voz de los humanos normativos, prístinos, recién salidos del cascarón, sin los compromisos adquiridos durante los últimos 40.000 años, o si son solo un recurso literario. A lo que respondo: en primer lugar, no estoy seguro. Y, en segundo: que una plaga asole vuestras dicotomías.

La sección del Paleolítico superior del libro es mucho más larga que la del Neolítico, la que, a su vez, es mucho más larga que la parte de la Ilustración. Las discrepancias son totalmente deliberadas. Los seres humanos pasaron mucho más tiempo siendo paleolíticos superiores que neolíticos, y mucho más tiempo siendo neolíticos que ilustrados, y (en mi opinión) la contribución respectiva de esas épocas al animal que somos hoy en día es aproximadamente proporcional a la cantidad de tiempo que pasamos en cada época. A juzgar por la duración de cada periodo, la sección neolítica es mucho más larga de lo que debería ser, y el tramo de la Ilustración es definitivamente demasiado largo. Si tenemos en cuenta que el Paleolítico superior empezó hace 40.000 años (juntándolo con el Mesolítico, cosa que parece razonable para este propósito), que el Neolítico se inició hace 10.000 años y duró hasta hace 5.300 años, y que la Ilustración empezó hace 300 años y continúa hasta el día de hoy, entonces la sección del Paleolítico superior debería ocupar el 86 % del libro, la sección del Neolítico alrededor del 13 % y la sección de la Ilustración, el 0,86 %. Si la sección de la Ilustración parece una mera coda, es porque lo es. No he querido dar rienda suelta a la ilusión de que la Ilustración es el tema principal.

Hay otras épocas históricas además de estas tres. Algunas de ellas son realmente importantes. Pero yo solo hablaré de esos 40.000 años, omitiendo solamente 5.000 años, es decir, aproximadamente el 13 % del tiempo en que los seres humanos han tenido un comportamiento moderno. Por razones totalmente personales, me encantaría haber tratado esa extraordinaria época en torno al siglo v a.C., que vio el nacimiento de las grandes religiones monoteístas, la articulación de la mayoría de los problemas perennes de la filosofía y la construcción de los fundamentos de la ciencia. Pero, por muy asombrado que esté por los logros de esa época, no he conseguido convencerme de que fuera tan formativa como las tres etapas que he elegido. Esa época cambió nuestra manera de describirnos, no nuestra sustancia.

Las secciones del Paleolítico superior y del Neolítico están divididas según las estaciones del año. Pero la sección de la Ilustración, no. La Ilustración no tiene estaciones; las estaciones son cosa del mundo natural.

Soy consciente de la ironía de escribir un libro que cuestiona el valor de cualquier cosa dicha o escrita en un lenguaje humano usando un lenguaje humano. No sé qué puedo hacer al respecto, salvo admitir que estoy avergonzado.

En estas páginas hablaré a menudo de la presencia de los muertos. No te lo tomes como un incentivo para intentar contactar con los muertos. De hecho, no lo hagas: es terriblemente peligroso.

A menudo soy extremadamente crítico en este libro con la manera en que los humanos se han comportado, pero eso es solo porque creo que son gloriosos. Todos ellos. Nuestro comportamiento a veces es vergonzoso precisamente porque nuestra verdadera naturaleza es gloriosa. Estamos tan arriba, que cuando caemos es todo un espectáculo. Cada vida es inmensamente importante, pero nos decepcionamos a nosotros mismos. Literalmente, nos desmerecemos a nosotros mismos. Espero que cuando me pongo a criticar no esté haciendo más que registrar y lamentar este desmerecimiento. Espero no parecer enfadado. Estoy mucho más triste que enfadado, triste por lo que podría haber sido. Pero estoy mucho más emocionado que triste por lo que podría ser.

En este libro no exploro lo que hay que hacer. No soy vidente, sabio, psiquiatra o sociólogo. Pero seguro que ello implica una bondad radical, un despertar y viejas historias. Todos los humanos somos Scheherazades: morimos cada mañana si no tenemos una buena historia que contar, pero todas las buenas historias son antiguas.

Y, por último, me estremezco ante la arrogancia de intentar dilucidar qué son los humanos. Pero cada uno de nosotros tiene que intentar averiguar lo que es, aunque solo sea para sí mismo, ¿no?

El Paleolítico superior

Invierno

«[...] siempre estoy intentando hacer lo que los muertos me dicen que haga. [...] ¿quiénes son los fantasmas: nosotros o nuestros muertos?».

SARAH MOSS, *Muro fantasma.* [7]

«El mayor peligro de la vida radica en el hecho de que el alimento humano se compone enteramente de almas. Todas las criaturas que tenemos que matar y comer, todas las que tenemos que abatir y destrozar para hacernos ropa, tienen almas, almas que no perecen con el cuerpo y que, por lo tanto, deben ser [pacificadas] para que no se venguen de nosotros por haberles quitado sus cuerpos».

Cazador inuit de Igulik a KNUD RASMUSSEN. [8]

«Los informes sobre los pueblos de América, Europa, África y Asia muestran que son casi unánimes en prohibir la narración de historias sagradas en verano o a la luz del día, excepto en ciertas ocasiones especiales». [9]

ALWYN REES Y BRINLEY REES, *Celtic Heritage: Ancient Tradition in Ireland and Wales.*

La primera vez que comí a un mamífero vivo fue en una colina escocesa.

Un par de días antes había estado en un tribunal victoriano del centro de Londres con una peluca de crin, un cuello de puntas rígido, bandas almidonadas y una toga negra discutiendo sobre cuánto valía un útero dañado. Luego me desplacé en tren cama hasta Escocia bebiendo chianti, bajé en una estación de las Tierras Altas, conduje con un Land Rover hasta una gran casa de campo, me hicieron disparar a una foto de un ruso en posición de ataque y me soltaron en la colina con un traje de tweed.

Durante seis horas, caminé, exploré y me arrastré. Por fin vi un ciervo bastante grande y me dije: «Este es mío». Estaba en una hondonada justo por debajo de la cresta de la colina y sudé tinta para llegar hasta él. El viento rebotaba en las rocas, pero esperaba estar lo bastante arriba como para evitar que mi olor llegara hasta el animal. Me arrastré por un arroyo; me entraba agua por el cuello y se me salía por los calcetines. Me quedé detrás de una piedra durante un par de horas. No podía acercarme, pero si el ciervo no se movía no había manera de que pudiera disparar a matar.

Un cuervo me delató. Se abalanzó, me vio y graznó. El ciervo se dio cuenta de que algo iba mal, alzó la cabeza, olfateó y dobló las patas traseras, listo para salir despedido. Era ahora o nunca. Levanté la cabeza, quité el seguro y apreté. La bala le dio en el pecho.

Fue suficiente. Tosió y se tambaleó en dirección al mar, pero en aquel estado no llegaría muy lejos.

Lo encontramos convulsionando en el brezo. Su cerebro estaba eléctricamente muerto y su corazón se había detenido, pero la mayoría de las células de su cuerpo seguían vivas. El acechador, Jimmy, sacó un cuchillo del cinturón, lo clavó en el vientre y lo abrió. Las vísceras se desenrollaron y humearon como si fueran serpientes calientes. Jimmy arrancó un trozo de hígado y me lo dio.

—Así está delicioso —me dijo.

¿Qué se suponía que debía hacer? Jimmy cortó otro trozo y empezó a masticarlo, así que yo también mastiqué el mío. Una de las superficies estaba elegantemente abombada por la parte donde la había presionado el diafragma. Había sido empujada hacia abajo miles de veces al día por un fuelle lleno de aire salado de las Islas

Exteriores. Pero en aquel momento aquel trozo parecía una babosa. El extremo de un conducto me arañó la lengua y noté sabor a sangre en la boca.

—¿A que está bueno? —preguntó Jimmy.

—Delicioso —respondí, intentando no marearme.

Todavía tenía sangre en la cara cuando volví a la casa.

Me bañé, me cambié de ropa y fui a cenar. Aquella noche bebí un borgoña excelente, y luego una mujer hermosa cantó algunos *lieder* de Schubert acompañada del piano.

* * *

A la semana siguiente ya estaba de nuevo en el juzgado, preguntándome en voz alta qué relevancia podía tener un caso del siglo XVIII para un pediatra del siglo XX, ensordecido por la disonancia entre los diferentes modos de mi vida, preguntándome qué era yo mismo, de dónde venía y qué demonios iba a hacer con las respuestas a aquellas preguntas, fueran las que fueren.

Y luego, por supuesto, no hice nada al respecto durante años. Aquella disonancia se convirtió en un acúfeno irritante pero no especialmente intrusivo. Continué viajando y matando, y reproduciendo, y hablando, e intentando persuadir, e incluso a veces llegué a persuadirme a mí mismo. El zumbido del ajetreo me permitía ignorar el acúfeno excepto a primera hora de la mañana o en los pocos momentos aterradores en los que me quedaba solo. Pero entonces, sin ningún motivo aparente, fue subiendo de volumen hasta llenarme la cabeza por completo, y entonces supe que tenía que hacer algo.

* * *

Lo que tenía que hacer era empezar lo más cerca posible del principio de mi historia (y de la tuya): dar el primer paso, conocer a nuestros antepasados, sentir las fuerzas que me han moldeado hasta conseguir que sea tal y como soy a día de hoy. Pero hay ciertos límites. Nuestros inicios fueron una convulsión matemática que se convirtió en una explosión, una explosión que no ocurrió en ningún momento concreto porque el tiempo todavía no había empezado, y que no ocurrió en ningún lugar concreto porque el espacio todavía no había sido creado. No se puede comenzar por ahí sin volverse loco.

Habría sido una tontería remontarse en la historia hasta el punto en que nuestros ancestros eran esponjas en el mar de la moderna Madagascar o musarañas correteando entre las patas del triceratops de Londres. Pero no resulta tan descabellado retrotraerse 40.000 años, cuando los humanos con un cuerpo y un cerebro tan moderno como el tuyo y el mío (solo que mejores) vivían en cuevas y refugios en Derbyshire.

Por aquel entonces hacía frío. El paisaje estaba compuesto por una tundra estridente y lúgubre en lugar de por el denso bosque que llegó después de que se fundieran los últimos restos de hielo. A los hombres les crecía la barba y el pelo les llegaba por debajo de los hombros, pero sus cuerpos eran tan lampiños como el mío, aunque más rígidos. Llevaban ropa de piel pulcramente confeccionada, hacían asados los domingos, amaban a sus hijos y no querían morir.

Había una gran diferencia entre ellos y nosotros. Su sentido del yo no era tan intrusivo y tiránico como el nuestro. Si tenían algún tipo de lenguaje (que lo tenían, pero ya hablaremos más adelante de esta cuestión), no contaminaban todas las frases con «yo», «me» y «mío».

Cerca de la granja de mi amiga Sarah en Peak District hay un bosque. Creo que uno de estos hombres vivía allí con su hijo, cuando solo había árboles pequeños y esporádicos y pasto duro. No me atrevo a llamar a este hombre por ningún nombre moderno. Lo llamaré X. Si consigo encontrarlo y mirarlo a los ojos, sabré lo que soy.

Quizás algún día conozca su nombre.

* * *

Tom y yo tomamos un tren durante 240 kilómetros y 40.000 años. Hacemos transbordo en Derby, donde bebemos té, jugamos a las cartas y terminamos una punta de lanza de sílex.

—Menuda irresponsabilidad —dijo una mujer muy perfumada la semana anterior—. Por supuesto que puedes satisfacer tu fetiche por la miseria y tu imagen tergiversada de que los hombres de las cavernas eran reyes filósofos, pero no obligues al pobre Tom a ir contigo.

—¿Has visto el pronóstico meteorológico? —preguntó un hombre con ojos candentes que se cree todo lo que lee en los periódicos y que tiene pensado organizar el velatorio de su mujer en un hotel del aeropuerto—. Parece un caso para los Servicios Sociales. —Lo dijo en serio, o por lo menos eso indicaban su entrecejo y su CV.

Tom, con sus trece años, se preguntaba a que venía tanto alboroto. No sería la primera vez que dormiríamos en un agujero. Teníamos pensado ir a un bosque que conoces bien; haremos un refugio, mataremos cosas y contemplaremos la hoguera hasta que llegue Navidad. Entonces tomaremos el tren de vuelta a tiempo para hacer todas las cosas de siempre.

Sus profesores fueron muy comprensivos: «Una época interesante, el Paleolítico superior. Intenta mantenerte al día con las matemáticas, ¿vale?». Pero su madre, no: «¿Sabes lo atrasado que va ya?».

Hemos escuchado todos los chistes sobre mamuts del mundo. Tenemos la cara cansada de sonreír forzadamente.

En una minúscula estación rural nos espera el taxi que nos llevará al páramo. Un perro de plástico se tambalea en el salpicadero.

—¿Tiene usted perro? —le pregunto al conductor.

—No —dice, y eso es todo.

Avanzamos un kilómetro y medio en silencio hasta que Tom pregunta:

—¿Podemos parar, por favor?

Así lo hacemos, y Tom sale de un salto del coche con una bolsa de basura negra, mete un zorro muerto dentro tal y como había hecho yo a su edad, vuelve a subir y se pone de nuevo el cinturón de seguridad.

—Gracias —dice—. Y perdona.

—No hay problema —contesta el conductor—. Solo procura que el contenido de los intestinos no termine en mis alfombrillas.

—Tiene la misma indiferencia profesional que un sacerdote en un confesionario.

Nos detenemos dos veces más, pero para recoger conejos muertos. Los ojos se han encogido en sus cuencas y están recubiertos con una película, como si estuvieran viendo algo dentro de sí mismos; como si comer hierba y aparearse fuera aburrido en comparación con lo que estuvieran viendo entonces.

El taxi serpentea por el valle pasando por tiendas de patatas fritas, molinos abandonados y menhires. Las luces festivas parpadean alrededor de las ventanas de plástico. Debajo de nuestros pies sale aire caliente que apesta a gasolina y el almizcle del zorro se eleva y se extiende por el coche. Los borrachos se tambalean en la carretera. El conductor los esquiva sin hacer ningún comentario.

Las farolas de la calle se rinden. La oscuridad es más grande que ellas. Nos adentramos en la noche a través de un túnel perforado por los faros, y cuando subimos por las colinas parece como si nos dirigiéramos hacia el cielo. La carretera se allana al llegar al páramo, o a lo que aquí llaman «páramo»: campos de hierba fina sembrados de huesos de oveja marcados por muros de piedra seca construidos por hombres enterrados en las esquinas de los campos. Aquí siempre hace viento. Rebota en los muros como una pelota de squash, así que siempre lo notas venir desde todas las direcciones a la vez.

El taxi nos deja junto al hueco que hay en una de las paredes. Dejamos nuestras mochilas y los animales atropellados en el arcén.

—Que les vaya bien —dice el conductor mientras le pago. No sonríe.

Veo la televisión de Sarah parpadeando a través de las ventanas de su granja, justo al final del camino. Iluminamos las ovejas congeladas con el haz de luz de la linterna: nubes de lana húmeda, enverdecidas por las algas. El aliento nos cuelga de la barbilla.

Golpeamos la puerta y, al no obtener respuesta, la ventana. Sarah debe de estar en el pub a cuatro kilómetros y medio de distancia. Es noche de curry y una banda de Sheffield tocará bluegrass. En la pantalla, un psicópata narcisista amenaza con dar una paliza a un pequeño país. Hay un libro de cocina abierto en el sofá junto al televisor y un gato frotándose contra una cuba de kombucha. Las naranjas de la cesta de la fruta son de Israel, y la luz la generó el viento que sopló la semana pasada. En la cocina hay un urogallo secándose hasta ser comestible. Intentamos abrir la puerta con la idea de asaltar la nevera y tal vez sentarnos junto al fuego. Pero está cerrada con llave.

Hemos escuchado que se avecina una gran tormenta por el norte, de las que traen consigo al perro negro de la muerte, así que nos apresuramos a ponernos bajo cubierto antes de que llegue. Cruzamos la verja; bajamos por la colina; evitamos el pozo de la mina a la izquierda; pasamos el árbol de las liebres; nos acordamos de que tenemos que agacharnos para que los pinchos no nos den en los ojos; orinamos antes de zambullirnos en el bosque; nos fijamos en el faisán que sale disparado del serbal (volveremos a por ti, muchacho); «no te preocupes por los pinchos que te arañan el abrigo, Tom; limítate a agachar la cabeza». Pasamos por debajo de la rama baja y larga de un viejo espino, que se extiende junto a un muro medio derruido. Fuera de aquí, ovejas: a partir de ahora, este lugar es nuestro. Marchaos de aquí y llevaros vuestras garrapatas.

Entonces llega el perro de la tormenta. Al principio ni siquiera gruñe. Pero de repente está ahí, bajo el árbol, gruñendo y chasqueando; todo pelo y saliva. Habíamos planeado atar una lona a un árbol para hacer una tienda de campaña hasta que pudiéramos construir un refugio más auténtico, pero la arrancaría enseguida. Así que nos acurrucamos en el suelo lo más cerca posible de la pared, nos envolvemos en la lona y dejamos que pase lo peor.

No es tan horrible, aunque es inútil intentar dormir mientras el perro de la tormenta está en el bosque. Se pasea por ahí durante varias horas, intentando llegar a nosotros. Nos golpea con sus patas durante un rato y luego, frustrado, se da la vuelta y se va a ver qué encuentra en Nottingham.

Cuando se va, el bosque suspira, se sacude y vuelve a respirar. Un búho empapado se pone a cazar. Los tejones atraviesan la maleza, aspirando gusanos como si fueran espaguetis. Una oveja tose. No hay estrellas. El frío sube de la tierra y va calándonos la ropa. Pensamos en la chimenea, el té y el vino. El sueño se arrastra hacia nosotros junto con el frío. Formamos parte del barro.

Cuando me despierto, tengo al zorro bajo la cabeza a modo de almohada. El cielo es azul, blanco y brillante, y estamos en un bosque en la cima del mundo, así que empezamos.

* * *

Los que empezamos somos nosotros. Me refiero a nosotros como humanos modernos.

Esta es la teoría vigente de la antropología dominante. La evolución humana se inició en África. Hubo varios prototipos, algunos de los cuales coexistieron, y todos fueron puestos a prueba de manera brutal por la selección natural. Comenzamos a aparecer en los registros fósiles de hace unos 200.000 años; es decir, empiezan a aparecer seres más o menos anatómica y fisiológicamente idénticos a nosotros. Sus cerebros tenían la misma forma que los nuestros, aunque quizá fueran un poco más grandes. Se necesita un cerebro grande para relacionarse, lo cual es costoso, exigente y muy gratificante. Se relacionaban mejor que nosotros, por lo que requerían un potente equipo neurológico. Acechaban en la sabana de pie sobre sus dos piernas largas y fuertes, mirando con su visión binocular frontal hacia el horizonte que sus antepasados no bípedos no podían ver debido a la hierba alta; mirando el mundo literal y, con el tiempo, figurativamente; viendo la tierra a sus pies; bendecidos y malditos por una perspectiva que ningún ser había tenido antes; sus narices bien alejadas del polvo y supeditadas a su vista; sus inteligentes manos con pulgares opuestos libres para construir herramientas, hacer señales, aporrear y acariciar, pero que nunca volvieron a ser utilizadas para absorber sensaciones del suelo.

Pero la anatomía y la fisiología no lo son todo. Durante 150.000 años, aquellos humanos se comportaron de una manera bien diferente a la nuestra. Recurriendo a un término amado y odiado por los arqueólogos, no tenían un «comportamiento moderno». Probablemente no se adornaban el cuerpo, no enterraban a sus muertos con ajuares funerarios, no fabricaban herramientas de hoja o hueso, no pescaban, no transportaban sus recursos durante distancias significativas, no cooperaban con nadie con quien no estuvieran estrechamente emparentados, y probablemente no estuvieran lo bastante organizados como para matar grandes animales.

Entonces ocurrió algo maravilloso. Todavía se cuestiona a qué velocidad sucedió y hasta qué punto se expandió por toda África. Pero nadie pone en duda el hecho de que ocurriera.

Ve a un buen museo y busca la galería dedicada a los primeros seres humanos. Seguro que estará repleta de sílex. Empieza por el principio y camina cronológicamente hacia la actualidad. Fíjate bien en los artefactos. Los primeros minutos del paseo serán muy aburridos. Verás cosas anodinas: herramientas toscas e indistinguibles y dibujos de hombres peludos asando carroña. Toda la exposición estará centrada inexorablemente en lo material. Todo lo que haya detrás del cristal dirá que los humanos son solo trozos de carne, hueso y cartílago.

Pero si estás en un museo realmente bueno, al doblar la esquina verás un cartel en el que pondrá «Paleolítico superior» y el corazón empezará a latirte con fuerza. Porque allí verás a tu familia de hace

40.000 años. La reconocerás por el enorme estallido de simbolismo. Pulieron huesos y piedras para representar lobos, osos y humanos; es probable que la metáfora se originara por aquel entonces. Aquello abría un sinfín de posibilidades. Un hueso podía ser un lobo sin dejar de ser un hueso. Si aquello era posible, ¿acaso había algo imposible? Un mundo que hasta entonces había sido meramente químico se había convertido en alquímico. Que algo fuera invisible según las leyes de la óptica y la fisiología visual no significaba que no pudiera existir.

El tiempo empezó a comportarse de forma diferente. Por aquel entonces no parecía ser el medio natural que habitaban los seres humanos, y sin duda se produjo una revuelta (que antes hubiera sido impensable) contra la tiranía del tiempo o, por lo menos, contra la noción de que tras cada momento hay otro esperando. Los muertos permanecían. A los humanos muertos los ungían con ocre y los enviaban a emprender su viaje con comida, armas y objetos con un significado meramente sentimental o estético. Los animales muertos se apaciguaban. De la misma manera que un hueso podía ser un lobo, los muertos podían estar viajando y, a la vez, estar presentes junto a la hoguera para consolar, aconsejar, reprender y burlarse.

El mundo se volvió mucho más complejo y resonante de lo que había sido hasta entonces.

Tom y yo esperamos estar en este mundo ahora mismo o, por lo menos, poder encontrar el camino hasta allí. X está aquí, en algún lugar, esperando para prestarnos su ayuda.

Aquella nueva complejidad exigía y daba más. Hace falta un prisma para demostrar que la luz blanca es de todo menos blanca, que está compuesta de muchos colores. Aquella fue la nueva era prismática. Lo que hasta entonces había sido una tarea única (pongamos por ejemplo descuartizar a un oso muerto) se convirtió en varias: desollar al oso, curar la piel, disecar los tendones y hacer cuerdas, transformar el hueso del muslo en una hiena, hacer que el oso muerto sea seguro y también, idealmente, afable. Así que vemos, por primera vez, juegos de herramientas elaborados que contienen herramientas específicas para realizar tareas específicas. Surgió una nueva precisión en la acción y el pensamiento. Las hojas se utilizaban para hacer un corte exacto determinado de antemano entre las articulaciones y los órganos por donde antes había aplastado y astillado un hacha roma.

Planificar cómo cortar con una hoja de sílex a través del vientre de un oso y descartar otras posibilidades significa que seguramente ya se hayan valorado y evaluado otras maneras en una pizarra virtual. En otras palabras, se había producido un acto de abstracción: un alejamiento del mundo sólido de piedra y hueso hacia otro campo de acción, un lugar, como por ejemplo el reino de los muertos, que no podía verse con los ojos físicos pero que a pesar de eso era real, y cuyas consecuencias podían verse cuando se martilleaba la piedra o se pulía el hueso.

La abstracción les ofreció enormes ventajas. Pudieron evaluar en la seguridad de su cabeza distintas estrategias para matar a un oso en lugar de tener que probarlas contra un oso real en una cueva con el riesgo que aquello conllevaba, ya que solamente tenían una oportunidad para hacerlo bien. Eso no se podría haber conseguido sin la idea del «yo». Un «yo» tenía que ser el actor principal del drama imaginado: un «yo» tenía que arrojar la lanza y evitar los zarpazos. Y el «yo» implica mirarse a uno mismo y describirse.

Hay una palabra que significa, literalmente, estar fuera de uno mismo: «éxtasis». Es una etimología curiosa. ¿Significa que hay que salir de uno mismo para tener sentimientos placenteros? Bueno, según mi experiencia, sí. Los cabrones egoístas son cabrones deplorables. ¿Tenemos que distanciarnos de nosotros mismos para poder observarnos con detenimiento? De nuevo, sí. Pero tener una visión adecuada de mí mismo no me produce ningún placer. Tal vez los griegos que se observaron a sí mismos y que acuñaron la palabra «éxtasis» fueran más atractivos que yo.

Este éxtasis del Paleolítico superior, esa capacidad de verse a uno mismo, se materializa en las figurillas de hueso que ahora están en los museos. Es donde rostros humanos aparecen por primera vez. Son el arte más elocuente de la historia, y gritan: «Este soy yo» o «Este eres tú, y soy diferente a ti».

¿Y qué derivó de todo esto? Lo más importante es la historia. Tú y yo somos actores. Los actores no se quedan con las manos en los bolsillos. No pueden. Actúan compulsivamente, y sus actos se unen, creando así una historia. Las pequeñas historias parciales dan lugar a historias más grandes. Si ves lo que les ocurre a otros seres humanos cuando se los lleva por delante una avalancha de rocas, los dientes de un león o un Mercedes a toda marcha, solo puedes evitar contarte una historia que dé sentido a tu persona y a tu aniquilación si llevas años condicionándote arduamente.

El «yo» dio a luz al «tú». Se pusieron los cimientos para que surgiera la teoría de la mente y, por lo tanto, los distintos tipos de amor, empatía y adquisición. Se reestructuró nuestro deseo de matar, esta vez con tintes de moralidad. Empezó un murmullo persistente que insinuaba que algunos tipos de muerte quizá no estuvieran bien, y terminó transformándose en un grito ensordecedor. [10] El sentido del yo engendra todas las leyes, toda la ética, todo el sadismo, todo el amor y toda la guerra.

En cuanto hubo un «yo», la existencia dejó de ser una mera cadena de acontecimientos. Y así fue durante 45.000 años más o menos, pero luego, tal y como veremos más adelante, se nos dijo que no había historias sino solo sustancias: que solo éramos sustancias químicas y sus consecuencias. Algunas personas incluso se lo creyeron. Las primeras muestras de conciencia humana se manifestaron primero a través del simbolismo, con cosas que significan otras cosas. Pero ahora nos dicen que nada significa nada. Que nada es significativo.

Puede que la humanidad no haya experimentado la revolución del «yo» una sola vez mediante una avalancha de autocreación y autoconocimiento. Puede que surgiera muchas veces, en torno a muchas hogueras diferentes y a lo largo de muchos miles de años. Pero más allá de cómo, dónde y cuándo haya sucedido, te creó a ti.

* * *

Es extraño que X y su hijo estén aquí. Este lugar era el confín del mundo y el confín del hielo, un lugar dominado por la nieve que se arremolinaba y por el viento que aullaba. Seguro que tenían un buen motivo para estar lejos de su hogar en Francia. Tal vez dijeron a su familia que se iban de viaje para cazar mamuts, pero para que eso resultara creíble habrían tenido que venir con más personas, y no he visto ni rastro de ellas. [11] Seguro que en casa X formaba parte de un grupo de caza o de búsqueda de alimentos de unos quince miembros, en un clan de unas ciento cincuenta personas, que estaría conectado a una red (con un idioma común) de unas quinientas personas. A la mayoría de esas quinientas personas las veía solo ocasionalmente. Eran puntos distantes de luz parpadeante, o una columna de humo, o una herida de lanza de sílex supurante en el costado de un caribú o (en caso de que les hubiera alcanzado el hambre o los lobos) unos milanos y unos cuervos volando en círculos. Tenían diferentes patrones de cicatrices en sus rostros, y diversas formas de enrollarse las capas, de ponerse en cuclillas para defecar, de marcar senderos, de hacer salchichas, de copular y de pensar en las constelaciones. Rara vez se peleaban con el clan de X. ¿Por qué iban a hacerlo? Había mucho para repartir y luchar duele. Pero a veces su olor distinto llegaba al valle de X (aunque ellos nunca venían), y entonces X empuñaba su cuchillo y sacudía a su hijo para despertarlo.

Sospecho que X y su hijo vinieron hasta aquí porque X empezó a notar una ligera comezón en su mente, a escuchar un susurro silencioso. La comezón y el susurro parecían importantes, pero no podía examinarlos mientras lo apremiaban las obligaciones familiares: enseñar a los niños, obedecer a las esposas y alimentar a los abuelos.

X necesitaba estar solo para poder rascarse aquella comezón y escuchar la voz. Estar solo significaba estar consigo mismo, pero dado que solo conseguía ser él mismo cuando estaba con su hijo, partieron juntos en dirección al frío.

Sentado junto al fuego, oía aquella voz. «Yo, yo, yo», decía, y a medida que la escuchaba iba subiendo de volumen hasta ahogar el rugido del viento y el silbido de la madera, y abrirle la cabeza y el mundo.

* * *

Esta mañana estoy fuera de mí mismo, de la misma manera que mis antepasados estuvieron trascendentalmente fuera de sí mismos. Yo ya estoy acostumbrado a ello, y aun así me parece una carga. Pero para ellos, aquella primera vez cambió su universo por completo.

Veo a un animal maltrecho, temeroso, orgulloso, alto y con barba, con una vieja chaqueta de tweed, con un juego de cuentas kombolói griegas y los poemas completos de Thomas Hardy en el bolsillo, que no está viviendo en un bosque de Derbyshire en diciembre, sino en el pasado y en el futuro: en realidades virtuales conjuradas por su cerebro autocrático. Le gusta pensar que utiliza las abstracciones como herramientas, pero en realidad él es la herramienta de las abstracciones.

Pero Tom está en el bosque; está aquí ahora. Se sube a un árbol y luego se cae, y nota verdadero dolor en el codo en tiempo real. Escarba el suelo en busca de ratones de campo de la misma manera que lo haría un perro, rascando con sus manos y enviando la tierra a través de sus piernas. Se chupa la tierra de los dedos y dice que sabe a topo. Se ríe cuando divide la luz del sol con su arco de orina, intenta hipnotizar a un petirrojo y, antes de que pueda detenerlo, casi ensarta a una oveja con una lanza. Se baña en el estanque, acaricia escarabajos, guarda una tijereta en una botella, pone nombres a los pájaros y a los árboles, y hace girar una piedra en su mano durante una hora, mojándola con saliva para liberar el olor de los helechos carboníferos.

Tiene el gran don de la dislexia. Yo, no. Es un lisiado lingüístico y, por ende, un atleta sensorial y ontológico. Cuando él entra en un bosque, ve árboles. Cuando yo entro en un bosque, los fotones fluyen desde un árbol y golpean mi retina. Hasta aquí todo bien. Pero luego los datos fluyen a lo largo de mi nervio óptico hasta mi cerebro y empiezan los problemas. Porque traduzco esos datos casi inmediatamente en cosas que no tienen nada que ver con ese árbol: en poemas fragmentados que recuerdo sobre árboles; en hechos fisiológicos genéricos de los árboles. Si dijera «¡eso es un árbol!», estaría mintiendo o engañándome. No sería cierto. Nunca he visto un árbol. De hecho, nunca (por lo menos durante décadas) he visto realmente nada. Apuesto a que tú tampoco. Una vez conocí a un adulto que sí veía árboles, y eso me emocionó y me asustó tanto que salí corriendo hacia el aeropuerto, dejando mis maletas y a mi novia en un monasterio de montaña. Estoy encerrado dentro de mi propia cabeza. Soy totalmente autorreferencial y, por lo tanto, autorreverencial. Y eso es algo peligroso y aburrido. Me encantaría poder ver un árbol. Por lo que he oído, son mucho más interesantes, coloridos y carismáticos que la idea que tengo de ellos.

Tom ha visto muchos árboles. Espero que pueda ayudarme a ver uno.

X tenía un núcleo de palabras antes de dejar el clan y venir aquí. Eran palabras romas, cortantes, útiles: toscas hachas de mano de sílex en lugar de cuchillos o agujas. Cuando estaba a solas con su hijo en invierno, mirando el hielo y sus manos, las palabras permanecían en su cabeza. Mientras reposaban, adquirían una pátina. Poco a poco las colonizó el liquen de lento crecimiento que es la asociación, y empezaron a ser complejas y a resonar en las frecuencias de las gargantas de las ranas y en la hierba temblorosa. Luego se reprodujeron y, cuando en primavera se fundió la nieve y X regresó al agujero de arenisca que goteaba donde lo esperaba su familia, las palabras le salieron de dentro e infectaron a todo el clan.

* * *

—¿Esto se trata de algo más que simplemente hacer el tonto por el bosque, papá? —pregunta Tom.

Es una muy buena pregunta.

—En realidad solo estamos yendo de acampada, ¿no? Pero sin tener baños —continúa.

—Ni tiendas de campaña. Ni comida —añado, intentando convencerme a mí mismo.

La verdad es que solamente estamos haciendo el tonto. Lo cual es mucho mejor que no hacer el tonto, pero eso no quita que no estemos viviendo como auténticos cazadores-recolectores. Pasar frío y ser miserable forma parte de mi vida normal. La principal diferencia es que los cazadores-recolectores tenían que vivir así. Pero nosotros, no. Tenemos un montón de alternativas, aunque podamos optar por no utilizarlas en nuestra búsqueda de sensaciones. El hecho de saber que hay judías y patatas fritas en la tienda del pueblo, y un techo y una cama en Oxford, a pocas horas de aquí, significa que somos unos falsos.

Sin embargo, en cierto modo estamos a merced de los caprichos del mundo salvaje, como lo estaban y lo están los cazadores de renos. A un viejo amigo, una tormenta eléctrica en el corazón lo mandó al otro barrio hace unos meses. No tuvo ninguna opción. Eso no dista tanto de que te caiga un rayo. A otro amigo, sus células intestinales se le multiplicaron incontrolablemente hasta llevarlo a las puertas del cementerio, y regresó sin colon, sin fe en la bondad de los dioses y sin pelo. Eso no dista tanto de un encuentro con la manada de lobos local. Y la neurosis que se multiplica incontroladamente en mi propia cabeza, que estampa «condicional» en cada futura entrada de mi diario, no dista tanto de la conciencia del cavernícola de que está atrapado en su llanura azotada por el viento haga lo que hiciere, de que ya se han repartido las cartas y de que incluso el jugador más astuto no puede hacer nada con una mala mano.

Sé algo sobre lo que es vivir con lo justo y al día. He deambulado por desiertos en los que, si no llegaba al siguiente pozo de agua, o si cuando llegaba estaba seco, moriría de forma bastante desagradable. Nunca he tenido una nómina fija. He navegado y nadado por mares que querían engullirme. En cuanto hueles la contingencia, sigues oliéndola durante toda la vida. Y está aquí, en el bosque.

X también está aquí. Anoche estuvo olfateando la base de un muro donde había quedado atrapado el agrio eructo de un corzo. Nunca le oigo moverse. Debe de llevar unos zapatos mullidos de cuero de caribú curtidos con la orina de su mujer, que no hacen ningún ruido por el campo de Sarah. Debe de andar de puntillas esquivando los palos que cubren el suelo del bosque. Anoche, sin embargo, el chico tropezó y maldijo al caer.

* * *

La idea es llegar al inicio de los humanos con comportamiento moderno. Sentir la primera avalancha del yo al inyectar la subjetividad, ver los primeros parpadeos de la conciencia y la primera detonación de la historia, y quedar enterrado bajo el alud de posibilidades que proliferaron exponencialmente.

Eso es mucho pedir para un hombre sobreeducado hasta niveles mórbidos, un niño, un tirachinas y una bolsa de empanadas de Cornualles.

Para hacerlo bien, tenemos que volvernos inconscientes: borrar nuestros discos duros y esperar a que se reinicien… No, a que arranquen.

Y luego intentar describir el mundo feliz que habremos conocido con nuestros ojos, narices, oídos y psique virginales.

Pero será complicado. Porque además de las empanadas y el tirachinas, nos llevamos a nosotros mismos al bosque: nuestros núcleos de conciencia, incrustados con recuerdos y rasgos: yoes que se interpretan a sí mismos con una riqueza de lenguaje profundamente arraigada. [12]

* * *

Hace unos años, al subir de un salto (a mi parecer de forma elegante) a un escenario para dar una conferencia, me resbalé y me disloqué el hombro. Me dolió.

45

Me llevaron al hospital para recolocármelo. Como parte del proceso, me hicieron inhalar una mezcla de óxido nitroso y aire, el «gas y aire» bien conocido por las parturientas. Aquella sustancia hizo que me dividiera en dos. Una parte de mí salió de mi cuerpo y se me quedó mirando mientras sudaba y gritaba, observando a la enfermera que intentaba volver a colocarme el hueso. En aquel momento, «yo» pude ver el hombro deformado, las pecas en la parte superior de mi cabeza calva y la inmaculada raya del pelo de la enfermera. El cuerpo estaba sufriendo. Pero el verdadero «yo», el que estaba observando, no. Sabía que el cuerpo estaba sufriendo, lo lamentaba y quería que cesara el dolor, pero desde lejos, como cuando nos lamentamos de que un ciclón haya arrasado Mozambique. Así que, según mi experiencia, aquel «yo» etéreo tenía todos mis atributos distintivos. Se avergonzaba de los gemidos que emanaban de aquel cuerpo y sentía lástima por la enfermera a la que, justo al final de su turno, le había tocado encargarse de un caso como aquel. El «yo» etéreo echaba de menos a su familia y se preguntaba si su hija se encontraría mejor del resfriado y si su madre iba a poder dormir aquella noche. Aunque no tuviera cuerpo yo seguía teniendo apetito, y tenía ganas de subir a una colina y comerme unas gachas. Entonces la enfermera dio un tirón demasiado fuerte y el cuerpo chilló, se dobló hacia delante y se le cayó el tubo de la boca, y mi cuerpo y yo volvimos lentamente a ser uno.

Experimenté algo similar, pero menos dramático, con los opiáceos médicos. Tuve que tomarlos en dosis industriales porque me pulvericé los huesos contra unos acantilados y el mar. Pero no provocaron que mi «yo» se elevara de mi cuerpo como si fuera humo, sino que permaneció dentro. Sin embargo, sus preocupaciones no eran las mismas que las del cuerpo. Tampoco le importaban mucho los chillidos de las neuronas, aunque los oía perfectamente. La morfina hace que deje de importarte.[13] Igual que los opiáceos endógenos que nos ponemos en nuestra propia sangre cuando se nos cae un ladrillo en el pie. Con el entrenamiento adecuado, la propia mente, sea lo que fuere eso, también puede conseguir que algo deje de importarnos.

¿Qué tiene que ver aquella interesante tarde en un hospital de Oxford con los inicios de la conciencia humana? Solo una cosa; esa experiencia sugiere que, sea lo que fuere el «yo», puede moverse de maneras que a nosotros nos resultan incomprensibles. Si puedo desplazarme por sobre la raya del pelo de una enfermera en un hospital, tal vez pueda atravesar paredes, ver a través de ellas, sobrevivir a la incineración, ceñirme los pantalones con el cinturón de Orión o, de manera más prosaica, tomar el control del cuerpo de un alce.

Piensa en las pinturas rupestres del Paleolítico superior en Europa. La mayoría son de animales, que están espectacularmente dibujados. Los artistas conocían bien la postura de los uros, la manera en que los ciervos echaban la cabeza hacia atrás en señal de pánico, y el aspecto de los intestinos de los bisontes destripados. Aquellos artistas eran unos naturalistas magníficos, pero las paredes que pintaron no eran simples bestiarios. Entre los animales naturalistas también encontramos monstruosidades: teriántropos (híbridos mitad humanos mitad animales) y quimeras hechas a partir de partes de diferentes animales. Los artistas utilizaron las características naturales de la roca para dar vida a sus animales. Una protuberancia en la roca se convertía en una cabeza o en un músculo. No puedes evitar tener la sensación de que el animal está empujando para introducirse en la cueva desde el mundo que hay al otro lado de la pared.

Los animales nunca aparecen corriendo por el suelo. De hecho, nunca están en un contexto espacial real que no sea la propia pared de la cueva. Nunca se les ve junto a una montaña o un árbol, o vadeando un río. Parece como si estuvieran flotando.

Hay otras cosas en las paredes: bancos de líneas onduladas y zigzagueantes, patrones de tablero de damas, escaleras, telarañas, panales de miel y puntos, a menudo superpuestos a las figuras de animales laboriosamente dibujadas. ¿Se tratan de simples grafitis vandálicos pintados por gamberros del Paleolítico superior? Si así fuera, los gamberros se volvieron más audaces o más ocupados a medida que transcurría este periodo. Para cuando llegó la edad magdaleniense (entre

12.000 y 17.000 años atrás, aproximadamente), esos patrones estaban por todas partes.

Las pinturas de aquella época también son habituales en África (de hecho, estuvieron siendo elaboradas en el continente hasta el siglo XIX), pero suelen encontrarse más bien en paredes rocosas al aire libre y resguardadas, no en las profundidades de las cuevas. En África, las figuras humanas son mucho más comunes: hay casi tantas como figuras de animales. En cambio, es muy raro encontrar figuras humanas en Europa.

Las figuras humanoides africanas, obras de maestros de la pintura, son a menudo extrañamente alargadas. Suelen estar dobladas por la cintura o tener los brazos detrás de la espalda, y algunas tienen un pene claramente erecto. A veces están atravesadas por lanzas o flechas; a veces les sale algo de las fosas nasales, o tiran de animales con cuerdas. Los teriántropos y las quimeras son omnipresentes, al igual que los motivos geométricos.

¿Qué significa todo esto? Hay cuatro respuestas principales. La primera es «no lo sé», y tenemos que tomárnosla siempre muy en serio. La segunda es «el arte por el arte», aunque se trata de un sinsentido evidente. Muchas de las pinturas europeas se encuentran en lugares de acceso increíblemente difícil y peligroso. El ejemplo más conocido es «la escena del pozo» en Lascaux, en el suroeste de Francia. Hay que apretujarse para pasar por una diminuta grieta en la roca y luego descender cinco metros por una escarpada caída hasta un saliente. (Intenta hacerlo a oscuras o llevando una cerilla empapada con grasa de riñón de urogallo). Solo entonces se puede ver al hombre con cabeza de pájaro con cuatro dedos en la mano a punto de ser corneado por un bisonte moribundo. No es un lugar muy adecuado para montar una galería de arte, y tampoco lo era por aquel entonces. Además, la respuesta «por puro arte» tampoco explica la presencia o la naturaleza de esos patrones geométricos, y mucho menos su yuxtaposición con las imágenes. De hecho sería contradictoria, ya que muchas de las imágenes están pintadas justo encima de las imágenes anteriores a pesar de haber mucho espacio libre en la pared.

La tercera teoría, la de «la magia de la caza», antes era bastante popular, pero no da una explicación mejor para los patrones geométricos que la hipótesis del «por puro arte». Y tampoco explica la falta de proyectiles. Si el propósito de aquellas pinturas era hechizar a un animal al que querían cazar para garantizar el éxito de la cacería, sería de esperar que aparecieran muchos animales ensartados por lanzas o flechas. Pero en realidad solo entre un 3 y un 4 % de los animales aparecen ensartados en las pinturas rupestres. Además, tenemos una idea bastante precisa de cuáles eran las especies que cazaban más a menudo, y justamente no son las que aparecen más representadas en las paredes de las cuevas.

Puede que el arqueólogo sudafricano David Lewis-Williams encontrara parte de la respuesta verdadera.[14] Esta cuarta teoría es suya. Él, al igual que nosotros, se preguntó qué significaba el arte rupestre del sur de África. Entonces leyó unas entrevistas con unos bosquimanos que habían sido grabadas en la década de 1870 y de repente encajaron todas las piezas. Las pinturas y los grabados, decían los bosquimanos, habían sido realizados por personas «imbuidas por un poder sobrenatural», es decir, chamanes. Los chamanes emprendían sus viajes espirituales tras arduas danzas en trance, sin comida ni bebida, que podían durar hasta veinticuatro horas. Los pequeños vasos sanguíneos del interior de sus narices a veces se debilitaban a causa de la deshidratación y acababan estallando; de ahí las hemorragias nasales que aparecen en las imágenes. Los chamanes doblaban la cintura mientras danzaban en trance. Los teriántropos representaban a los chamanes justo cuando asumían o abandonaban las formas animales necesarias para viajar al mundo de los espíritus, y muchos de los demás dibujos son una representación de lo que vieron mientras estuvieron allí. Los dibujos de arte rupestre son en realidad libros de viaje.

Los patrones geométricos podrían ser los omnipresentes fenómenos entópticos asociados a muchos estados de alteración de la conciencia. Son lo que vemos cuando entramos en otros estados de conciencia, con o sin la ayuda de sustancias que nos alteren la mente. Es bastante probable que todos los veamos antes de morir. Estos estados de alteración de la conciencia suelen estar asociados con la sensación de que los límites del cuerpo han sido modificados; de ahí las figuras alargadas. ¿No te has sentido nunca extrañamente grande o pequeño al dormirte o al despertarte? ¿Y las erecciones? Los penes se ponen firmes cuando, durante el trance chamánico, se acerca la consumación extática. Entrar en una mujer, dicen los chamanes, es entrar en otro mundo, y el torpe cuerpo masculino no distingue claramente entre entrar en una vagina y ocupar el cuerpo de un ñu.

Las figuras perforadas presentes en muchas partes del mundo son un reflejo de la actividad de los chamanes. [15] Mircea Eliade y Joan Halifax recopilaron unos espeluznantes catálogos de las pruebas a las que se someten los chamanes, especialmente durante su iniciación. Convertirse en chamán no es tarea fácil. No es algo que se pueda conseguir en un par de horas en una carpa de un festival de verano, por muy estridente que sea el sonido de los tambores, por muy fuerte que sea la sidra y por muy alta que sea la proporción de cáñamo orgánico de los pantalones. En el viaje de trance iniciático al mundo de los espíritus, los aprendices de chamán suelen sufrir torturas, desmembramientos y la muerte. Entonces, sus cuerpos destrozados se reconstruyen y renacen en su cuerpo terrestre. Nunca vuelven a ser los mismos. Dado que el otro mundo es su nuevo lugar de nacimiento, tienen derecho a habitar en la morada de los espíritus. Tienen la doble nacionalidad, por lo que pueden negociar en favor de sus clientes totalmente apegados a la tierra pero afectados por los espíritus. Y pueden traer cosas del mundo de los espíritus, como por ejemplo esos animales que arrastran con la ayuda de cuerdas.

Las primeras evidencias reales del simbolismo y la religión humana y de otros elementos que dicen a gritos «yo soy» aparecen exactamente al mismo tiempo que la evidencia de estos viajes chamánicos. Esto podría sugerir, aunque por supuesto no demostrar, que esos viajes fueron la causa de que adquiriéramos conciencia. [16] No se trata de una teoría descabellada de unos cabezas de chorlito autojustificándose, sino que ocupa un lugar respetable en las bibliotecas arqueológicas. Esas voces en la cabeza de X le dicen que viaje. Para encontrarse a sí mismo o crearse a sí mismo tendrá que volver a mirar su cuerpo desde el otro lado de la pared de la cueva, probablemente con cuernos brotándole de las sienes. Para entrar en su propia cabeza, primero tendrá que salir.

Esta teoría me parece completamente plausible mientras tiritamos en nuestro bosque invernal. Los viajes ensanchan la mente: los viajes espirituales podrían haberla transformado. O creado. O liberado del caparazón de materia en el que estaba enjaulada. Tal vez sea cuestión de alejarse lo bastante de uno mismo como para poder observarse. Gracias al óxido nitroso me elevé unos dos metros por encima de mi cuerpo, y con aquello tuve suficiente como para convencerme de que mi «yo» tenía una estructura bastante diferente de lo que creía: que estaba compuesto por varias partes que, en la vida, en la salud y cuando no hay drogas de por medio, están tan íntimamente entrelazadas que las percibimos como si fueran una única cosa, pero que en realidad pueden separarse. Si elevarme dos metros por encima de mi cuerpo hizo que me planteara todo eso, ¿qué efecto podría tener verse a uno mismo desde un mundo completamente diferente en una criatura que no tuviera previamente la idea del «yo», y que como mucho hubiera viajado durante cinco días persiguiendo a un caribú? Si cuando sobrevolamos nuestras casas en avión miramos hacia abajo y, al señalar una caja de zapatos apenas reconocible, decimos: «¡Mira! ¡Es mi casa!», ¿acaso vernos a nosotros mismos desde otro mundo no nos haría exclamar fascinados: «¡Mira! ¡Soy yo!»?

* * *

Esta noche no podemos dormir.

—¿Estás despierto? —le pregunto a Tom cada pocos minutos sin ningún motivo en concreto.

—Sí —contesta cada vez sin añadir otra palabra.

La oscuridad en mi lado del refugio se hincha, retumba y nos empuja. Los árboles gimen por la presión: no forman parte de esta oscuridad, sino que están atrapados en ella igual que nosotros. Normalmente los cuervos guardan silencio por la noche, pero hay uno que grazna desde un abedul alto junto a la mina; grazna con cada respiración, como si fuera el metrónomo de un demonio. Al cabo de unas horas se detiene de repente, como si algo le hubiera atenazado la garganta, y entonces la oscuridad deja de bombear. Necesita el aliento del cuervo para continuar.

Finalmente llega el día a regañadientes. Oímos a la gente que se dirige a Manchester para impulsar el PIB.

* * *

Incluso ahora, en pleno invierno, en los altos páramos hay escaramujos, majuelos, bandadas de zorzales reales y zorzales alirrojos, y en el valle, justo a nuestro nivel visual, cazan los cuervos y los buitres. Los cuervos suenan huecos. Deben de haber tomado los ojos de las ovejas en el campo por encima de nuestro campamento. Se oye a un conejo que chilla como si fuera un neumático en una curva cerrada. El armiño le drenará la sangre por la vena yugular y se deshinchará.

Juntamos lo que podemos para construir el techo de nuestro refugio. No hay mucho: solo algunos helechos viejos y algunos mechones de lana de mala calidad que les esquilaron a las ovejas el verano pasado, para evitar que se nos acerquen las moscas. Aunque no es muy auténtico, usamos la lona como techo (deberíamos haber matado un ciervo o dos y coser las pieles). Ningún hombre del Paleolítico superior de buen juicio hubiera puesto mala cara al ver nuestro refugio.

Tom, que es más purista, se ofende. Solo quiere utilizar sílex para cortar y prefiere pasar hambre antes que comerse las empanadas. Él mismo fabricó sus propias herramientas de piedra a base de dar golpes repetidamente en un jardín de Norfolk, [17] y creo que parte de su purismo proviene del asombro de cualquier niño al ver que algo que hace consigue que el mundo se abra ante él. Es un fundamentalista, ebrio y fanático de la embriagadora corriente de la voluntad.

Consigue abrir el zorro. Pero ha ejercido demasiada presión y se le sale el colon. Ahora va con más cuidado, levanta la piel antes de cortar debajo, y hace un tajo desde la garganta del animal hasta el extremo de sus patas. Tiene un moratón en el pecho, en el lugar exacto donde impactó con el coche, y la sangre de debajo de su piel parece mermelada de frambuesa. Tom cuelga al zorro en un árbol con un palo bajo uno de los tendones de la pata y le arranca el resto de la piel. Una parte cruje y otra se desprende tan fácilmente como si fuera mantequilla. Le da la vuelta a las patas y a la cabeza y vemos el bosque a través de los agujeros de los ojos del zorro. X se lo habría puesto en la cabeza como un jersey y se habría dormido mirando la luna a través de esos agujeros.

Tom limpia el cuchillo de sílex en el suelo y se aparta para mirar el cadáver. Incluso ahora parece más vivo que el mejor perro doméstico. «¡Menuda máquina!», exclama Tom con admiración. Ningún cazador-recolector hubiera dicho eso.

Entonces se pone con los conejos. Para cuando termina con el segundo ya ha mejorado mucho; sabe dónde cortar para que las articulaciones se abran. Las superficies de las articulaciones brillan igual que antes brillaban sus ojos. Pero cuando la piel se desprende de la cabeza y los ojos se quedan sin párpados, resulta difícil sentir algo por el animal.

Ayudo a Tom con uno de los conejos. Tengo la sensación de que resulta más puro cortar a un animal con una hoja hecha por uno mismo. Asumes la responsabilidad de los cortes y, por muy malos que sean, es mejor si reconoces que son obra tuya. Es más limpio matar con una hoja que con una pistola, porque no puedes utilizar la distancia como excusa. Miras al animal y decides matarlo, le clavas la hoja y entonces muere en ese momento por tu culpa. Si aprietas el gatillo, puedes decirte que el animal ha muerto debido a un cúmulo de tecnología. Hay más personas implicadas que te harán compañía en el banquillo de los acusados, diluyendo así tu propia culpabilidad: los armeros y los vendedores de armas, los fabricantes de munición y la policía por haberte dado licencia para matar. Incluso la posibilidad de que hayas fallado te ayuda a desprenderte de la culpa. Pero si clavas una hoja, clavas una hoja y ya está.

Encendemos un fuego con ramas de espino y cocemos los conejos para desayunar. Son delgados y no tienen mucha grasa, por lo que los chamuscamos y acabamos comiendo carbón. Hay uno para cada uno. No hace falta que nadie nos diga que no nos comamos el zorro. No estoy seguro de por qué. Pero si X hubiera matado a un cazador, habría perdido la vida. [18]

Puede que en Derbyshire comieran conejos durante el Paleolítico superior, [19] pero la última Edad de Hielo se los cargó a todos; los que tenemos ahora son descendientes de los especímenes que introdujeron los romanos.

—Saben a antiguo —dice Tom.

Son muy antiguos. Al igual que todo lo demás, están hechos de polvo de estrellas. El pasado está por todas partes: anidando en nuestros genes, proteínas, huesos y algoritmos. Lo respiramos. Al inhalar el aire para tener energía suficiente para escribir esa última frase, he inhalado parte del último aliento de X. Cuando me agacho a oler el barro, noto un transecto instantáneo a través de los últimos 500 millones de años. Todos esos años, amontonados y apretados unos contra otros, llegan como una sola unidad a mi nariz. Habito millones de años telescópicos a la vez. Si pudiera desenmarañar los años, podría distinguir el azufre del nacimiento de un atolón cenozoico, la halitosis de un pterodáctilo, el pie de atleta de un legionario romano, el caucho malayo de la suela de la bota de un cavernícola australiano, el plato especial del mes pasado del bar y el pánico que ha sentido un mirlo hace una hora.

* * *

A veces me parece ver a X. Otras, hay una figura de pie junto al granero. Solo la veo al límite de mi visión, pero cuando me doy la vuelta ya ha saltado hacia la piedra. Y en ocasiones hay una figura más pequeña con él, que debe ser su hijo. Se queda quieto durante unos segundos después de que me haya girado, como si quisiera que fuéramos amigos. Hemos venido aquí para que ellos nos ayuden, pero tengo la sensación de que el chico quiere que, de algún modo, lo ayudemos nosotros a él.

* * *

Los humanos del Paleolítico superior iban de aquí para allá, daban vueltas por Europa, justo detrás o justo delante de las capas de hielo, persiguiendo la primavera. Cuando el hielo se derretía, se trasladaban a esos territorios recién deshelados. Y cuando la tierra se congelaba, se iban adonde todavía crecieran pasto y flores. Es probable que unos pocos humanos, despreciando a los que se iban a las placenteras tierras del sur, se quedasen en las placas de hielo con la cara llena de ampollas y los ojos doloridos, viviendo del orgullo y de la carne seca que les rompía los dientes, cambiando la comodidad y la barriga llena por un sentimiento de superioridad y una mayor habilidad para rastrear en la nieve. Conozco a los de su clase.

A veces este valle quedaba cubierto por un glaciar. Y a veces, no. Pero independientemente de si este valle estaba cubierto por un glaciar o no, nuestro refugio habría sido una base invernal sensata para gente que se estaba convirtiendo en nosotros, aunque hubiera sido mejor tener una cueva o, por lo menos, una pared de roca a nuestra espalda. Sus desplazamientos los determinaban los animales, y el camino que va hacia el fondo del valle, que ahora recorren manadas de excursionistas con mochilas fluorescentes en días festivos, por aquel entonces lo pisoteaban las pezuñas de los caribúes migratorios. Si el viento se les metía en el hocico o en el culo, no les hubiera llegado el olor de un humano agazapado en nuestra lona, aunque sí el de una lanza con punta de sílex. Pero si el viento venía de lado, la cosa ya se volvía más difícil. Incluso aunque soplara en la cara del cazador, su olor podía ir rebotando en los árboles o en el otro lado del valle como una pelota en una máquina de pinball. El olor se desplaza por los valles. Me he pasado años intentando mapear sus remolinos. En un valle solo tienes una oportunidad para lanzar o disparar. Si fallas, te quedas sin comer y te ves obligado a seguir los pasos de la manada.

Ese es el motivo por el cual lo hicieron. Los caribúes tenían unos itinerarios, y esos itinerarios se convirtieron también en los de los cazadores. Los caribúes podían recorrer cientos de kilómetros en una temporada y los cazadores iban pisándoles los talones. Cuando los caribúes descansaban, los cazadores también. Cuando los caribúes seguían adelante, los hombres recogían sus cosas y desmontaban las tiendas. Eran como un matrimonio, pero un tipo de matrimonio dependiente e importante que se caracterizaba por tener mucho más respeto mutuo que la mayoría de los matrimonios que conozco.

Pero los cazadores no tenían solamente una relación con los caribúes, sino también con cada trozo de tierra donde tanto ellos como los caribúes ponían los pies o dormían, con cada bocanada de aire, palpitando de información y de todos los seres vivos a los que estaban unidos por un contrato solemne y estremecedor que incluía obligaciones aplastantes y dichosas. Y cuando digo «todos los seres vivos», me refiero a todos. Porque en cuanto los cazadores descubrieron que ellos mismos tenían alma, se dieron cuenta de que todos los demás seres vivos también la tenían. Este descubrimiento determinó el pensamiento humano hasta hace unos cuatrocientos años. Y planteó grandes problemas, ya que los humanos tenían que comer y, puesto que todo (incluidas las plantas) tenía alma, significaba que cada bocado que se llevaban a la boca provenía de alguna criatura con alma.[20] El problema se solventó, o por lo menos se mitigó, mediante reglas de etiqueta, propiciación, súplica y disculpa, que conformaron la columna vertebral de la moral y, con el tiempo, de la vida religiosa. Hoy en día ya no vemos el problema, y por eso pensamos que las reglas son redundantes.

Es fácil romantizar la vida de los cazadores-recolectores (tal y como acabo de hacer), pero es imposible sobrestimar la importancia que la naturaleza tenía en su mundo: el instinto con voluntad y motivo; el peso moral y las obligaciones consiguientes; las posibilidades deslumbrantes; y el hecho de habitar, desde los inicios de los tiempos, dentro de una historia global.

—Cuéntame una historia, papá —me pide Tom.

No tengo ninguna.

* * *

Hoy en día no hay caribúes en Derbyshire. Los humanos modernos se los comieron todos, y luego pasaron a las ovejas y a los diminutos y mansos uros que con el tiempo pasaron a llamarse «vacas». Durante un verano me dediqué a seguir las rutas que suponía que habían seguido los caribúes a través del Peak District: a lo largo del fondo de los valles, por los laterales y las cuencas; a través de los brezos, los helechos y los campos de fútbol; vadeando ríos, subiendo por laderas rocosas, caminando a duras penas por las carreteras, chutando botellas, insultando a conductores de coches y recogiendo mariposas aplastadas. Durante aquel trayecto no aprendí mucho de los caribúes, pero aprendí a llorar por las cosas perdidas, algo que más tarde me resultó útil.

Al no haber caribúes y viendo que los corzos se acercan mucho a los huertos del pueblo por el frío, nos ponemos a seguir conejos, urracas y petirrojos. Ellos también tienen itinerarios.

Pero no son simplemente conejos, urracas o petirrojos. Son individuos.

Hay un gran conejo macho con un ojo reumático y una cicatriz en la nariz al que no le gusta levantarse por las mañanas y que mira con arrogancia a los jóvenes, como si estar de buen humor fuera una irresponsabilidad. Lo veo salir al mediodía, olfatear el aire pesado y volver a la cama, asqueado del universo. Me tumbo durante cinco horas en las viejas ortigas de la ladera opuesta hasta que mi cuello forma parte del paisaje de las cochinillas. El viejo cascarrabias sale a las cinco, salta hacia la oscuridad, y a las once en punto, cuando oigo que escarba, se gira para mirarme, indignado por la linterna, se come ostentosamente un poco de su propio estiércol para demostrarme lo relajado que está y vuelve a meterse en su madriguera.

Hay una urraca con una mancha blanca en la cola, que proviene de una vieja y violenta familia de una empalizada en la cima del espino negro más alto del bosque. Es más amable que sus hermanos y se avergüenza de ellos. Se queda mirando cuando ultrajan a una oveja herida y se enfada, y su cacareo se parece al sonido que hacen las piedras del río al chocar. Se levanta antes que los demás, observándonos, más interesada en nosotros que en los restos de comida que hay por el suelo.

Es un pájaro, así que tiene el cerebro dividido en dos. La información visual que le entra por el ojo izquierdo no está integrada con la que le llega por el ojo derecho. Podría leer a Dante con la parte derecha del cerebro y a la vez mirar rugby con la izquierda. Mueve la cabeza, tictac, tictac, para percibirnos con ambas partes de su cerebro. Es como si toda ella quisiera conocernos (pues, a pesar de tener el cerebro dividido, es evidente que es una sola entidad con apetitos, preferencias, planes y temores). Esto me proporciona un gran consuelo. Las otras urracas no hacen tictac cuando están cerca de nosotros. Tienen más que suficiente con mirarnos con su lado izquierdo o derecho.

La urraca empieza y termina el día en nuestro campamento. Cuando salimos de debajo de la lona nos acuclillarnos en las ortigas, masticamos un hueso de conejo y nos cepillamos los dientes con la punta de un palo, está en el muro a nuestro lado, comentando la jugada. Cuando la colina absorbe los últimos rayos de sol, vuelve a posarse sobre el muro, haciendo tictac, comprobando que estamos a salvo junto a la hoguera antes de irse. Pero, por lo demás, es enérgicamente independiente, y tiene una rutina inflexible. Primero va al granero del campo, al «granero espeluznante», donde cuento historias de miedo a los niños cuando nos reunimos toda la familia. A veces hay alguna musaraña o algún ratón de campo abandonado por un gato salvaje. Lo picotea como si fuera una vegetariana avergonzada por la falta de opciones vegetarianas en una fiesta, antes de taparse la nariz y engullir la comida con una arcada. Luego se va al campo en la parte superior del pueblo, donde mueren vacas todos los años por envenenamiento de plomo, para hurgar en los trozos de tierra desnuda donde los tejones han escarbado en busca de gusanos y babosas; luego sube al valle en busca de bayas y bocadillos de excursionistas; después se dirige a los altos árboles de la cresta para balancearse y tener un poco de perspectiva; luego vuela hasta un árbol en medio de nuestro bosque, despreciada por las otras urracas, para echarse una siesta y con la esperanza de encontrar una ardilla moribunda; enseguida pone rumbo hacia la carretera, donde podría haber un tejón aplastado y seguramente muchos faisanes destrozados; y por último regresa a nuestro campamento haciendo tictac y nos da las «buenas noches».

También hay un petirrojo. Es un ejemplar maltrecho que ha salido mal parado en la batalla por legar su ADN a la posteridad. Ha perdido un ojo, y me pregunto si eso significa que para él ha dejado de existir la parte derecha del mundo.

El petirrojo es mucho más de quedarse por el vecindario. No sale del bosque. A veces, por la mañana, se posa a unos metros de la urraca, nos mira tan fijamente como puede, sube y baja sus finas patas de dinosaurio y luego se queda tan quieto como solo puede estarlo un ser brutalmente tenso. Cuando se va la urraca, se queda un rato y se relaja un poco. Luego, la determinación se apodera visiblemente de él, asiente con la cabeza y se aleja en busca de algo para matar. Es fácil seguirlo. Es como si nos hiciera señas y se detuviera para que nos resultase más fácil localizarlo. Su recorrido alrededor del bosque y su posterior regreso a nuestra hoguera dibujan un pentagrama casi perfecto.

Estos animales nos dan lecciones sobre el bosque y el valle, de la misma manera que el caribú dio lecciones a nuestros antepasados del Paleolítico superior sobre los quinientos kilómetros cuadrados de Derbyshire central de por aquí, y de la misma manera que mis hijos me dan lecciones sobre el mundo entero.

Pero mi principal maestra es una liebre. Es probable que durante el Paleolítico superior no hubiera liebres por esta zona. No se ha encontrado nada que indique que estuvieran por estos lares ni por aquel entonces ni anteriormente. Seguramente llegaron a Gran Bretaña con los romanos. Sin embargo, sí que conocían el Paleolítico superior del sur de Europa; observaban con sus ojos marrones y amarillos desde un claro de un bosque alemán cómo la conciencia descendía como una nube o se filtraba desde el suelo. Y aunque los primeros humanos de Derbyshire no las conocieran, cuando miro a una liebre a los ojos, siento lo que aquellos humanos debieron sentir al mirar a un caribú a los ojos. Siento, en otras palabras, hambre (quiero comérmela) y miedo (porque matar a una liebre o a un caribú son palabras mayores).

Llevamos varios días sin comer nada más que empanadas putrefactas, animales atropellados y escaramujos hervidos. Me siento vacío y demacrado, aunque cuando me miro en los charcos me veo mofletudo, bamboleante y bastante contemporáneo. Tom lo lleva mucho mejor que yo. No tiene integradas muchas de mis pretensiones, como por ejemplo que debemos comer a determinadas horas. Su delgadez actual requiere poco mantenimiento, pero por otro lado eso quiere decir que tiene pocas reservas, así que cuando de repente dice que tiene hambre es algo muy significativo. Ahora, en invierno, significa que tenemos que matar.

Esta liebre, al igual que el conejo y los pájaros, tiene una ruta diurna y otra nocturna. La vimos por primera vez (he adoptado la costumbre de los cazadores de liebres de referirme a esos animales en femenino) el verano pasado en una depresión causada por el derrumbe de una mina en el campo, justo un poco por encima de nuestro refugio. Esta depresión retiene el rocío y el calor, resguarda del viento que pasa por encima e incluso en invierno hay algunas tiernas briznas de hierba. Me sorprende que salga de ahí. Probablemente no lo haría si no fuera por los zorros y la necesidad de aparearse, aunque si los chinos tuvieran razón y las hembras se quedaran embarazadas por la caricia de los rayos de luna en la espalda, [21] tal vez ni siquiera necesitaría salir para eso. Cuando la vimos por primera vez, estaba estirada a la luz de la luna con las patas traseras lascivamente separadas.

Pero sí que sale de la depresión; mordisquea entre las ovejas en los campos más altos y baila en las cimas de los muros. Siempre va en el sentido de las agujas del reloj. Cuando me interpongo en su camino, sale disparada hacia arriba o hacia abajo y entonces retoma su rotación. No hay nada que consiga hacerla ir en sentido contrario a las agujas del reloj, ni siquiera el riesgo de morir. Nunca se adentra ni siquiera en la sombra del bosque. La sigo durante varias noches, observo sus orejas a lo largo de varios días y aprendo a quererla antes de decidir matarla.

No quiero matarla, y precisamente por eso creo que tengo justificación moral para hacerlo. No sería la primera liebre que mato. Hace tiempo me tumbé en un surco inundado de un campo de nabos en los Somerset Levels y disparé a una liebre a la cara mientras se arrastraba hacia mí. No solo me sentí culpable; me sentí inseguro. Estuve mirando por encima de mi hombro durante meses. Y ahora estoy pensando en volver a matar.

Esta vez quiero sentirme mal. Estamos aquí demasiado a la ligera. Sabemos que podemos irnos en cualquier momento. El rumor de la carretera hace que nuestro experimento carezca de sentido. Pero una buena manera de hacernos sentir parte del bosque, parte de su historia real, y que tenemos una responsabilidad para con él, es matando. El bosque no nos dejará matar si no formamos parte de él. Y matar requiere un acto de contribución. No se trata de una especie de perversa sed dostoievskiana para saber qué se siente al matar. Sé exactamente lo que se siente, y lo odio. La liebre no va a morir por este libro, sino porque Tom, la liebre y yo formamos parte de este lugar y porque tengo hambre y porque la liebre acabará convirtiéndose en comida de todos modos, tarde o temprano, igual que yo.

Lo planeamos cuidadosamente. La liebre estará fuera de la depresión hasta al amanecer. Entrará por el lado oeste: hay un rastro claramente marcado encima de la hierba. Al otro lado hay un espino donde dos humanos podrían sentarse cómodamente durante horas, y la liebre tendría que pasar por debajo para acostarse en su lugar favorito. Siempre viene despacio y con precaución, pensando en el zorro. No le llegaría nuestro olor y sería bastante fácil tirarle una piedra encima, seguida de un palo afilado por si acaso.

Lo hemos ensayado todo. Cada uno tiene una piedra y nos sentaremos en ramas diferentes. Así cubriremos todas las posibilidades. Tom ha practicado durante horas con su palo y se ha vuelto mortífero. Es capaz de acertar infaliblemente en una pequeña diana situada a veinte metros, pero desde el árbol solo hay un tiro de cinco metros. Es imposible que fracasemos, así que empezamos a planear qué haremos con el cuerpo.

Tom está disgustado por nuestra falta de autenticidad, y cree que la liebre puede ayudarnos a ir por el buen camino. Desde un principio ya dijo que no deberíamos llevar ropa moderna y quiso coser unas pieles, pero yo me resistí diciendo que eso sería como hacer una obra de teatro: que no se trataba de emular físicamente los pueblos del Paleolítico superior, sino de entrar en su mundo mental y espiritual.

—Pero tú siempre dices que lo que le ocurre al cuerpo afecta a todo lo demás, papá —replicó Tom, asombrado—. Te he oído hablar de la unidad mente-cuerpo-espíritu hasta aburrir, y si eso no significa que deberíamos llevar pantalones de piel, no sé qué significa. —Y yo que pensaba que mientras cenábamos en casa solo soñaba despierto con su bicicleta.

No supe qué contestarle, por supuesto, así que le di una respuesta larga, compleja y pomposa, y nos fuimos a Derbyshire envueltos con lana y nailon. Pero la inminente muerte de la liebre ha reencendido el debate, y acordamos que con la piel haremos una bolsa de forraje o la parte trasera de una chaqueta para Tom, con los fémures unas flautas, con los intestinos secos empezaremos a hacer un cagoule (un impermeable inspirado en las prendas de tripa de foca inuit), con las orejas (que deshilacharemos al final) haremos unos cepillos, con los ojos unas canicas, con los omóplatos unos cuchillos, con las costillas unas agujas y unos palillos para los dientes, con la vejiga un monedero para muñecas, con las patas unos amuletos, colocaremos el cráneo encima de un poste junto a nuestro refugio por algún motivo que ninguno de los dos consigue explicar con claridad, ensartaremos las vértebras en una cuerda de fibra de ortiga para hacer un collar, con los tendones haremos una cuerda de un arco para hacer fuego, con el cerebro una pasta para curar la piel, asaremos las nalgas y las paletillas, freiremos el hígado, los riñones y el páncreas, utilizaremos los pulmones como cebo para conseguir cangrejos de río, herviremos el resto del cuerpo para hacer sopa, y utilizaremos el estiércol para fertilizar una parcela de tierra que nos dará flores en primavera y semillas comestibles en verano.

Solo si no se desperdicia nada se puede excusar esta muerte. Es terriblemente cierto que cualquier despilfarro comportaría un castigo. No sabemos si en forma de piernas rotas o de sueño interrumpido, o de apariciones o de diarrea, pero tenemos la certeza de que será algo grave, inmediato y duradero.

El día en que decidimos matarla llueve. Temblamos miserablemente en el árbol, aguantando como dos viejos cuervos húmedos. Me alegro. Estamos a punto de hacer algo terrible, y matar cómodamente sería un sacrilegio.

La liebre desempeña maravillosamente su papel en este drama cósmico. Se acerca al árbol en el momento justo y entra en escena resplandeciendo bajo una luna creciente. Se detiene al borde de la depresión, levanta la cabeza, explora el aire con su nariz y se aproxima lentamente hacia nosotros.

Está justo debajo de mí. No puedo fallar. Dejo caer la piedra. Fallo.

La liebre, confundida por el golpe junto a ella, se acerca. Está justo debajo de Tom. No puede fallar. Deja caer la piedra. Falla.

Vuelve a acercarse al borde y se detiene, intentando averiguar qué está ocurriendo. Ningún zorro, buitre o búho deja caer cosas del cielo. Está a unos pocos metros de nosotros. No hay ninguna rama que se interponga ante nuestros palos. Levantamos los brazos y los lanzamos. No podemos fallar. Fallamos. La liebre consigue salir del campo.

X se ríe.

Estoy sumamente aliviado. No estamos preparados. Litúrgicamente, quiero decir. Noto el severo decoro de X, un decoro que aprendió de la naturaleza. Las muertes están sujetas a un código sacerdotal. Hemos notado vagamente que el bosque y la liebre están bajo su jurisdicción, pero su coreografía es claramente compleja y vital. Equivocarse o saltarse un paso sería peligroso.

* * *

Por primera vez, esa noche dormimos bien a pesar del hambre que tenemos, o precisamente gracias a él: porque el bosque se ha convertido ahora en nuestra casa. Nuestro fracaso significa que formamos parte del bosque; nos vigila y estamos sujetos a sus reglas. Si hubiéramos sido unos colonos modernos (como yo), y hubiéramos estado al final del camino con nuestras escopetas bien engrasadas, habríamos matado a esa liebre, nos habríamos comido sus cuartos traseros junto al fuego (acompañados, sin duda, de un buen burdeos que una esposa-esclava habría sacado de una cesta del 4x4), habríamos tirado los restos en los setos y nos habríamos creído unos hombres ejemplares, en sintonía con la naturaleza y en su cúspide.

¿Habríamos escapado al castigo del bosque? No. El alma indignada de la liebre habría clamado justicia y reposo, habría saltado al asiento de cuero del copiloto y se habría paseado por la cocina hecha a medida y (sobre todo) por las alfombras de pelo grueso del dormitorio hasta conseguir lo que fuera necesario. Probablemente ni siquiera nos habríamos dado cuenta de que estábamos siendo juzgados y condenados, ni de que la sentencia se hubiera ejecutado. La ignorancia de la ley del bosque es un agravante importante.

* * *

Intentamos aprender la liturgia: la manera de hacer las cosas bien; la manera de no ofender a los fastidiosos, prescriptivos y vengativos guardianes de la zona. Todo es importante. Observamos cómo la lluvia cae sobre una hoja, trazamos el curso del agua hasta debajo de una piedra, y luego volvemos a la hoja y observamos cómo cae la siguiente gota. Intentamos oler la baba de caracol igual de bien que la nariz de un ratón de campo de pelo rojizo, ver los estambres con la misma nitidez que a un abejorro y las hojas que parecen banderas en los troncos de los árboles tan bien como los ojos fríos de los milanos. Observamos los patrones de los líquenes en las rocas y nos decimos: «Esto no se parece a un mapa de Nueva Zelanda. Ni a un avión. Ni siquiera se parece a un hombre con barba o a un lobo. Es simplemente lo que es». Nos prohibimos utilizar símiles al hablar, porque cuando realmente ves las cosas nada se parece a nada. Pero, paradójicamente, al querer contenernos se desatan las metáforas. Las cosas no son como otras cosas. Pero pueden ser otras cosas. Un árbol no ruge como un león en el viento, pero puede ser un león.

Seguimos el horario del bosque y nos adaptamos a sus estados de ánimo. Cuando se enfurece, agitamos nuestros puños hacia el cielo. Cuando se pone hosco, nos sentamos en los tocones y miramos con petulancia a media distancia. Cuando está triste, lo acariciamos y le pedimos que nos acaricie. ¿Se trata de antropomorfismo? Definitiva y precisamente, no (aunque el antropomorfismo es un método experimental muy infravalorado). No estamos tallando madera a nuestra imagen y semejanza, sino que nos estamos proyectando a nosotros mismos en ella. Nos obliga a hacerlo. Si se lo permitiéramos, haría un trabajo minucioso, desgranaría nuestras pretensiones, nos despertaría, eliminaría las divisiones que hay entre las distintas partes de nosotros mismos, y entre nosotros y otros elementos; nos desgarraría y nos sembraría; nos haría verdes e interesantes; nos daría un nombre nuevo y mejor. Pero no se lo permitimos. No tengo un estómago lo bastante fuerte como para aguantar una curación tan costosa y, según dice el Estado, Tom tiene que volver a la escuela en algún momento.

Del suelo surge un arroyo de agua sucia que aspira a ser un riachuelo. Le seguimos la corriente sentándonos con los pies dentro, y él responde poniéndose a la altura de las circunstancias y arrancando a cantar.

Sabemos que los árboles están conectados por un vasto, denso y sensible plexo de micelios fúngicos. Esto hace que el bosque sea un organismo único. Pisar una parte es pisar todas las partes. Pisar una parte es maltratar todas las partes.

Intentamos caminar con ligereza. No notamos los micelios que crepitan bajo nuestros pies mientras los informes sobre nuestro comportamiento van de un árbol a otro, pero percibimos lo que dicen en las hojas y en la corteza, por lo que, avergonzados, nos comportamos con más decoro.

Intentamos caminar más despacio siguiendo el ritmo de los árboles, y caminar más despacio al ritmo del corazón de un saltaparedes, ya que hay muchos husos horarios paralelos en este bosque, y si conseguimos avanzar a través de todos ellos quizá podamos saborear el propio tiempo o, lo que viene a ser lo mismo, escapar por completo de él. Intentamos ralentizar el canto de los pájaros en nuestras cabezas para escuchar la melodía lúgubre encriptada en un ruidito.

Tom afirma que oye la respiración de los pequeños mamíferos que están debajo de nuestras cabezas mientras permanecemos tumbados en el refugio. Y no lo pongo en duda. Pero cuando lo alabo por su sensibilidad, él lo niega todo.

—No seas tonto. Nadie puede oír eso.

—Pero si has dicho que…

—Estaba bromeando.

No es verdad.

Observamos las nubes, los fuegos, las articulaciones metálicas de las patas de los insectos, la disposición de las entrañas de los pájaros, las hojas sueltas que se agitan en las copas de los árboles cuando el resto del árbol está quieto, el mordisco que una oruga dio al borde de una hoja el verano pasado justo antes de que se la comieran a ella, una semilla que se había olvidado de caer y otra semilla hundida en la tierra por el pie descalzo de Tom.

Nos recordamos a nosotros mismos que infrautilizamos la nariz, que constantemente captamos olores de manera inadvertida y que constantemente emitimos olor. Prestamos atención al olor del frío, que es un olor primario, del mismo modo que el azul es un color primario porque no puede descomponerse en otros colores, y también la corte de olores que acompaña la gran expansión del invierno en nuestras narices: la baba cítrica de los caracoles, nuestra propia mierda, la lanolina, el moho de los túneles de las lombrices, los hongos diferentes y más desteñidos con aire agrio y lúgubre, y el olor a algas que el viento transporta cuando las toca el pálido sol.

Pero en vez de oler la esencia del bosque, olemos la de mi padre. Esto no significa que no nos estemos aprendiendo la liturgia; al contrario, significa que la estamos aprendiendo muy deprisa.

Mi padre sentía una conexión especial con este lugar. Vivíamos cerca de aquí, y siempre que podía se paseaba por el bosque y me escribía cartas muy formales con su anticuada caligrafía en las que describía los lugares en los que había estado. Cuando tenía exámenes, me enviaba bolsitas con hojas, ramitas y piñas a modo de talismán. Las ponía encima de la mesa mientras hacía los exámenes. Dábamos por sentado (aunque nunca encontramos las palabras para decírnoslo) que la tierra tenía cierta sabiduría que fluía a través de las hojas en dirección a mi pluma. Todavía conservo una de aquellas bolsitas. La tengo encima de mi escritorio.

Al igual que a mi madre, lo incineramos a cientos de kilómetros de distancia, en el crematorio municipal, cuyas llamas se alimentaban de los cuerpos de antiguos animales marinos provenientes de algún punto subterráneo de Arabia. Contratamos a extraños para que se enfundaran en unos trajes negros, pusieran expresiones solemnes y fueran a buscarlo a un garaje con un despampanante coche automático, a pesar de que él solo era feliz viajando en su maltrecho Land Rover, y convocamos a un vicario que nunca lo había conocido para que dijera cosas amables basándose en nuestros comentarios y en una teología lejana.

Nada, ni siquiera mi ordenador portátil, mi reduccionismo o mi factura de la calefacción central, expone de forma tan despiadada lo mucho que me he alejado del mundo del bosque, del mundo de X. Lo veo negando con la cabeza con disgusto al saber lo que le hicimos a mi padre. Deberíamos haberle quitado su viejo traje de tweed y haberlo llevado en procesión hasta una plataforma en la cima del páramo, tumbarlo ahí y dejar que los cuervos lo consumieran. Eso es lo que la gente civilizada hacía por estos lares. O (tal y como hacían unos miles de años más tarde, cuando empezaron a construir asentamientos) deberíamos haberlo enterrado justo debajo de la chimenea, porque alejarse de la chimenea era impensable, era alejarse de la familia. Entonces los niños hubieran podido crecer y jugar encima de él.

Fue feliz en este lugar; formaba parte de él. Y ahora que no es más que cenizas, aunque lo incineramos en Somerset, hay una parte de él que, literalmente, forma parte de este lugar. Los árboles inspiraron metafóricamente a mi padre. Ahora lo inspiran literalmente. Por sus estomas han circulado fragmentos de mi padre que han acabado formando parte de sus paredes celulares.

Pero a veces mi padre se olvidaba de que formaba parte de este lugar. Se pasaba meses viendo la televisión sin parar antes de recordar que eso lo hacía desgraciado, y entonces se dirigía de nuevo a la colina con una bolsa de plástico para meter todo lo que iba recogiendo y escribía una de esas cartas, y volvía a sonreír como sonreía cuando yo era pequeño.

Aunque le encantaba estar en este sitio y nos quería mucho a ambos, y aunque haya atravesado las puertas perladas de los estomas, me sorprende encontrármelo aquí. Tal vez esté protestando contra la barbarie del coche automático o quizá nos esté intentando señalar las plantas que podrían traerle suerte a Tom en sus exámenes, o tal vez solo quiera estar de acampada con nosotros. O tal vez haya solicitado con éxito el puesto de profesor de liturgia. Al fin y al cabo, era un trabajo habitual para los hombres muertos del Paleolítico superior, y tal vez todos nos convertimos en humanos del Paleolítico superior al morir, cuando todas las apariencias de las edades se descomponen junto a nuestra carne. Pero sea cual fuere el motivo por el que está aquí, su presencia me da fuerzas. Es un indicio de que los muros que nos separan se están volviendo más delgados. Si queremos matar de forma segura, tenemos que derribar esos muros; tenemos que acercarnos a la liebre y pedirle permiso para aplastarla o clavarle un palo afilado, o (entrando ya en materia más avanzada) convertirnos en la propia liebre, de modo que tirarle una piedra a la cabeza en realidad sea lo mismo que tirarla encima de nuestra propia cabeza y, por lo tanto, no sea moralmente reprobable.

Mi padre era profesor. Nunca dejó de serlo, y dudo de que haya dejado de serlo ahora. Tenía una chaqueta manchada de tiza con unas coderas de cuero, olía a jabón de alquitrán de hulla, llevaba una corbata de la ONG National Trust, escribía siempre con pluma estilográfica y, en las asambleas escolares, anunciaba que agradecería cualquier cadáver de animal para que su hijo pudiera embalsamarlo. Siempre tenía un cargamento en la parte trasera del coche cuando llegaba a casa y, por la noche, se sentaba en mi cobertizo de taxidermia y me hablaba de cada órgano. Se le daba muy bien trabajar la madera, era un carpintero y un tallista entusiasta, pero no podía con la metafísica. Sin embargo, en gran parte era irlandés, por lo que lloraba con facilidad y no le cabía duda alguna de que debajo de la colina vivía Gente

Pequeña. Habría conseguido ver a X mucho antes que nosotros, y a estas alturas seguro que ya estaría compartiendo su vieja pipa con él y ya habría conocido la historia de su vida y su muerte.

Ahora veo que la rigidez ocasional de mi padre era coreográfica. Al igual que X, sabía que el mundo, siendo como era, exigía un enfoque particular; que la realidad no te concedería audiencia a menos que te vistieras adecuadamente, te lavaras detrás de las orejas y supieras caminar.

Esos cuerpos de animales en el coche eran sacramentalmente importantes para él. Sin duda, veía en ellos su propio cadáver. Estuvo a punto de morir varias veces por meterse corriendo por la carretera para recoger un tejón muerto y evitar que lo aplastaran. «No es digno dejarlo ahí», decía. «Lo he puesto junto a las flores, que es donde debería estar». Eso sí que era un comportamiento de auténtico cazador-recolector. Me lo imagino perfectamente enseñando, *post mortem*, lo que debe saber ahora, incluso con más autoridad, sobre la naturaleza de las cosas.

* * *

—Papá —dice Tom—. Ese sitio junto a los alisos, donde antes se estaban peleando esos dos arrendajos, donde cada verano te sientas a leer: siempre huele a jabón de alquitrán de hulla.

—No me extraña —respondo—. Es un lugar bastante pantanoso. Es por eso que toda la vegetación muerta se pudre de forma anaeróbica y produce gas del pantano: sulfuro de hidrógeno, metano y otras cosas. Eso es lo que hueles.

* * *

No se puede hacer mucho mirando, oliendo y pensando en tu padre. Recuerda los arduos viajes de los chamanes perforados, viajes de los que los chamanes regresaban con conocimientos sobre los movimientos de la manada y, lo que realmente tenía repercusiones, una nueva perspectiva; conocimiento de sí mismos; conciencia. Aquellos viajes eran dolorosos y aterradores. Puede que la conciencia entrara en la historia de la humanidad acompañada de un tsunami de vómito de plantas enteógenas, cosa que no es muy agradable, tal y como puede confirmarte cualquier narconauta moderno con la cabeza inclinada sobre un cuenco en una cabaña peruana durante una sesión de ayahuasca. La iluminación tenía un coste, no bastaba con leer un libro de autoayuda o hablar sobre Dios comiendo una pizza. Te desgarraba, te conducía al interior del vientre de la Tierra por un pasaje apenas más grande que el canal de parto.

Hace unos años, después de pasar unos días ayunando en un agujero de turba en un páramo cercano, me salieron unas alas negras, volé por encima de mí mismo y sobre el páramo tal y como anteriormente había revoloteado más provincianamente por encima de mi cuerpo en el hospital, y luego crucé volando una carretera junto al embalse, croé, me comí una rana y metí el pico en el pecho de una oveja que llevaba un tiempo muerta.

El miedo me dejó petrificado. No quise volver a hacer nada parecido, y juré que nunca lo haría. Más tarde aprendí lo bastante sobre el chamanismo de verdad como para pensar que era arrogante decir que mi experiencia con los cuervos había sido chamánica. El chamanismo de verdad es mucho más aterrador. No comparto para nada esa visión edulcorada del chamanismo en la que los chamanes parecen osos de peluche. Son osos de verdad, con los dientes rojos.

Cada vez que leía algo nuevo sobre el chamanismo renovaba mi juramento; no quería tener nada que ver con eso. Y sin embargo, aquí estoy en el bosque, convencido de que las experiencias chamánicas son fundamentales para cualquier investigación sobre los orígenes humanos. De repente recuerdo que el mito fundacional de la cristiandad se basa en la historia de un chamán perforado que iba y venía de otros mundos y que, según se dice, tenía grandes dones y hacía grandes actos en nombre del pueblo. Dentro de unos días se celebrará una fiesta para conmemorar el primero de aquellos viajes, tal y como a las educadas campanas de la iglesia del pueblo les gusta recordar a veces. Así que no estaré huyendo del chamanismo cuando tomemos el tren para regresar a casa. Al contrario; me catapultaré a la celebración de una de sus instancias más explícitas. Y ahora el bosque no deja de exigirme más, aferrándose a mi cara de día y extrayéndome el calor del cuerpo por la noche, susurrando, ya sea como amenaza o como expresión de solidaridad: «Eres parte de nosotros. Adéntrate un poco más».

No soy ningún héroe. Aparco la idea del viaje chamánico. O por lo menos eso creo; asumo que soy yo quien está al volante.

Quizá X sea un chamán, o un chamán incipiente. Tal vez por eso esté aquí con su hijo. Los chamanes siempre están en los límites. Viven en los límites de los asentamientos, uniendo a la gente con la naturaleza, y en los límites de la conciencia ordinaria, haciendo tratos con los espíritus del otro lado. De ser así, es bastante natural que X esté aquí con tanta confianza al otro lado de su propia tumba. Tal vez esté intentando enseñarle al chico a volar, o el lenguaje de los dientes de león, o a persuadir a los caribúes para que se tiren por un acantilado, o la manera correcta de saludar a un animal que has matado, o la posición que hay que adoptar cuando te encuentras con Marte, o cuántas setas alucinógenas hay que tomar si tienes la necesidad de escuchar el color de la garganta de un lobo, o cómo sacar a un alma herida por un agujero de la nariz, curarla y volver a meterla dentro. Pero las lecciones son mayoritariamente de geografía: las rutas a través de las estrellas, los caminos que toman los muertos y las fisuras por las que el mal brota del suelo.

Creo que su hijo está sobrepasado. Prefiere tirar piedras en el estanque con Tom y hacer malabares con palos. Pero si su padre todavía no ha pillado la conciencia, debería ir con cuidado; es muy contagiosa.

* * *

Nos despertamos con un sol austero, hacemos la ronda con nuestros mamíferos y pájaros, llenamos los sombreros con las últimas bayas, ponemos trampas hechas con cuerdas de ortiga con optimismo, creamos hachas de mano con el sílex que hemos traído, recorremos carreteras en busca de carne, dormimos y nos rascamos los pies.

El tiempo pasa de forma misteriosa y errática. No tengo reloj ni siquiera en casa, y he ocultado el reloj de mi ordenador. ¿Por qué alguien elegiría estar sujeto al totalitarismo del reloj cuando es tan fácil ser libre? Tom tampoco ha traído su reloj, y observa el extraño comportamiento del tiempo con la misma fascinación que a los pájaros carpinteros, las zarpas de los conejos y los ojos de las moscas.

«Parece como si hoy hubiera empezado ayer».

«Esa nube se ha quedado quieta durante todo el día y al final ha decidido ponerse en marcha».

«Todo lo que hay en este bosque es viejo, pero nada envejece. Me pregunto si viviríamos para siempre si nos quedásemos aquí».

«Papá, ¿qué es lo que determina cuándo se acaba el día? ¿El sol o las estrellas? ¿Qué es más importante?».

Por la noche respiramos niebla y humo, y tosemos con las ovejas. La madera húmeda grita en el fuego. Cuando nos acostamos, lo único que oímos es el golpeteo de la lona, el siseo del fuego y el rugido de los árboles.

Empiezo a pensar que no hace falta vivir ninguna experiencia extracorpórea dramática para que prenda la chispa de la conciencia. En su lugar, basta con mirar fijamente el fuego. El fuego convierte a las criaturas literales en símbolos; las convierte a todas en animales metafóricos y narradores. El fuego crea y muestra que el creador también destruye. Confunde los límites de la materia. Produce gas a partir de fluidos y sólidos. Come madera, duerme y se despierta con el aliento humano. Consigue que el espacio sea un sinsentido. Aunque puede ser transportado en forma de chispa oscura y diminuta dentro de una bola negra de hongos (tal y como lo llevan Tom y X), puede llenar un bosque. Alumbra las metáforas. Y no hay filosofía política que no pueda deducirse mirando el fuego. Los troncos no prenden sin las ramitas pequeñas. Las ramitas pequeñas son a la vez la muerte y la apoteosis de los troncos.

Las metáforas también podrían ser producto del miedo. Nuestro software está programado para ver serpientes inexistentes por razones muy obvias: mejor una serie de falsos positivos que un solo falso negativo. Un falso negativo podría ser el último. Imagina, entonces, que estás caminando por el monte de vuelta al campamento de esa noche a través de la penumbra. Estás a punto de poner el pie en una roca cuando de repente ves que hay una víbora sopladora. Te las arreglas para evitarla. Respirando aceleradamente, vuelves a mirarla; resulta que no es ninguna serpiente, solo una gruesa raíz de un árbol. ¿Cómo podrías no notar que la raíz de un árbol es como una serpiente? [22] Eso es un símil. El símil y la metáfora no son lo mismo, pero en el caso de la raíz de serpiente no se alejan tanto. Sentados alrededor del fuego esa noche, ¿no resulta sencillo pensar que una raíz puede representar una serpiente? Así es como se puso en marcha la revolución simbólica. Y una vez iniciada, fue imposible detenerla. El hemisferio izquierdo del cerebro, literal y empollón, seguro que protestó. [23] «Solo era una raíz», se quejaría. «Las serpientes muerden; las raíces, no. Son completamente diferentes». Pero este tipo de súplicas malhumoradas no prevalecían, o por lo menos así era hasta que el hemisferio izquierdo del cerebro completó su golpe maestro. De repente, la zarza estaba llena de historia. La zarza ardió, tal y como hizo mucho más tarde para Moisés. De repente, las cosas no eran lo que parecían. Cada objeto tenía un trasfondo; todo tenía un significado, por lo menos potencialmente. El mundo se volvió infinitamente más grande, más colorido, más complejo y más relacional que nunca.

Igual que todo lo demás, esto empezó en África. Llevaban utilizando el ocre rojo desde hacía por lo menos 100.000 años, y en la cueva sudafricana de Blombos se encontró un trozo de ocre rojo que fue tallado con un patrón deliberado hace 70.000 años. Tal vez no deberíamos entusiasmarnos demasiado por la mera presencia del ocre rojo entre los rastros humanos: era un elemento útil, además de simbólico (llevamos extrayéndolo desde hace por lo menos 300.000 años, y se lo utiliza para hacer pegamento, como lubricante y para curtir pieles), pero sí que sería lícito ver este ocre tallado por lo menos como una pequeña chispa del fuego del simbolismo que se extendió hacia el norte y con el tiempo por todas partes, envolviendo en llamas todos los cerebros.

No hay muchos otros indicios tempranos y evidentes de ese fuego en África. Se han encontrado algunas caracolas perforadas en Marruecos de hace unos 70.000 años y algunos ajuares funerarios en sepulturas del Paleolítico temprano en Qafzeh y en Es-Skhul (Israel), de hace unos 130.000 años. No cabe duda de que todavía queda mucho por hallar en África, y de que es un error decir que los primeros humanos modernos desde el punto de vista del comportamiento fueron europeos; pero incluso teniendo en cuenta el sesgo eurocéntrico, parece que ocurrió algo especial en la Europa de hace unos 50.000 años. Da la impresión de que las pequeñas llamas subieron por el valle del Nilo, giraron hacia el este a través del Levante y subieron por la Anatolia y, una vez en Europa, prendieron una masa de maleza neurológica seca como la yesca. Resulta descabellado pensar (como lo han hecho algunos) que por aquel entonces surgió una mutación genética que facilitaba el simbolismo en Europa. Es mejor suponer que hubo una acumulación progresiva de tendencias simbólicas, y que cuando aquella acumulación llegó a un punto demográfico crítico… ¡pum!

*　*　*

Por ahora no volvemos a intentar matar nada. En lugar de eso, rebuscamos en la basura, que era un medio importante de supervivencia para los cazadores-recolectores del Paleolítico superior. O por lo menos Tom lo hace. Le sienta bien la grasa y el tuétano de los conejos y los faisanes que encuentra en el arcén de la carretera. Lleva las patas asadas en el bolsillo y se agacha junto al fuego con los corazones tostados.

Yo he dejado de comer. Estoy descubriendo que el gusto por la claridad puede llegar a ser tan adictivo como el gusto por la insensibilidad del alcoholismo o el sexo. Estoy desesperado por la claridad silenciosa y resplandeciente que proporciona el ayuno tras el primer día, cuando todo indica que el mundo podría no ser exactamente lo que parece; que solo vemos la superficie; que si girásemos un poco la cabeza advertiríamos que aquel tronco de abedul gris consigue que la cola del pavo real parezca la sotana de un asceta.

* * *

Después de tres días de ayuno el dolor ha desaparecido. Estoy cansado y cómodo. No noto mucho el frío. Tom no ayuna y se va a buscar comida solo. Me quedo quieto la mayor parte del día, observando, esperando a que pase algo. Entonces llega el resplandor.

Estar esperando sin una pantalla, sin un juego, sin una persona o sin una sensación que haga la espera más llevadera puede parecer un infierno. Pero es tan estimulante que no puedo dejar de jadear y me cuesta quedarme callado. Tiemblo con el resplandor, y sé que se acerca algo que lo cambiará todo.

El ayuno no tiene nada de extraordinario ni de difícil. Es bastante fácil. Simplemente tienes que dejar de llevarte comida a la boca. Para la mayoría de la gente, durante la mayor parte de la historia de la humanidad, es algo que ha sido propio de su vida, igual que defecar, y que ha sido igual de necesario para la salud. Ser capaz de lidiar con un vientre vacío por aquel entonces era mucho más útil que saber mecanografiar o conducir hoy en día. Al igual que los lobos, estamos hechos para llenarnos de comida y luego morir de hambre. Las comidas regulares son mortales. Las células que pasan hambre viven durante más tiempo. A veces incluso rejuvenecen.[24] Tal vez esa sea la causa del resplandor. Tal vez se deba a que quien está observando el cielo es un yo cada vez más joven. Sería de esperar que eso produjera efectos sensoriales interesantes.

* * *

Dado que no como con Tom, no me he fijado en lo que hace para conseguir comida (salvo, queridos asistentes sociales, para asegurarme de que tenga suficiente), pero me he dado cuenta de que antes de comer junto al fuego se adentra en el bosque durante unos minutos. No digo nada. Obviamente, no estoy invitado. Pero me pregunto qué hace y, un día, mientras está lejos, en el valle, rastreando corzos e intentando perfeccionar su graznido de grajo, camino en la dirección en la que siempre va antes de comer. Ha dejado un sendero claramente marcado.

El camino me lleva por un claro de abedules, por encima de un muro, y por una arcada de espinos hasta llegar a un claro. Hay una gran piedra que los mineros extrajeron de las entrañas de la tierra y dejaron ahí. Sobre la piedra hay pequeños trozos de hueso y carne enmohecida. [25]

* * *

Al principio, la nieve cae ligeramente de un cielo tenso y enfermizo, pero después empieza a caer no tan ligeramente. La lona se hunde bajo el peso. La nieve trae consigo gansos y un nuevo tipo de silencio cristalino. Hay diferentes tipos de silencio, al igual que hay diferentes tipos de nieve.

Si hubiéramos tenido buena vista, habríamos visto antes las huellas. Ahora resulta imposible pasarlas por alto. La nieve congela los movimientos: el tiempo se comprime en un solo lugar. El martes y el viernes están uno junto al otro, se pueden leer juntos e interpretarse uno a la luz del otro. Así es como se supone que es el tiempo para Dios, que existe en un presente eterno.

La nieve cambia las rutinas de nuestros animales guía. El conejo se sienta en la entrada de su madriguera y estornuda cuando los copos se posan sobre su nariz. La urraca no va al campo y ya no hace tanto tic-tac. El petirrojo ha eliminado la base de su pentagrama. Y la liebre ya no sale de la depresión. Sus ojos apenas pueden ver nada por encima de la nieve, y tiene la espalda cubierta de ella. Solo debe ver blanco. Un blanco inmóvil e idéntico durante seis días y seis noches.

* * *

—Si realmente tienes que ir a jugar a los paleolíticos —dijo la mujer muy perfumada—, deberías dejarlo para el verano. O, por lo menos, para la primavera.

Pero estaba equivocada. Esta es, de lejos, la estación del año en que es más importante estar aquí. El invierno tiene que ser el primer capítulo y el más formativo y largo de este libro, ya que fue el primer capítulo y el más formativo y largo de mi persona. Los primeros europeos eran criaturas de la oscuridad y del hielo. El único motivo por el que conseguimos evitar la locura en las cajas de cristal en las que la mayoría de nosotros vivimos, trabajamos y nos reproducimos, es porque nos recuerdan a los imponentes glaciares que fueron nuestro segundo hogar después de la espinosa maleza de África. Fuimos concebidos bajo una acacia africana, pero luego los europeos crecimos en una cueva de hielo con un rinoceronte lanudo gruñendo mientras está apostado en la entrada.

Siempre miramos hacia el verano pensando que el invierno es algo que simplemente hay que soportar, pero es precisamente durante el invierno cuando brotan las fábulas que nos sustentan; es cuando los humanos se apiñan y se hacen más evidentes las relaciones (y por tanto las diferencias) que hay entre ellos. Y la oscuridad es más bien la otredad, llena de dientes y pelo.

Hoy en día, en ciertos círculos, es habitual decir que formamos parte del mundo natural; eso es totalmente cierto y totalmente falso.

Ciertamente, cuando llega la primavera uno puede pensar que simplemente forma parte del bosque. Pero nadie piensa que forma parte de un bosque que ruge. Fue a causa de la tensión entre la verdad de que formamos parte del mundo natural y la verdad de que no formamos parte de este mundo que surgió la conciencia humana, que fluyó hacia los campos de hielo y se solidificó en la materia de la que ahora estamos hechos.

Supongo que estos pensamientos pueden servir de consuelo cuando reflexionamos sobre el hecho de que un día volveremos a la oscuridad y al frío. O, quizá, no.

* * *

Estoy preocupado por Tom. Se está convirtiendo en un discípulo del siniestro Bear Grylls. Está más interesado en la tecnología de la supervivencia que en la supervivencia en sí misma, y habla con el lenguaje imperial de Bear Grylls, en términos de conquista y triunfo sobre lo salvaje, como si fuera un adversario al que hay que engañar o aplastar. Se trata de un lenguaje anacrónico; el lenguaje del Neolítico (en breve escucharemos sus acentos), refinado y convertido en algo diabólico por la mala exégesis que el cristianismo occidental hizo sobre el mandato del Génesis de someter a la tierra. Las montañas no se pueden conquistar. Lo mejor que puedes esperar es que la montaña decida no matarte el día en que te propongas subirla. Si eres listo, invertirás tiempo y esfuerzo en persuadirla de que no lo haga. Hace tiempo que renunciamos a nuestros esfuerzos de conciliación, y (¿quién puede negarlo ahora?) la tierra se está levantando furiosa y está a punto de caernos encima.

La tecnología de Tom (cuchillos de sílex, raspadores y hachas, cuerdas de fibras vegetales, trampas, lanzas con puntas endurecidas en el fuego, y propulsores de lanzas que duplican su alcance, su fuerza y su precisión) se está convirtiendo no en instrumentos para realizar un sacramento, sino en armas para la guerra contra lo salvaje; en parte de un muro que lo separa del bosque. Esto, supongo, es una recapitulación de lo que en realidad ha ocurrido durante la historia de la humanidad; una advertencia sobre cómo las cosas que hemos usado han vuelto para usarnos y cambiarnos.

Pero la mayor parte del tiempo Tom es mi puerta de entrada a este lugar. Todavía es un niño. Aprender cualquier cosa sobre el mundo implica un proceso de anamnesis, de reminiscencia,[26] y él ha olvidado muchas menos cosas que yo, al igual que todos los niños (hasta que los corrompemos). También está su superioridad sensorial y, por lo tanto, su libertad con respecto a la tiranía cognitiva y a la maligna deconstrucción de los árboles gloriosos en proposiciones sin gracia.

Las ataduras del lenguaje y las proposiciones que impiden que mi mente se expanda y toque el mundo real se están aflojando. El hecho de no hablar ayuda. Me ayuda a respirar con tranquilidad. Pero es un trabajo lento. Por mucho que los habitantes del Paleolítico superior de este bosque utilizaran un lenguaje, estoy seguro de que lo emplearon como una herramienta en lugar de (como es mi caso) permitirle que construyera y compusiera todo un mundo virtual en el que luego se vieran obligados a vivir (como yo).

* * *

Anoche volví a ver a X. Estaba apoyado en un árbol mientras se iban los últimos rayos de sol y me miraba directamente. No pude ver ninguna expresión en su rostro, pero al cabo de un rato levantó la mano en una especie de despedida, se dio la vuelta y se alejó. Y entonces vi que caminaba con una terrible cojera. Tenía la pierna izquierda torcida.

* * *

Tom regresa con una ardilla. Reaviva la hoguera, cuece el animal y luego se sienta mirando la oscuridad en lugar del fuego, cosa que no es propia de él. Cuando el ojo del gran oso ya está encima de la casa de Sarah y está mirando hacia abajo, empieza a hablar. No quiere que le responda. Le preocupa la idea de que los sanadores tengan que herirse a sí mismos. Pero no puedo ayudarle; es algo que a mí también me preocupa.

Se gira hacia la oscuridad.

* * *

Llevo ocho días sin comer.

—Ya no estás tan contundente como antes —dice Tom. Y tiene razón. Se me marcan los pómulos, y los límites entre el bosque y yo son cada vez más estrechos. Nos exudamos el uno en el otro. Mi figura cambia constantemente.

La figura que llamo mía se crea por la presión de las demás entidades, tanto humanas como no humanas, que me rodean. Si me quitasen mis relaciones, dejaría de existir. Solo se me puede describir en función del plexo de relaciones en las que estoy. No se puede establecer mi paradero si no es triangulando a partir de las posiciones de las demás criaturas de mi mundo.

X sabe dónde están las otras criaturas. Por lo tanto, sabe dónde estoy incluso mejor que yo mismo. Sabe que hay un corzo tumbado en la espesura, un arrendajo en lo alto del roble y un lobo corriendo por las Pléyades justo por encima de mi cabeza. Ve que solamente una pequeña parte de mi está aquí, prestando atención. Ve cómo Tom pasa nervioso el peso de un pie al otro cuando le hablo; ya no creo que el lenguaje se corresponda del todo con las cosas que intenta describir. Y es por eso que no puede unirlo todo, que no puede convertir las partes en un todo. X vivía en un lugar que era un todo. Sus trozos de tundra se unían. ¿Qué podría conseguir que nuestro bosque fuera un todo?

La opción que me parece más obvia mientras estoy tumbado mirando la nieve que baila al ritmo de una melodía invisible, oyendo el rugido sinfónico del viento, observando la cuadrilla de grajos en el campo y el giro de las estrellas, es la música.

Más tarde escribí lleno de pánico al biólogo David Haskell, experto en el canto de los pájaros, rogándole que me confirmara que la música es «cronológica y neurológicamente anterior al lenguaje». «Seguramente lo es», me respondió. «Pero parece ser que el movimiento corporal los precede a ambos: los centros cerebrales que controlan el sonido proceden de las mismas partes del embrión que el sistema motor de las extremidades, por lo que toda la expresión vocal surge de unas raíces que podrían llamarse "danza" o, por decirlo sin tanta elegancia, "arrastrar los pies". Quizá lo que necesitemos sea una epistemología basada en el músculo, el nervio y el hueso».

Sí. La necesitamos urgentemente, no solo para entender el Paleolítico superior, sino para entender el presente. Y para vivir bien como humanos, porque ¿cómo podemos vivir bien en un mundo del que no sabemos nada (debido a que el lenguaje nos ha nutrido de datos falsos) o menos que nada? Así que voy a bailar, a caminar y a correr para deshacerme de todas las mentiras; las exorcizaré con mi silbato de hojalata, la misa en si menor y el rebético proveniente de un sótano lleno de humo del Pireo.

También voy a utilizar más que solamente uno de mis cinco sentidos (seguramente tenemos muchos más que cinco). Solo utilizo los ojos. Si solo hubiera cinco sentidos, eso significaría que, en el mejor de los casos (y sin tener en cuenta la distorsión que supone la impía trinidad de la visión, la cognición y el lenguaje), solo estaría captando una quinta parte de la información disponible sobre el mundo. Imagínate lo que pasaría si tomásemos decisiones sobre negocios o relaciones basándonos solamente en el 20 % de la información relevante. Estaríamos en bancarrota y nuestras relaciones serían desastrosas. Y sin embargo, ¡eso es lo que hacemos con el mundo entero! Nuestra intuición es más antigua, más sabia y más fiable que nuestros sentidos infrautilizados y atrofiados. Intuimos que el mundo es de cierta manera, pero nuestros sentidos insisten en que es de otra. Hay una brecha enfermiza entre ambos tipos de comprensión. No es de extrañar que no nos sintamos a gusto en el mundo. No tenemos ni idea de cómo es y, hasta cierto punto, somos conscientes de que no sabemos cómo es. Imagínate con qué satisfacción e intensidad podría vivir en este bosque si captara aunque fuera un 20 % más, prestando atención a los olores que llegan constantemente a mi nariz, por ejemplo. Imagina lo mucho que podría exprimir la vida: lo mucho que viviría. X, al igual que un zorro, utilizaba todos sus sentidos. Si no lo hubiera hecho, habría muerto mucho antes de poder tener una barba larga.

Pero eso es una tarea para el futuro. Por ahora tengo que reflexionar sobre el resplandor: observar sin prestar atención a las protestas de mi estómago y, sobre todo, ser algún tipo de figura paternal para mi hijo.

* * *

Tom lo tiene claro: si queremos hacerlo bien, necesitamos un perro. Ha estado investigando. Los lobos podrían haberse domesticado hace 40.000 años, dice, y tener un lobo manso o domesticado en este bosque lo cambiaría todo enormemente. Tiene razón en ambas cosas, aunque dudo de que los perros hayan llegado a estas tierras heladas del norte de Europa tan temprano. Él tiene en mente un perro de la raza lurcher, que podría pasar por un lobo en la penumbra. Podríamos pedir uno prestado a un amigo de Exmoor.

Me resisto.

En Inglaterra no hay lobos domesticados; solo hay simples perros. Y estos perros han coevolucionado con nosotros; para nosotros. Desgraciadamente nosotros los hemos moldeado a ellos mucho más que ellos a nosotros. Estudiar a los perros es más una cuestión de antropología que de zoología. (Tal vez esto haya cambiado recientemente y ahora sean ellos los que empiezan a dirigir nuestra evolución en lugar de nosotros la suya. Eso espero). Llevan en su cuerpo y en su psique la historia pospaleolítica del hombre. La coevolución del perro y del hombre se aceleró rápidamente a partir del Neolítico.

Si quieres saber lo mucho que nos hemos alejado los humanos de nuestro diseño original, solo tienes que echar un vistazo a los perros modernos; a los trágicos y jadeantes perros modernos con lacitos en la cabeza, caras aplastadas y patas dobladas. Los perros de verdad, los que tienen cara de lobo, nos observan desde un pasado lejano. Pero el pasado desde el que nos observan no es lo bastante lejano como para que sean los compañeros adecuados para el bosque.

El perro ideal estaría, por supuesto, más cerca del bosque paleolítico que nosotros. Pero eso supondría otro problema. El perro se convertiría en el centro de atención. El bosque reaccionaría ante él en lugar de ante nosotros, y nosotros reaccionaríamos ante el perro en lugar de ante el bosque. Se supone que estamos aquí para estudiar a los humanos, pero si hubiera un perro acabaríamos estudiando al perro, y a un perro moderno para colmo. El perro nos aislaría del bosque. Lo percibiríamos a través de los sentidos del perro y no de los nuestros. Acostumbro a viajar solo al extranjero precisamente para evitar este tipo de situaciones.

Así que será mejor que el lurcher se quede en Exmoor.

* * *

Sigue nevando. En casa están preocupados por la exposición, la congelación y la rendición. A medida que se alisan los contornos, el terreno se vuelve más espinoso y peligroso. Los pájaros son presa de una nueva desesperación. Les cuesta más comenzar a aletear, pero en cuanto empiezan les resulta más difícil parar. En verano, su vuelo por el bosque es fácil, fluido y melifluo. Ahora es frenético y entrecortado. En el silencio, todo se convierte en música, y solo hay disonancia. El grajo choca con el petirrojo, el zorro con la paloma torcaz, la liebre con el árbol.

En el frío reside el conocimiento de la extinción o de la transformación personal: del viaje a través de una frontera hacia donde sea que esté o no esté mi padre. Abrazo a Tom con más fuerza.

El petirrojo y la urraca se acercan todavía más. Me gusta pensar que, más que nuestra comida, quieren nuestra compañía. Formamos parte de su mundo viejo y amable de marrones y grises. El conejo araña la nieve para llegar hasta la hierba, igual que el caribú de X para llegar al liquen de la tundra, y un día se deja las orejas y un pie junto a un muro. Solo la liebre y el zorro están preparados para el frío. Si me tumbo al borde de la depresión, puedo ver un pequeño chorro de vapor saliendo de la nieve. Proviene del morro de la liebre. Está en una cueva de nieve moldeada por el calor de su propio motor.

Nosotros también hemos intentado que la nieve se volviera contra sí misma construyendo bancos bajos con ella junto a las paredes del refugio. Nos protegen del viento y nos hacen sentir que estamos haciendo algo con respecto al frío.

Tenemos mucha comida a nuestra disposición. Los faisanes están borrachos de frío y no se molestan en apartarse de delante de los coches. Además, también nos mantenemos calientes. Antes de que llegara la nieve, nos pusimos a recoger madera como locos y la almacenamos debajo de la lona, y a la comunidad residente de cochinillas y arañas ya se han unido otros refugiados. Hay un ratón de campo de cola larga. Vemos el extremo de su cola moviéndose mientras duerme o se agita entre los palos. Esa cola convierte nuestro refugio en un hogar.

Nuestra hoguera es el corazón del refugio. Bombea calor por todas partes. Siempre hay por lo menos unas brasas. Cuando Tom vuelve de una de sus excursiones para conseguir comida dice que va a despertar al fuego; esa idea y esas palabras no las ha sacado de mí. De hecho, es como si pensara que un fuego no necesita ni siquiera brasas para existir. Siempre está ahí en un tronco, esperando ser despertado. Es como si el fuego fuera el alma de la leña, un caso especial de chispas activadoras y definidoras del centro de todo.

No me deja ocuparme del fuego. Eso es cosa suya. Se mueve alrededor del fuego con los mismos movimientos lentos y cuidadosos que un sacerdote alrededor de un altar. Cuando propongo trasladar nuestro refugio a un lugar más seco se niega, «no podemos mover la hoguera».

Su instinto es acertado, pero, de hecho, a pesar de que los antiguos humanos aceptaban plenamente la teología de Tom sobre el fuego doméstico, encontraron maneras de trasladarlo. Cuando Eneas sacó a su anciano padre, Anquises, de entre las llamas de Troya, su hijo Ascanio iba a su lado, [27] cargando con el fuego. El fuego era sagrado. Era el hogar, que a su vez también era sagrado. Dondequiera que estuviera el fuego, allí estaría el hogar. [28]

Virgilio puso por escrito una costumbre cuyos orígenes se remontan hasta mucho antes de la Edad de Bronce homérica, y que es mucho más fundamental para la identidad humana que un rasgo romanizado con ascendencia mediterránea oriental. X tenía un hogar en la bolsa en la que transportaba el fuego. El hogar ardía en una bola de musgo, a la espera de resplandecer. Ser nómada no significaba no tener hogar.

Anquises llevaba una vasija en sus manos. Contenía las cenizas de sus padres. Aquello definía el hogar tanto como el fuego. Los antiguos humanos siempre tenían a sus muertos junto a ellos: en una bolsa, bajo el suelo de la cocina, alrededor de una muñeca, en la repisa de la chimenea o en la cabecera de la mesa. Hoy en día ponemos las cenizas de nuestros padres en urnas relucientes (hechas en China) que elegimos de un catálogo satinado. En el caso de mi padre tiramos la casa por la ventana y elegimos una con las esquinas de latón. Luego esparcimos sus cenizas en una poza de Somerset. Y todavía nos preguntamos por qué tenemos la sensación de que hemos perdido el control de lo más fundamental. Debería haber dejado que los cuervos consumieran a mi padre, y luego debería haber metido su cráneo en mi mochila, hacerme un collar con sus dientes y utilizar su pelvis como almohada.

* * *

El invierno es la época de los límites palpables: viable/condenado; negro/blanco. Las puntas de los árboles apuñalan el viento. De hecho, todo lo que constituye el mundo natural tiene que ver con los límites. Si tu cara está lo bastante cerca del suelo en cualquier lugar que no sea un parque urbano rociado y antiséptico o un campo de una granja industrial, sabrás que moverte un centímetro significa moverse entre zonas tan diferentes como la Antártida y el Amazonas. Y, entonces, un paseo por el bosque se convierte en un viaje fantásticamente más emocionante que cualquier cosa que puedas hacer en un jet privado. Cada paso es un viaje a través de muchos dominios y fronteras. Sí, hay un todo, pero es un todo que solo está completo gracias a la vibrante individualización; gracias a los límites. El mundo real no es tan homogéneo. No tiene monocultivos. X nunca pisó el mismo lugar exacto más de una vez. Nunca dijo: «Estamos caminando sobre la hierba», sino: «Este dedo está sobre estas briznas, y este dedo sobre estas otras»; seguro que era capaz de nombrar las quince especies de hierbas que tenía debajo de cada pie, les pedía perdón (probablemente en su propio idioma) por aplastarlas y les agradecía que le amortiguaran las pisadas.

Todos los cambios, absolutamente todos, han venido siempre de los límites, y es que solo pueden venir de allí. Nunca ha venido nada importante del centro, de los parlamentos, de los gabinetes, de los consejos de administración, o de los grupos de reflexión que escuchan a los ministros. La evolución necesita los límites. Si el mundo se convirtiera en un monocultivo, los límites se reducirían y, por lo tanto, habría menos cambios y menos evolución. Y eso no sería bueno.

* * *

Supongamos que el comportamiento moderno empezó hace 40.000 años, que el Neolítico se inició hace 10.000 años, y que nos convertimos en humanos modernos, en el sentido actual, hace 1.000 años. (Más adelante explicaré por qué creo que en realidad esta última transición fue bastante más reciente). Supongamos que cada generación son veinticinco años. Por lo tanto, ha habido 1.600 generaciones con comportamiento moderno, de las cuales 1.200 (el 75 %) fueron del Paleolítico superior o del Mesolítico. Ha habido cuarenta generaciones modernas, es decir, el 2,5 % del total de las generaciones humanas. Si una vida humana dura setenta años, el 75 % de una vida humana son unos cincuenta y tres años. La mayor parte de nuestro desarrollo como individuos se produce a los cincuenta y tres años. Y la mayor parte de nuestro desarrollo como humanos tuvo lugar a finales del Paleolítico superior. Somos gente del Pleistoceno.

Es ridículo que consideremos que los humanos modernos somos normativos. Somos mutaciones recientes y visiblemente inadecuadas. Pero no te deprimas; podemos revertirlo.

Si empezamos la historia en el momento en que el *Homo sapiens* anatómicamente moderno apareció por primera vez hace 200.000 años, esto significa que durante el 95 % de nuestra historia hemos sido cazadores-recolectores, criaturas de los límites y, por lo tanto, emocionantemente hablando, criaturas cambiantes y generadoras de cambio. Ahora la mayoría de nosotros estamos en el centro (de las ciudades, de los movimientos, de las presunciones) y, por lo tanto, hemos dejado de cambiarnos a nosotros mismos o al mundo de la forma en que lo hacían las primeras generaciones de humanos. Creemos que estamos en un mundo que cambia rápidamente. Bueno, puede que sí, pero los humanos no estamos cambiando de la misma manera que nos cambió el Paleolítico superior. Lo que actualmente consideramos que es un cambio solo es angustia y disolución. Las transformaciones que estamos experimentando no son la multiplicación y el refinamiento de los matices o la profundización de la comprensión. Son actos de vandalismo: son el expolio de las cosas, los lugares y las maneras de ser ontológicamente superiores a nosotros.

Y ya está: me siento mucho mejor después de haberme desahogado.

¿Repetimos la semana que viene a la misma hora?

* * *

La expectación de los primeros días de ayuno ha sido sustituida por el vértigo. Estoy en una cornisa, hay una buena caída, está oscuro y no sé lo que hay ahí abajo. Estamos al límite de la respetabilidad; los demás nos dedican miradas extrañas cuando metemos a los animales atropellados en nuestra bolsa y pasamos por delante del pub de camino al valle.

Lo último que comí fue un erizo. De eso hace ya nueve días. Deduzco por su sabor que seguramente los erizos empiezan a descomponerse incluso cuando están en la flor de la vida. Este todavía está ahí abajo en algún lugar, y mis eructos huelen como una granja de gusanos. Lamento su muerte bajo las ruedas de un camión de ganado mucho más de lo que lo lamentan sus padres o sus hijos.

Los límites de este bosque invernal nos están cambiando. Estamos al límite del pueblo y pasamos la mayor parte del día y de la noche al límite de la hoguera. Estoy hambriento y al límite de mi experiencia de ayuno.

Estamos al límite de nuestra comprensión del tipo de criaturas que somos, cerca del final de nuestras respectivas ataduras y, gracias a Dios, del tiempo que podemos pasar aquí. Pronto podré volver a llamarme a mí mismo escritor de la naturaleza mientras estoy sentado en un escritorio, mirando de manera conmovedora las nubes y escuchando electrónicamente el canto de los pájaros.

El límite más significativo para mí en este momento es el límite entre el sueño y la vigilia. Me paso mucho tiempo en tierra de nadie.

¿Por qué no se me había ocurrido antes? Si quieres saber cómo se produjo el amanecer de la conciencia, tienes que observar cómo amanece la conciencia. A veces, literalmente, a primera hora de la mañana, mientras la luz y la oscuridad se lloran mutuamente. Observa tu propio despertar. Sumirse en un estado de duermevela es una disciplina espiritual importante en muchas religiones, [29] y ahora ya entiendo por qué. Es una lente formidable para examinar tu propia conciencia.

Cuando se juntan la luz y la oscuridad, y cuando se juntan la conciencia y el subconsciente, no hay un crepúsculo brumoso. Nada es amorfo. Al contrario, es un territorio de una claridad inusual. Es como la luz que hay en la región de Ática en octubre. Es inusual porque la realidad se manifiesta a todos los niveles del ser: en la palpación y la aprehensión; en el dedo y las entrañas; en los genitales y el cerebro; en la delgada y enrevesada corteza del córtex y en el profundo y grueso cerebro de pez creado a base de fosfolípidos, bañado con agua de mar y repleto de recuerdos de dientes de plesiosaurios; en la parte de mí que conoce el número de cromosomas de un lobo, y también en la que le gusta sentarse junto al fuego para marcar con un hierro candente la cara del lobo si se acerca. Es algo inusual porque estos niveles suelen ser antagonistas, pero en este contexto se llevan bien.

Puedo escuchar su conversación y saber la relación que tienen entre ellos simplemente dormitando y pidiendo a Tom que me dé una patada cuando me vea cabecear. El hecho de estar hambriento ayuda (aunque no es muy agradable), pero aun así deambular por la tierra de nadie entre la vigilia y el sueño es mucho menos desagradable y mucho menos arriesgado para la función renal que las alternativas que nuestros antepasados utilizaban a menudo, como por ejemplo ingerir hongos alucinógenos.

El cansado vigilante de la hoguera de la tundra de Derbyshire, con la cabeza cubierta por la capucha de piel de arce cayéndole encima del pecho, seguro que conocía bien este territorio. De hecho, todos nos transportamos allí cuando nos dormimos en el mundo real de los búhos y los zorros y los gritos de muerte, en lugar de hacerlo en nuestras cajas insonorizadas. Es como si el sueño humano estuviera diseñado para ser interrumpido. De hecho, nos enriquecemos cuando eso ocurre. Me pregunto si eso es parte del encanto de ir de camping. Lo único bueno de dormir en una parcela embarrada bajo la lluvia entre sociópatas insomnes con furgonetas blancas llenas de sidra blanca es el estado de hipnagogia.

* * *

Ahora escucha (estoy hablando conmigo mismo). La manera tradicional de ver el nacimiento de la conciencia humana es claramente errónea. La conciencia ya existía mucho antes que el Paleolítico superior, y no solo en humanos. Muchos no humanos tienen ciertamente un sentido del yo: se ha demostrado de forma concluyente en primates, cetáceos y varias especies de aves (que, por supuesto, no tienen neocórtex, lo que demuestra que la conciencia no está asociada a la innovación más reciente de la evolución del cerebro y que, por lo tanto, nuestro habitual esnobismo cronológico no tiene ningún sentido), y muchos suponen que la conciencia es omnipresente en el mundo natural. [30]

Se nos da muy mal buscar conciencia. Tendemos a suponer que si la conciencia no puede mostrarse de la forma en que nosotros la mostramos (por ejemplo, mirándonos en el espejo y señalando las marcas en nuestra cara), significa que no hay conciencia en absoluto. Pero vamos mejorando, y cuanto más mejoremos, más conciencia encontraremos. Parece ser que el universo es un jardín muy fértil para cultivarla.

Sin embargo, está claro que ocurrió algo tectónico con la conciencia humana en el Paleolítico superior, ya sea por revolución, revelación o evolución. De la antigua conciencia surgió una nueva (o bien se le añadió o fue sustituida).

Casi todos los seres humanos del planeta, hasta el siglo XVII de nuestra era, daban por sentado que el mundo entero y cada pequeña cosa que lo conformaba, desde los guijarros hasta las ballenas, tenía algún tipo de conciencia. Y yo concuerdo con ellos. Pero las religiones de Oriente y Occidente proponen la existencia de una conciencia que posee todo el universo, y que puede que sea, o no, igual a la suma de las conciencias individuales presentes en el universo.

La relación de esta conciencia universal con la conciencia particular de los individuos es una cuestión de misterio permanente y de vital importancia. La teoría sobre esta relación que para mí tiene más sentido es la que propone Iain McGilchrist,[31] basada en la conexión entre la conciencia y la materia. La conciencia individual es lo que ocurre cuando la conciencia universal queda limitada de algún modo por la materia. Es como si mi cuerpo, al igual que el pseudópodo de una ameba, engullera una conciencia universal. Y ese trozo de conciencia, durante un tiempo, tomara la forma de mi cuerpo. Los cuerpos determinan la manera en que se comporta la conciencia. No estamos hablando de un burdo dualismo cartesiano en el que un alma que es mi verdadero yo se apodera de mi carne como si fuera un okupa, diciéndole a todo el mundo que mi cuerpo es suyo.

Hay muchos tipos de cuerpos diferentes, por lo que no es de extrañar que (tal y como cada vez somos más capaces de reconocer) haya muchos tipos de conciencia. El cuerpo de una orca no es como el mío (bueno, quizá sea exactamente como el mío, como diría el deslenguado Tom). Su yo no es como el mío y, por lo tanto, su sentido del yo tampoco es como el mío. Y eso no quiere decir que sea peor, sino simplemente distinto.

En los humanos del Paleolítico superior surgió un nuevo tipo de conciencia (o, por lo menos, un tipo de conciencia que era nueva para los humanos) que aparentemente no vino acompañado de ningún cambio significativo en el cuerpo. También está surgiendo en X. Es la mejor explicación para el desconcierto tras su barba y el pánico que se refleja en la cara imberbe de su hijo.

* * *

El ayuno, el resplandor, los límites del sueño, los límites de las hojas, los límites de las especies, los límites de los huesos masticados y los límites de todas las categorías están consiguiendo que surja un nuevo tipo de conciencia en mi interior.

En los momentos inmediatamente después de que Tom me dé una patada, veo caras y patrones. Las caras suelen ser amables pero severas. Esperaba que en los límites del sueño hubiera una Flora risueña con una cesta de flores y las tetas al aire, pero nunca aparece. No son caras de espectros: son, sobre todo, consistentes, provenientes de un mundo más sólido que este. A veces están coronadas o cubiertas de hojas, unas hojas que cortarían la piedra de los muros de Derbyshire con la misma facilidad que un cuchillo de sílex cortaría el aire. Estos rostros nunca hablan porque son anteriores y de mucho más allá que las palabras, por lo que su elocuencia es a la nuestra lo mismo que las hojas a las piedras. Hacen que me vuelva platónico o junguiano (si es que realmente hay alguna diferencia).

Detrás de esos rostros hay una matriz geométrica, o un cielo lleno de puntos regularmente espaciados, o un mundo exuberante y vegetativo de helechos teselados, tal y como aseguran los que consumen ayahuasca. Los helechos se balancean, mostrando (como si fuera necesario) la quietud de los rostros.

A veces hay figuras con la piel pelada. Y debajo de su piel se puede ver lo que realmente son. A veces, solo puedo acercarme a ellas o verlas bien si vuelo. X es uno de esos rostros. Sus cejas son más densas de lo que me había parecido. Tiene el aspecto cliché del hombre de las cavernas. Su hijo está detrás de él, pálido y cohibido.

Cuando abro los párpados, Tom está tallando un palo o dibujando en su cuaderno. A veces sus dibujos son clavados a lo que acabo de ver; puedes pensar lo que quieras. Durante un instante veo mis pies podridos a través de las botas, los gusanos que se deslizan bajo el suelo de tierra del refugio, mi padre desaprobando ligeramente la suciedad que hay alrededor de la hoguera, un caribú husmeando en una bolsa, un cuervo llevando un dedo humano en el pico y un árbol inclinándose peligrosamente con un movimiento de brazos.

Nada volverá a ser como antes. No puedo creer en meras piedras, ni en meros árboles. Tampoco puedo dejar de creer en mí o en Tom. El bosque de repente se llena de historias, de actores, de almas haciendo una audición para obtener un papel.

En primavera, el sol y los brotes y el flujo de energía contarán sus propias historias. Pero ahora, en el bosque invernal, toda la responsabilidad recae sobre mí. Hay que contar una historia. Ocurrirá algo malo si no lo hago, y no hay nadie más que pueda hacerlo.

De repente recuerdo que en muchas culturas solo se pueden contar historias durante el invierno o en la oscuridad.[32] Tal vez sea porque contarlas en otros momentos sería como usurpar la prerrogativa de contar historias de esos otros narradores con más autoridad. También recuerdo que, al igual que resulta desastroso no relatar una historia, las historias pueden curar, restaurar y redimir. A veces incluso pueden resucitar a los muertos.

Así que, tartamudeando y arrastrando las palabras, empiezo a contarle una historia a Tom.

—Sigue —dice él—. Sigue.

* * *

Pronto será un hombre. Si fuera un buen padre, les diría a los trabajadores sociales que me atacaran con todo su arsenal, y lo enviaría al frío para que ayunara y pasara miedo y aprendiera su propia historia. Del mismo modo que, si fuera un buen hijo, llevaría a mi padre colgado alrededor del cuello. Aunque Tom sabe que las historias son importantes, todavía no sabe cuáles son las correctas.

Es culpa mía, y me siento desdichado. Los rituales modernos de iniciación consisten en emborracharse con sidra de mierda en un aparcamiento, perder la virginidad en una marquesina de autobús, recibir un teléfono inteligente como si fuera un rollo de la Torá y hacer prácticas en una fábrica de pollos o, si eres de clase media, en un actuario. Por lo menos me parece honesto iniciar a los niños en el camino que probablemente seguirán. Seguramente no sería muy agradable equipar a los niños para el éxtasis y la caza de rinocerontes lanudos y luego enviarlos a trabajar en un centro de llamadas durante el resto de sus vidas.

La urraca escucha incluso en la oscuridad. Está posada a pocos centímetros de su hombro mientras hablo. Cuando hablo, guarda silencio. Cuando dejo de hablar, parlotea durante un rato, y luego nos saluda con la cabeza y se va volando hasta la mañana siguiente.

* * *

Ahora tengo frío. Cuando me levanto y salgo a orinar, la sangre tarda un poco en llegarme a las piernas. Me imagino mis arterias como si fueran briznas de paja aplastada.

El resplandor frente a mis ojos me está cansando, porque siento que debo concentrarme en cada pequeña modulación de la textura. Me gustaría comer, pero no por el mero hecho de comer (que me parece algo asqueroso), sino para que las cosas vuelvan a ser monótonas. No quiero que cada momento contenga tanto. No quiero tantas posibilidades. Tantas valencias son agotadoras. No quiero ser libre. Quiero un pequeño menú de opciones agradables que no condicionen demasiado mi decisión. Ser humano es vivir con infinitas posibilidades y asumir con valentía la responsabilidad de elegir entre ellas.

Aunque yo cada vez tengo más frío, el bosque se está calentando. Ahora hay agujeros en la nieve; los animales atropellados empiezan a oler, y nosotros también. El frío nos había cauterizado las fosas nasales, pero ahora están volviendo a cobrar vida. La única parte de mi cuerpo que está caliente es la úlcera que tengo en la espalda, y cuando supura huele a paja de pocilga sucia, lo cual me gusta bastante. Mi aliento huele a golosinas de pera, incluso para mí mismo. Eso se debe a las cetonas de la desnutrición. Cuando regrese, por fin volveré a caber en esos viejos pantalones.

«Cuando regrese». Ese pensamiento es un error, pero ya no puedo retractarme. Es una traición al bosque, y la urraca deja de venir.

* * *

Recogemos nuestras cosas. Solo tardamos un par de minutos. Desmontamos la lona del árbol, la enrollamos y la metemos en nuestras mochilas junto con los sacos de dormir, el sílex, las lanzas, los palos endurecidos por el fuego y los cuadernos.

X y su hijo, ahora más definido, están de pie junto al granero. El niño tiene los ojos dorados de una liebre.

* * *

Regresar será difícil y peligroso. Cuando has sido libre e importante y has vivido como se supone que deberías vivir, resulta difícil volver a los dramas pospaleolíticos. Precisamente por eso todos los gobiernos (engendrados durante el Neolítico) están aterrorizados de que la gente haga lo que Tom y yo estamos haciendo. Odian, temen y envidian a los nómadas: a los que no tienen etiquetas, a los que son libres. Basta con echar un vistazo a su legislación. Saben que, una vez saboreada, la libertad (aunque sea indeseada) nunca se olvida; que entonces sus mentiras se vuelven transparentes; que el parque temático que tan cuidadosamente han construido (y al que ellos llaman «vida real») parecerá algo fraudulento y frágil. Nadie que haya estado en el bosque puede volver a jugar a ese juego.

A pesar de todo, me aterra olvidar lo que ha ocurrido aquí; que por unos momentos formamos parte de este lugar. Los cazadores-recolectores no podían olvidar que formaban parte de todo esto. De haberlo hecho, habrían muerto. Estar vivo significaba respirar, y respirar significaba llevar conscientemente el bosque dentro de uno mismo. Los cetáceos controlan su respiración voluntariamente. La mitad del cerebro de una ballena tiene que permanecer despierta para decirle al diafragma que siga trabajando. Si una ballena se quedara totalmente dormida, se asfixiaría. Pues lo mismo ocurría en el Paleolítico superior; si dejabas de absorber el bosque, te morías. Y lo mismo ocurre hoy en día, lo que pasa es que no nos damos cuenta.

¿Puedo ser un cazador-recolector en los suburbios de Oxford? ¿Puedo formar parte de todos los sitios que piso aunque lleve los pies enfundados en zapatos? Es cuestión de prestar atención, supongo. Puedo mejorar, igual que uno puede aprender, con años de práctica, a darse cuenta de que está respirando. Pero ahora hay una guerra sistemática contra la atención sostenida y, al igual que la mayoría de la gente que conozco, yo también soy una víctima.

De camino al tren rompo una rama y, como acto reflejo, digo «lo siento, perdóname», y me como una mora e instintivamente digo «gracias». Por lo menos he hecho algún progreso. La gratitud es la principal característica que define a las comunidades de cazadores-recolectores. Es una gratitud bastante diferente a la de la fiesta de la cosecha.

* * *

Al recorrer el kilómetro y medio que nos separa del pueblo hemos avanzado 40.000 años, así que mis ojos vagan en busca de entretenimiento. Vuelvo a ser moderno, y a los humanos modernos no les entretiene la importancia, así que he dejado de buscarla. Sin embargo, la cabeza de piedra medieval que hay en una pared nos guiña el ojo cuando pasamos, y la urraca baja en picado, se posa sobre una pala y hace tictac.

—Me encanta este bosque —dice Tom. Me muerdo la lengua y no le pregunto a qué se refiere por miedo a romper algo precioso.

Hay banderas ondeando en algunas casas del pueblo. Al verlas me enfado, y eso me anima. Es otra señal de que ha ocurrido algo. Me enfado porque soy patriota. Cualquiera que conozca y ame de verdad algún lugar sabe lo inadecuadas que son las banderas. Sugerir que una bandera podría siquiera empezar a representar un valle o un árbol es una blasfemia. Ningún cazador-recolector tiene bandera. Los verdaderos patriotas las queman.

Cuando llegamos a la pequeña estación rural, los momentos empiezan a sucederse cansinamente. En el bosque no había líneas rectas, pero ahora están por todas partes: en los marcos de las ventanas, en las esquinas de los edificios; líneas ordenadas de momentos y propósitos.

—Aquí todo son cajas —señala Tom.

En Derby me como una bolsa de patatas fritas y el resplandor cesa.

Cuando entramos en casa, todo el mundo contiene el aliento.

No se quedan boquiabiertos por X y su hijo, que están afuera en pelotas, entre los cubos de basura y un contenedor lleno de sillas, sino por nosotros.

* * *

A pesar del rugido de minotauro de la maldita ronda durante las veinticuatro horas del día, del parloteo de las pantallas y de los gritos de guerra de los niños, el silencio y la falta de acontecimientos de Oxford son espantosos. Estábamos acostumbrados a las olas de viento que rompían en los muros de piedra seca, al chisporroteo de las hayas, al graznido de los cuervos y a las prisas de los ratones. Ahí fuera, en el bosque, todo cambiaba constantemente. Cada vez que mirábamos al roble, sus ramas se entrelazaban como nunca antes lo habían hecho y como nunca más volverían a hacerlo. Ninguna voluta en lo alto de una nube había tenido nunca aquel aspecto concreto; ninguna conversación entre gorriones había sonado exactamente como esa. Aquella gota de lluvia extendiéndose por la piedra caliza se transformó primero en un puño, luego en una cabeza de ciervo, y luego en un cáliz.

Me cuesta ver las mismas cosas aquí en Oxford. Estoy de acuerdo con David Abram en que «solo hay lugares relativamente no salvajes».

Aburro a la gente diciéndole que incluso el centro comercial más antiséptico forma parte de lo salvaje, repleto de azar y hongos y de una suciedad estimulante. Pero cuando has estado durante un tiempo en lo que hoy en día se considera la naturaleza de verdad, las partes relativamente poco salvajes te irritan. No puedo ver el cielo desde donde estoy sentado. Pasa un BMW. Luego un Ford. Después una furgoneta de DHL, entregando cartuchos de tinta al periodista de al lado. Y a continuación otro BMW. «Lo siento, pero ahora no puedo hablar», dice un amigo por teléfono. «Estoy muy ocupado».

No es verdad. En la última semana, tus ojos y tu cerebro no han tenido que hacer el esfuerzo que habrían tenido que hacer si hubieras estado solamente diez minutos en nuestro bosque del Paleolítico superior. Y tus brazos, tus piernas, tus orejas, tu nariz y tus receptores táctiles no han hecho absolutamente nada durante años.

Concebimos la naturaleza como una ausencia de sonido, movimiento y acontecimientos. Alquilamos casas rurales «para tener un poco de paz y tranquilidad». Eso demuestra hasta qué punto estamos desconectados. Un paseo por el campo debería ser una cacofonía ensordecedora, amenazante, frenética y agotadora.

Si la naturaleza cortada, quemada y envenenada de hoy en día ya nos produce este efecto, imagínate el que nos produciría la naturaleza de verdad si todavía existiera. Sería como tomar un cóctel industrial de speed, heroína y LSD y bailar en una discoteca donde sonara el *Réquiem* de Mozart al ritmo de Grateful Dead, sabiendo que en cualquier momento podría aparecer un oso de las cavernas que nos abriría la barriga.

X y su hijo deben pensar que el sur de Oxford es una especie de desierto distorsionado. No hay rebaños. Los pájaros están horriblemente en silencio. Pero seguro que incluso aquí X se ha dado cuenta de las bandadas de gansos que pasan volando por encima de su cabeza, se ha fijado por dónde pastan y ya ha planificado cómo acercarse a ellas. Las aves acuáticas eran muy importantes en el clima frío. En algunos lugares eran la vida misma. Las pelotas de X bien podrían estar cómodamente abrigadas dentro de un nido de plumas de cisne; probablemente tenga polainas de piel de pato, una parka de piel de ganso con plumas de ganso en la espalda y el pecho, y una gorra de navaja que le regaló su abuela; y puede que su bolsa de pata de cisne para transportar el fuego esté impermeabilizada con aceite de la glándula de acicalamiento de un archibebe rojo. Estoy seguro de que su nariz quemada por el viento brilla debido a la grasa de focha, y sospecho que debajo de su gorra, junto a su cuero cabelludo, guarda un alijo de tiras de pato ahumado que lo mantendrá vivo durante un mes en caso de que no consiga atrapar nada más.

Para hacernos una idea de las aves acuáticas que había durante el Paleolítico superior no tiene sentido ir al estuario de Wash, o al fiordo de Solway, o incluso a Islandia. Sería mejor sentarse con los ojos cerrados en un banco de St James's Park, filtrar el sonido del Big Ben, de los aviones y de los eructos de los autobuses, y sentir el bullicio y los pedos de los patos obscenamente obesos de los alrededores. O, mejor aún, ir conduciendo hasta Slimbridge, en el estuario del Severn, tal y como hicimos al día siguiente de volver de Derbyshire, y bajar las ventanillas del coche, apagar la calefacción, ponerse una camiseta fina, pantalones cortos y chanclas, y luego caminar, con la piel de gallina, hasta las principales charcas de los gansos, una vez que has esquivado a las ranas venenosas. Allí encontrarás guaridas de gansos y de patos como las de los viejos tiempos, pero puede que no sea tan sencillo pasar el arpón por recepción.

Desde los escondites que bordean el río pueden verse embarcaderos romanos y, si el mar ha aspirado con fuerza, sombras en el barro lejano de algo mesolítico; las huellas de un par de lobos caminando de lado; de algunos uros pesados, de algunas grullas de piernas altas y de algunos humanos. El cielo pálido a veces se oscurece con el parpadeo de las avefrías o se vuelve plateado con los correlimos que giran más deprisa de lo esperado. Allí, por un momento, si se ignoran las guías laminadas de los destellos de las alas y las formas de las cabezas, y las ventanas que se abren para que uno pueda asomar su catalejo fálico a la naturaleza, se puede saber algo de la metrópolis chisporroteante del mundo del Paleolítico superior; un zumbido febril que no tiene nada que ver con el silbido de la estática en el interior de las cabezas humanas, ni con los tejemanejes de una corporación.

—¿Por qué vuelan tanto? —pregunta Jonny, nuestro hijo de ocho años.

—¡Porque pueden!

—¿O quizá porque hace sol?

—¡Sí!

Justo cuando regresamos es cuando empieza el invierno de verdad.

* * *

Nuestro invierno suburbano no es tan diferente al invierno en el bosque, o eso intento decirme. Aguantamos. Nos atrincheramos. Nos abrigamos y salimos corriendo al frío en busca de comida e ideas. Mi vida ordinaria consiste en recolectar restos de ideas para hacer una comida: la única diferencia real entre mi manera de recolectar y la del Paleolítico superior es que hay tantas ideas o más colgando de los árboles o en el bosque en invierno como en verano.

Intentamos contar historias; sobre las rutas aéreas de los cisnes de Groenlandia; sobre la luz que siempre está envuelta en la oscuridad; sobre el ajetreo bajo la nieve; sobre el fuego profundo bajo nuestros pies, sobre el núcleo de la Tierra; y sobre la Mente dentro de la cabeza del petirrojo, que se extiende mucho más allá hasta invadir la nuestra.

Nos tumbamos en las marismas al amanecer con la ropa congelada sobre el barro para escuchar cómo llegan los gansos, pensando en el sonido que harían sus largos y preciosos fémures si los agujereáramos y sopláramos a través de ellos, y preguntándonos si el hinojo marino iría bien con su hígado. Cuando encontrábamos pájaros muertos en la carretera, hervíamos sus huesos y les arrancábamos la lengua con unos alicates, y descubrimos que la lengua de los mirlos tiene forma de zapato de tacón de aguja. Vimos que a nuestro zorro local le ponía nervioso el plástico, vimos que a nuestro arrendajo local le faltaba un dedo del pie, y vimos el pánico en las caras de los académicos ilustres cuando se menciona la palabra «sentir».

Pero sobre todo observamos: vimos cómo Orión iba de este a oeste, el enfrentamiento entre Tauro y Géminis, la luz sigilosa que se filtraba por los límites de la noche.

X y su hijo desaparecieron. No volvimos a verlos después de aquel día en el umbral de la puerta de casa. Me pregunté si se habrían marchado al enmarañado bosque que hay detrás de la guardería, pero nunca los he visto por ahí, y eso que camino y me siento a observar en ese bosque varias veces al día. Tal vez no quieran contribuir a mi historia en esta época del año en la que se cuentan historias, porque si una historia no es propia, no es una buena historia. Eso sí, si una historia es solo tuya, entonces es muy, muy aburrida; por eso pensé que quizá me ayudarían.

Solo habíamos estado jugando al invierno. El bosque de Derbyshire siempre estaba allí, apoyado sardónicamente en la esquina de cada habitación o despatarrado en una silla; siempre interrogándome, a menudo con rudeza:

«¿Has pensado en lo que podría haber pasado si te hubieras quedado allí?».

«¿Has visto cuán hinchada tienes la barriga? Podrías alimentar a una manada de lobos durante un mes».

«Te has perdido algo muy especial de la vida de esa liebre mientras roncabas cálidamente en tu casa. ¿Cómo te sientes?».

«La capa de agua congelada en el campo del fondo formaba una cara. ¿De quién crees que era?».

El bosque y la sabana son el pasado; los lugares donde todos los demás y yo fuimos lentamente creados. Ahí se forjaron nuestros huesos, y solo ellos saben de qué están hechos.

Fui a varias bibliotecas y me pasé semanas buscando la receta de los huesos humanos: Darwin, Dennett, Blake, Jefferies, un sinfín de eruditos anónimos con ollas y cráneos y bolsas de sílex en las estanterías de sus despachos y cuidadosas notas a pie de página en sus artículos.

Sostuve la versión de Tom de un hacha de mano del Paleolítico superior mientras escribía y dormía, esperando y medio creyendo que actuaría como un conector superconductor entre la vieja oscuridad y yo; que me ayudaría a saber cómo se hicieron mis huesos.

Sentado en el suelo del bosque de la guardería mientras maldigo la ronda, me he acostumbrado a girar la cabeza rápidamente, sabiendo que las cosas realmente significativas (como por ejemplo los muertos, o el pasado, o X y su hijo, o la receta de los huesos humanos) siempre están en los límites lejanos de la visión, pero puedes pillarlas desprevenidas si eres lo bastante rápido o afortunado, y si quieren ser vistas.

Pero donde realmente se conecta mi pasado con mi presente es debajo de mis pies. Las lombrices están hundiendo las hojas del otoño anterior bajo tierra (siempre que la escarcha se lo permite), y trayendo a la superficie fragmentos de granjeros sajones, de recaudadores de impuestos normandos y de institutrices victorianas que terminarán siendo arrastrados por las Nikes de los niños cuando vuelvan de la escuela del bosque y que luego se limpiarán en la alfombrilla. También bajo tierra, los brotes van creciendo, desarrollándose, afilándose y, aunque no tienen ojos, avanzando con confianza ciega hacia la luz que viene de África, igual que los antiguos humanos.

Teníamos mucho que hacer. Teníamos viejas melodías, fechas límite, fiestas, paseos por el parque, intentos torpes y flatulentos de entendernos y de entender la soledad que conlleva el fracaso, la hilaridad ebria y la hilaridad sobria (que es todavía mejor), algunos momentos inquietantes de la *Saga de Njál* y de la saga de la invasión que es la Navidad, y la sensación de que beber sidra de granja es algo antiguo y grandioso, como si estuviera hecha del fruto marchito de Yggdrasil (y si esto no sale en la columna satírica *Pseuds Corner* habré fracasado, y *Private Eye* también), y visitas a tumbas con la esperanza de que ocurra algo, zambullidas entre las olas, y cajas de vino tinto barato del Peloponeso, y amaneceres apresurados para ver a los gansos pasar por encima de nuestra casa todos los días exactamente a la misma hora de la madrugada, y los cuerpos calientes y agitados de los ratones de campo que atrapábamos en el jardín trasero para ver con quién compartíamos terreno.

Estábamos marcando el tiempo. En cambio, X y su hijo seguramente estaban creando en la oscuridad las historias que necesitaban para mantenerse vivos durante el resto del año.

Primavera

«Cuando los espíritus llegan al bosque, primero siempre
ocurre lo mismo; se hace el silencio. Tienes unos diez
minutos de quietud profunda y acolchada. No se parece a
ningún otro tipo de quietud, a ningún otro tipo de silencio,
a ningún otro tipo de atmósfera. Este es tu momento para
correr, si es que todavía tienes piernas. De lo contrario,
asumirán que estás dentro».

MARTIN SHAW, *Small Gods.*

En invierno, los humanos reflexionaban. En primavera, deambulaban. Aunque me da miedo el invierno, soy un perezoso y un sentimental y me gustan las historias, por lo que cuesta sacarme de la cueva y alejarme de la hoguera para que viva una historia en lugar de contarla. Es más fácil vivir de la grasa.

Durante el Paleolítico superior, la primavera era la época de las vacas flacas, el momento en que tanto a los humanos como a la tierra se les marcaban las costillas a medida que la nieve se iba retirando.

El invierno me ha dejado vacío, aunque no se me nota a simple vista.

«Sabes, tienes que entender bien este asunto del chamanismo», me dijo un amigo sabio y despiadado. «Era el mundo del Paleolítico superior. Intentar escribir sobre el Paleolítico superior sin ser un viajero chamánico experimentado es como intentar escribir sobre la natación sin haberte mojado nunca los pies».

Aquello era una exageración, pero no iba muy desencaminado. Así que apreté los dientes, pregunté por ahí y un día acabé golpeando la puerta de una caravana en un bosque de Somerset.

—Entra —me dijo Polly, que olía a sándalo—, y no te asustes.

Polly no le tenía miedo a nada. Veinte años atrás, durante una operación rutinaria, dejó de respirar, caminó por un túnel, abrazó a su abuela muerta y luego fue arrastrada de vuelta a regañadientes por un enérgico anestesista. Dejó su trabajo de archivera del NHS y se fue a Asia central, donde vivió a base de carne de caballo, líquenes y dosis semanales del hongo agárico *Amanita muscaria*. Sudorosa, con espasmos y náuseas, sostuvo la gigantesca mano carnosa (con garras) de Judy Garland y miraron juntas al vacío de antes y de más allá del tiempo mientras comían chocolatinas. Luego trabajó limpiando los baños de un santuario de lobos en algún punto de la ruta de la seda y después regresó a casa, al suroeste de Inglaterra.

—Nada de todo aquello fue tan aterrador como el trabajo de archivera —me dijo—. No tienes ningún motivo para confiar en mí —continuó—, pero puedes hacerlo. Hay muchos charlatanes por ahí. Gente que hace un curso de fin de semana de chamanismo y luego se dedica al negocio, con páginas web llenas de fotos de jaguares y robles y estrellas. Vamos a ir poco a poco. Si en algún momento te asustas, significa que estás en el lugar equivocado, así que saldremos enseguida.

Nos lo tomamos con calma, pero aun así fue todo demasiado rápido para mí. Durante semanas fui a casa de Polly, me tumbé en una esterilla de espuma junto a la estufa de leña, aprendiendo a encogerme para poder pasar por un agujero en una playa griega; forzando mis hombros a pasar a través de la franja de hierba gruesa que lo rodeaba, retorciéndome bajo la raíz de una vieja palmera, encorvado, luego de pie, siempre bajando, ignorando los ojos en la pared, a través de un arroyo hirviente, hacia un claro. Allí me esperaba un zorro, zumbando como un gato; ojos amarillos con motas negras que dibujaban un patrón de galaxias que reconocí vagamente. Sonaba a almizcle, pues ahí abajo se oían los olores y los colores. A veces respiraba encima de mí, y era como el viento en un cálido prado de primavera; otras, me abría el pecho con sus suaves patas, y rebuscaba en mi interior; y a veces, si se lo pedía, volvía a ascender conmigo por el túnel, hasta la esterilla, y luego se subía al coche y me acompañaba por la autopista M5.

—Es bueno que venga —dijo Polly—. Puede que estés listo para Derbyshire.

No estaba completamente seguro, pero Tom y yo fuimos de todos modos.

* * *

Llegamos allí justo antes de que se pusiera el sol. Nuestro viejo refugio ha resistido bien el invierno. Un zorro ha dejado una pila de excrementos justo en el lugar donde apoyé la cabeza por última vez, cosa que me tomo como un buen auspicio. Colocamos la lona encima de las ramas, encendemos fuego («No: despertamos al fuego», insiste Tom. «¿No te acuerdas?»), nos subimos a algunos de los viejos árboles para saludar y salimos en busca de los animales que conocemos.

Sabemos que el viejo conejo cascarrabias está muerto y no hay ni rastro del petirrojo tuerto, pero la urraca que hace tictac no tarda en volver a su antigua rama. Durante el invierno ha aprendido a colgarse boca abajo con una pata y está orgullosa de ello. Mueve la cabeza hacia nosotros para comprobar que la observamos y le damos nuestra aprobación.

¿Y la liebre? No lo sé. No veo la parte superior de sus orejas sedosas en la depresión, pero eso no significa que no esté allí. Hay luna llena esta noche, así que, si está viva, caminará lascivamente bajo sus rayos.

Tom lo está poniendo todo en orden, arreglando las piedras alrededor de la hoguera, recogiendo helechos para cubrir la parte del techo donde no llega la lona, pisando fuerte la maleza del camino hacia el claro donde deja trozos de comida.

—No nos pongamos demasiado cómodos —le digo—. Vamos a cambiar mucho de campamento.

* * *

La principal diferencia visible entre los humanos modernos y los del Paleolítico superior no es la ropa ni el pelo, ni siquiera nuestra propia maleza física. Es su cosmopolitismo y su movimiento, y nuestro provincianismo y sedentarismo. Excepto en invierno, viajaban mucho, por varios lugares e íntimamente, y su ingenio entraba en acción cada vez que negociaban nuevos tratados con los espíritus que rondaban cada lugar e intentaban no morir de hambre. En cambio, nosotros solemos viajar entre lugares idénticos: cajas idénticas con instalaciones idénticas y comida idéntica. Y nos sentamos, nos espatarramos o nos tumbamos mientras los siervos nos llenan la boca de calorías.

En primavera y otoño los caribúes viajaban durante cientos de kilómetros, llegando a recorrer hasta cincuenta y cinco kilómetros al día, y a veces los cazadores se les pegaban tanto como las rémoras a los tiburones. Vamos a ir hacia donde creo que podrían haber ido los caribúes. Identificaremos los lugares donde habría sido más fácil emboscarlos, como por ejemplo un paso estrecho. Es cerca de estos cuellos de botella de carnicerías donde se producían las aglomeraciones estacionales de humanos del Paleolítico superior y donde (más tarde que X) se crearon las grandes obras maestras del Paleolítico superior,[33] el arte bidimensional más sofisticado hasta que llegó el arte bizantino. El arte, la comunidad, la política y la religión giraban en torno a las migraciones estacionales de los caribúes.

No me gusta la idea de viajar tanto. Tengo la sensación de que necesito conocer bien un lugar para formar parte de su historia y para poder captar por mí mismo los atisbos de una historia. Las mejores historias no son solo las que provienen de algún lugar, dice el mitólogo y narrador Martin Shaw, sino las que hablan sobre un lugar. «Encuentra el lugar que te reclama». Pues bien, hubo algunos momentos durante el invierno en los que empecé a sentir que nuestro valle me reclamaba. Seguramente, me dije, así era como se sentían en el Paleolítico superior cuando la frontera entre el mundo humano y el no humano estaba en algún punto entre lo que se filtra y lo no existente, y la gran regla imperante era la reciprocidad: yo tomo, tú das; yo doy, tú tomas; yo reclamo, tú reclamas. ¿No debería quedarme en el valle y consolidar mis demandas y mis reclamaciones?

Bueno, pues no puedo. Ellos caminaron, así que yo también tengo que caminar.

* * *

¡Todavía está aquí! No se ha abierto de patas bajo la luz de la luna, sino que se ha deslizado castamente a su alrededor, pasando de un punto de oscuridad a otro. Le ha crecido el vientre. Se balancea de un lado a otro, y se prepara para ello como si fuera un marinero en un barco agitado.

La depresión huele a zorro. No me extraña que la haya abandonado. Probablemente lleve cuatro fetos en su interior, y no puede pensar solo en sí misma.

Pero la liebre y la urraca son un escaso consuelo. El bosque se ha alejado.

* * *

A veces, durante el día, nos escabullimos de nuestra parcela, pero cuando vemos el destello del abrigo de algún caminante a lo lejos nos escondemos de un salto detrás de un árbol o nos aplastamos contra el suelo; los observamos con ojos de lobo cuando pasan, salivando al pensar en el chocolate de su mochila; nos preguntamos el daño que les causará caminar durante horas por estas viejas colinas y luego volver al aparcamiento y poner las noticias en la radio. ¿No sería mejor que se quedasen en casa y que no se sometieran a un cambio así? A veces nos entran ganas de ver una película *snuff* y nos tumbamos junto a la carretera, emocionados y horrorizados por la violencia, y la despreocupación, y la temeridad, y los lamentos. A veces, en la oscuridad, vemos el interior de algunas casas del pueblo: niños comiendo y peleándose; parejas que se acurrucan, discuten y se ignoran. Raramente vemos a nadie mirar a otra persona durante más de un momento. Intentamos entender sus historias, cómo encaja todo en las historias que han elegido. ¿Por qué ese papel pintado? ¿Por qué ese cuadro de un torero moribundo? ¿Por qué freír pescado precisamente esta noche?

* * *

Durante la noche, se producen matanzas a nuestro alrededor y a la vez se intenta esquivar la muerte. Una lechuza común peina el campo tan sistemáticamente como el brazo escáner de una fotocopiadora, dejándose caer con un chillido de vez en cuando. Los zorros juegan al tira y afloja con un conejo desgarrado. Un búho falla al intentar atrapar a un ratón de campo y cae en un lecho de ortigas. Hay un tejón a lo lejos, escupiendo y gruñendo mientras lo sacan de la tierra con unas pinzas y lo meten en una bolsa (no tenemos teléfono para llamar a la policía). Y, sin duda, en el pueblo algún hombre estará golpeando a su mujer.

Tom está dormido, soñando con chocolate y renos. Yo estoy despierto, preguntándome a dónde habrá ido X y si su ausencia, y de hecho la retracción de todo el bosque, se debe a alguna crueldad o despreocupación impenitente. Por lo menos esa manera de pensar es genuinamente del Paleolítico superior. ¿He ignorado a alguien que necesitaba hablar? ¿Me he comido ese cerdo asado despreocupadamente sin pensar que compartía nalgas con un primo cercano que todavía estaba por ahí, observando mientras masticaba cada bocado? ¿Me he reído de la desgracia de alguien? Cualquiera de esas cosas habría echado el cerrojo a las puertas del bosque, y también habría alejado a X, asqueado. Jay Griffiths habla de la «bondad salvaje»:[34] la bondad que marca a los que obtienen su moral del suelo. Pero eso no significa que los dientes y las garras sean la fuente de la bondad. He escuchado esos aullidos y gritos, y no quiero que Darwin sea mi tutor moral. La competición, la muerte, el despilfarro y la dislocación no nos hacen buenos. El bosque parece esperar más de los humanos que de los búhos.

Repaso los últimos dos meses, dando vueltas a viejas estupideces, chistes y posturas, y, de repente, cuando el reloj de la iglesia da las tres, ¡lo tengo! Se trata de una pregunta burlona y arrogante que hice durante una conferencia. Creo que se puede solucionar, pero tendré que hacer algo radical. Lo ideal sería ayunar, pero quiero arreglar las cosas con el bosque antes de irnos mañana por la mañana, así que me levanto y salgo desnudo en medio del viento, y camino por el sendero de Tom hasta la piedra de la comida podrida. Y allí me quedo con la frente apoyada en un árbol, castañeando como una especie de *Miserere* inconcluso hasta que el reloj de la iglesia indica que ha pasado una hora y que puedo volver al refugio. Mientras me acomodo de nuevo en mi saco de dormir, veo que la luna hace brillar el sendero de Tom y oigo el sonido de las pisadas de las suaves botas de piel de X tras el muro.

* * *

—Papá —dice Tom por la mañana—, ¿sabes por qué la hierba de los senderos brilla más por la noche que la maleza que hay a los lados? Porque la hierba refleja la luz de la luna. Es por todo el silicio que contiene. La luz de la luna rebota en los cristales de silicio.

Sí, Tom, claro que sí.

* * *

Nos dirigimos hacia el oeste por el valle, vadeando entre el rocío, con un saco de carne seca, una lona impermeabilizada para el suelo y la intuición compartida de que los caribúes pasaron antaño por aquí. Hace frío: el tipo de frío hambriento que te quita toda la voluntad y la alegría. Si hubiera caribúes justo delante, su olor agrio (como el de un sótano en el que todo el mundo ha estado comiendo chucrut y eructando de forma compulsiva) caería al suelo con sus excrementos y pronto incluso el estiércol dejaría de humear y cedería ante el frío. Precisamente el frío es lo que nos permitiría identificar la ubicación de un gran rebaño desde muy lejos, ya que veríamos la nube de vapor del aliento de los caribúes. Los humanos del Paleolítico superior seguían una columna de humo, igual que los israelitas.

Hoy observo la gran determinación que tienen los cuervos. Tienen una intencionalidad mucho más potente que mi intencionalidad fragmentada. Ese cuervo de ahí, que aletea con fuerza de una esquina del campo a la otra, actúa con mucha más agencia de lo que he actuado yo en toda mi vida. Y los agentes se reconocen entre ellos: el mundo no humano (del que formaban parte los humanos del Paleolítico superior) lleva implícita la solidaridad. Tener agencia quiere decir tener significado e importancia. El campo en su conjunto significa algo. Tiene un propósito y una dirección.

Estos disparates místicos son unos de los axiomas dominantes de la vida de los cazadores-recolectores, tan fundamentales como lo son para nosotros la primacía del mercado y la santidad del ánimo de lucro.

Hay momentos (pero solo algunos) en los que consigo alinearme con la intención de los cuervos, y cuando eso ocurre resulta absurdo no creer que los movimientos de las aves son augurios más fiables que los mapas meteorológicos por satélite o un laboratorio de bioquímica médica.

El espíritu del zorro trota a mi lado. A veces tengo la sensación de que la hierba se balancea cuando la roza con la cola o se dobla cuando la presiona con sus almohadillas. Permanece inalterable, pero aun así percibo su excitación cuando olfatea al caribú.

Subimos sin parar, atravesando puertas y pasos. Hace mucho tiempo, la tierra se dobló a lo largo de la veta por la que estamos caminando y luego se aplanó, pero no del todo. Por aquí hay más cráneos de ovejas que ovejas vivas, y también hay un par de urracas muertas clavadas en la puerta de un granero. Un herrerillo da saltitos debajo de ellas mientras se come los gusanos que el viento va tirando al suelo.

Tom está rastreando a los caribúes. Le resulta mucho más fácil que a mí. Hace un par de horas que no habla, solo gruñe para hacerme callar cuando le señalo algo o intento reflexionar. Tiene toda la razón. Solo hablo para ocultar mi incapacidad para esta tarea.

El rastro cruza una carretera y abandona la veta, siguiendo el contorno de un bosque de hayas. Pero hay algo que a Tom no le gusta.

—Algo va mal —dice—. Habrían pasado por ahí abajo. —Y entonces acelera para terminar este tramo.

A nuestra derecha hay una larga cresta negra de dientes de piedra destrozados. Más allá hay brezo y algunos coches quemados. El camino que tenemos por delante desciende hasta el río y transcurre junto a él durante un rato. Debajo del camino hay un río que fluye lentamente; el agua se arrastra por el suelo unos pocos centímetros cada año. La lluvia que hace siete años cayó mientras estábamos haciendo un pícnic en el páramo alto del norte y me resbaló por la nariz podría ser la misma agua que ahora hace que me rechinen las botas.

Ahora Tom va muy por delante de mí, caminando cada vez más deprisa, extrañamente encorvado. De vez en cuando toca la hierba con los dedos.

—Ve más despacio —le grito, pero no me hace caso.

Yo me hubiera detenido hace rato. Me gustaría sentarme junto al río, comer una ardilla y sumergirme en pensamientos bucólicos. Pero no puedo hacerlo. He perdido de vista a Tom, que se ha metido entre los setos medio corriendo (según veo por las huellas que ha dejado). Tal vez no soporte mi compañía. No le culpo. O tal vez quiera dejar atrás la carretera. Tampoco le culpo, aunque en realidad es una carretera poco transitada, solo pasan algún Land Rover de vez en cuando y algún remolque que lleva las vacas negras lanudas al mercado.

No podemos evitar la ciudad del mercado, y tampoco quiero hacerlo. Aquí fue donde mi padre compró chalecos rojos con botones de latón con forma de cabeza de zorro, donde yo vine a buscar perdices y cerceta en la tienda de caza, y donde intenté comprar una valla eléctrica para que mi hermana no entrara en mi habitación.

Tom me está esperando en el puente. Está intentando atrapar truchas.

—Nunca me comería una trucha. Viven a base de patatas fritas y carne contaminada. —¿«Carne contaminada»? Esa expresión es de mi padre, pero nunca la dijo delante de Tom, y yo tampoco.

—¿A qué viene tanta prisa? —pregunto, sin esperar respuesta.

—Deberíamos seguir, eso es todo —contesta, y reemprende la marcha hacia el noroeste, agachándose, palpando, a través de pequeños y viejos campos fríos con muros de piedra blanca, grajos revoloteando, un zorro en la cima del muro preguntándose qué traemos, una gran ave rapaz desplomada en la copa de un árbol con el estómago lleno de carne.

Creo que ahora ya sé hacia dónde se dirige Tom, aunque no estoy seguro de que él lo sepa. Once kilómetros más adelante, el camino se estrecha y se convierte en un embudo en la colina. Es un tramo famoso por los asesinatos. Si pisas la hierba, la orilla hueca jadea, y siempre hay un pájaro negro en alguna parte observando a las personas que pasan por la puerta, y otro controlándolas en la cima del desfiladero. Aquí gran parte del mundo es subterráneo, e incluso bajo el sol abrasador de primavera y en la cima de la cresta, la oscuridad está al mando.

—Aquí —dice Tom con énfasis desde la puerta del paso, la empuja y sube. Hay pequeñas cuevas a ambos lados. Las señala con la cabeza—. Ahí, no —dice—. Todavía no. —Se dirige a una repisa de roca que sobresale de la colina y se sube—. Es aquí —dice, no «aquí ya está bien», y se quita la mochila.

—¿Y ahora qué? —le pregunto. Se encoge de hombros y se pone cómodo, observando la puerta desde donde la carretera empieza a subir abruptamente.

No hay mucho que ver. Los domingueros de Sheffield y Manchester aparcan, recorren cincuenta metros por la carretera y regresan. Algún que otro ciclista escuálido, brillante y negro, pasa con los ojos cubiertos por gafas con la mirada fija en un pequeño recuadro de asfalto cerca de la rueda delantera. Los abejorros, los conejos y las nubes curiosean. Los ojos de Tom permanecen inmóviles.

Los excursionistas beben los restos de su té, reprograman el navegador y regresan a casa. Las abejas arrastran enormes sacos amarillos de polen hacia sus túneles, dejando el valle para los conejos, las nubes, los pájaros negros y nosotros. Tom extiende la mano para buscar su bolsa, se la acerca, la abre, saca una chaqueta de plumas, se la pone y se coloca la capucha. No mueve la cabeza. Saco un poco de carne seca de mi bolsa y le ofrezco un trozo. Lo acepta en silencio. Enciendo una hoguera en una hendidura de la roca, justo debajo de él, con la madera que hemos cargado durante tanto tiempo, esperando que baje a calentarse las manos, pero no es el caso.

No había mucho sol aquí de día, pero el que había ha seguido a las abejas hasta la colina, y ahora hay una media luna que se mece sobre Sheffield, hundida en la noche. Y Tom sigue sentado. Una parte de mí está ofendida. Este es mi proyecto, no el suyo. Yo soy el sensible, el de las pretensiones psíquicas. Me gustaría pensar que se trata de un instinto de protección paternal, que no quiero que se vincule a la naturaleza esquiva, en algún lugar del tiempo profundo donde no pueda vigilarlo, pero seguramente solo le tengo envidia. Tom está aquí, en este sitio, de una manera que yo no consigo estar. Yo estoy por todas partes: una parte de mí está en Oxford, y en los horarios de los trenes, en los silogismos, en las neurosis, en las esperanzas, en la Islandia medieval y en la biología de las arañas, y todo ello regido por memes hechos en Grecia, traducidos en Alemania, malinterpretados por mi padre y rechazados en cuanto me duermo y empiezo a soñar. Si pudiera estar en un solo lugar como Tom, viajar por el tiempo sería algo trivial. Si estás seguro de ti mismo en una dimensión, puedes estar seguro de ti mismo en todas.

Doy una cabezada y me despierto porque el fuego se ha dormido. Tom sigue ahí arriba. Está inmóvil, pero tenso y despierto. Me acerco y me siento a su lado.

—¿Nada? —Vuelve a encogerse de hombros. Esta vez me quedo despierto por vergüenza y me siento junto a él.

Tiene razón. Seguro que los caribúes pasaron por aquí y que los hombres los esperaban en este sitio. Este valle es la puerta de entrada más fácil hacia las tierras altas del noroeste. Los grandes rebaños habrían atravesado este embudo y se habrían extendido por las laderas. Nada más entrar en el valle habrían olido a los hombres, a los leones y a los grandes felinos, ya que el olor se quedaría allí atrapado, al igual que los caribúes. Habrían entrado en pánico. Algunos habrían intentado dar la vuelta, resoplando y gritando, rociando a los demás caribúes con orina fétida, quitándoles los ojos con sus cascos afilados como cimitarras, empujando a los que todavía trataban de subir y que aún no habían olido la muerte, subiéndoseles a la espalda, derribándolos, hundiéndoles la cara en el barro, rompiéndoles las piernas y reventándoles los ojos. Y entonces, antes de que consiguieran retirarse, los hombres habrían salido gritando de la cueva cercana al aparcamiento y de la repisa donde está Tom, y las lanzas de sílex se habrían clavado en la masa, y la hierba de la tarde habría quedado cubierta por sus entrañas, y el valle se habría llenado de vapor, y de sangre y de rumen. Entonces los hombres habrían dejado de gritar y de tirar lanzas y, en cambio, se habrían derrumbado, se habrían puesto a llorar y se habrían santiguado, o más bien habrían hecho lo equivalente en el Paleolítico superior de Derbyshire y se habrían pasado los días siguientes desollando y asando y raspando e intentando aplacar a todas las almas que trotaban por el valle preguntándose qué les había pasado a sus cuerpos y por qué sus piernas se estaban secando al sol en vez de estar unidas, como siempre, a cada punta de su torso.

En aquel momento, habría habido muchos hombres, mujeres y niños en el valle y sus alrededores. Habrían venido desde todas partes, algunos desde cientos de kilómetros de distancia, sabiendo que los caribúes estarían allí, calculando su hora de llegada por el sol y la luna; sabiendo que habría banquetes, cuentos, éxtasis religioso, sexo en el bosque y matrimonios; sabiendo que verían a conocidos de su tribu extendida que no habían visto durante un año: personas con la que sería sensato mezclar su ADN, hombres que convendrían a sus hijas, y personas que tendrían un tipo de sílex mejor que podrían intercambiar por pieles, o que tendrían pieles de castor que podrían intercambiar por mujeres o por ocre rojo.

Nos hemos acostumbrado a pensar que los cazadores-recolectores eran igualitarios y, en realidad, en comparación con cualquier empresa o sociedad moderna lo eran, por lo menos durante una parte del año. Pero al igual que en todos los ámbitos, en arqueología y antropología también hay modas, y el antropólogo David Graeber y el arqueólogo David Wengrow han desenterrado y rehabilitado algunos trabajos antiguos sobre los inuit y los cazadores-recolectores del Medio Oeste del Pacífico [35] que coinciden a la perfección con lo que podemos observar en el registro arqueológico del Paleolítico superior.

En esas comunidades más contemporáneas, la política y la sociología cambian con las estaciones. Y por aquel entonces las estaciones en sí no estaban determinadas principalmente por la temperatura, las precipitaciones o la luz, sino por el movimiento de los animales y el crecimiento de las plantas. Durante gran parte del año, las unidades básicas eran como la que he descrito en referencia a X y a su hijo: pequeños grupos que buscaban alimentos, cuya composición se determinaba según los lazos familiares o la función. Había buscadores de raíces, cazadores de ciervos, cazadores de castores, recolectores de bayas y, a veces, cuidadores del hogar y guardianes del hogar, ya que la vida no siempre era inexorablemente móvil.

Estos pequeños grupos apenas tenían presunciones tóxicas sobre el estatus. En esta fase de su vida todos los miembros eran obviamente necesarios: sus funciones eran interdependientes, y sus contribuciones, cruciales; comían bayas junto con los renos asados. No me cabe duda de que habrá habido algún marido grosero que pensaría que cazar era mejor que recolectar, pero seguro que también había esposas inteligentes que señalaban con razón que había muchas más plantas en la dieta familiar que animales. El panorama general era de igualdad de condiciones.

Pero durante los grandes festivales de sangre estacionales era diferente. Entonces, los cazadores (predominantemente masculinos) eran los principales proveedores, y en los clanes que se reunían había muchos más egos masculinos que se empujaban entre ellos hacia esa sinergia diabólica que se ve en cualquier sala de juntas o gabinete. Y dado que se reunía un mayor número de personas, surgía una sociedad estratificada con sus propias normas que solo duraba una estación y luego se disolvía hasta el año siguiente. Había policías con botas de piel de bisonte y jueces con pendientes de marfil. Los jueces y los abogados llevaban muertos tintineando alrededor del cuello y las muñecas, y los muertos se apoyaban en los mostradores de las comisarías y hacían discursos y redactaban sentencias.

Los cazadores-recolectores del Paleolítico superior, por lo tanto, entraban y salían de distintas jerarquías, degustando una serie de posibilidades políticas y sociológicas del menú que cambiaba con cada estación. Tenían mucha más experiencia y sofisticación política que nosotros, ya que somos políticamente monoculturales. Esto será de gran importancia cuando lleguemos al cambio sísmico que supuso el Neolítico y la gran mutación que causó la formación de los estados.

¿Qué fuerzas determinaron la arquitectura social y política del Paleolítico superior? Algunos dicen que los cazadores-recolectores del Paleolítico superior simplemente eran, y somos, chimpancés maquiavélicos. Los chimpancés son cobardes, vanidosos, violentos, sumisos, manipuladores y están obsesionados con el estatus. Según se dice, nosotros tenemos instalado algún software cognitivo del que los chimpancés no disponen, pero eso no supone ninguna diferencia real en nuestra naturaleza. Solo somos chimpancés mejorados.

Pero esto no lo explica todo. Los humanos no son, o por lo menos no eran, «simplemente» nada. Esa actualización de software creó una capacidad de relación (de la que hablaremos enseguida) nunca antes vista, y no solo de relación con otros humanos. ¿Por qué iba a ser tan restringida? Un humano moderno típico tiene una intencionalidad de quinto orden: [36] «Pedro cree (1.er nivel) que Jane piensa (2.do) que Sally quiere (3.ro) que Pedro suponga (4.to) que Jane tiene intención de (5.to)…». Ahora imagina lo que un cerebro como este, pero sin ningún prejuicio antropocéntrico, haría si se encontrase en un bosque, zumbando y palpitando con alteridad y agencia. De hecho, no te lo imagines: inténtalo. Habla o hipnotiza a tu cerebro para liberarlo de sus prejuicios, luego toma un tren en dirección a algún lugar donde te sientas incómodo, y quédate sentado durante cuatro días sin las distracciones de la comida o el sexo, sabiendo que estás siendo evaluado por un millón de pares de ojos, algunos de ellos compuestos, y por muchos otros tipos de órganos sensoriales, algunos de los cuales probablemente sepan lo que está ocurriendo dentro de tu páncreas. Ten en cuenta que tus evaluadores serán mucho mayores que tú; que se les dará mucho mejor que a ti estar en ese lugar; que sus mentes, al igual que la tuya, se extenderán mucho más allá de sus cráneos y, quizá también como la tuya, más allá de los límites del universo; que los electrones de sus neuronas estarán afectando la trayectoria de electrones situados a mil millones de kilómetros de distancia. Así que déjales entrar y, a partir de ahora, comprueba que no tengas invitaciones suyas en la bandeja de entrada de tu correo electrónico.

No debería emocionarme demasiado. Los cazadores-recolectores del Paleolítico superior no siempre caminaban por los bosques como si estuvieran drogados con LSD. Pero sí que extrajeron su idea del yo y, por lo tanto, su idea de relación, sociedad y política, del mundo no humano que se confundía en su interior.

Eso no significa ponerse a cantar beatíficamente el «Kumbayá» junto a los arroyos del bosque, pero sí decir «Hermano Buey» junto a San Francisco, y saber que la lluvia cae por igual sobre justos e injustos, y que todo está sujeto a todo, y que, como todos estamos siempre en el punto de mira de las eventualidades mortales y el dedo del gatillo está tenso, nadie puede presumir.

Pero en la tundra no había una democracia ilustrada y compasiva. Existía el estatus y, aunque la ortodoxia darwiniana lo haya sobredimensionado (la cooperación, la comunidad y el altruismo generan gran parte de la complejidad del mundo natural), también había elementos del mercado libre. Imperaba la ley del más fuerte, tal y como los cazadores-recolectores veían en los demás animales, como por ejemplo en los ciervos. No podemos decir que el mundo del Paleolítico superior se moldeó y tomó ejemplo del mundo natural sin llegar a la conclusión de que también adoptó su cornamenta. Las cornamentas tenían un propósito, a diferencia de la mayoría de las cornamentas modernas, y estaban bien afiladas. Casi no hay indicios de que hubiera violencia entre humanos durante el Paleolítico superior, pero parece plausible que hubiera una jerarquía incluso en las bandas de cazadores y recolectores más pequeñas. Había ciervos grandes, ciervos pequeños, y ciervas.

Pero las cornamentas no son toda la historia, aunque son más visibles que otras estructuras humanas metafóricas en el registro arqueológico y en las inferencias que naturalmente sacamos de nuestros pensamientos sobre la estructura del mundo. ¿Te acuerdas de la película *Mi gran boda griega*? El marido era la cabeza (ficticia), pero la mujer era el cuello, por lo que podía girar la cabeza hacia donde quisiera. Ella tenía el control. Seguramente eso era lo que ocurría en el Paleolítico superior, al igual que en todas las culturas decentes. Gracias a Dios, todo el mundo en realidad es un matriarcado, a pesar de los bramidos de los ciervos. William Irwin Thompson observó:

Debido a que hemos separado la humanidad de la naturaleza, el sujeto del objeto, los valores del análisis, el conocimiento del mito, y las universidades del universo, resulta enormemente difícil para cualquiera que no sea poeta o místico entender lo que ocurre en el pensamiento holístico y mítico de la humanidad de la Edad de Hielo. El propio lenguaje que utilizamos para describir el pasado habla de herramientas, cazadores y hombres, cuando en realidad cada estatua y pintura que descubrimos nos dice a gritos que esta humanidad de la Edad de Hielo era una cultura devota del arte, del amor a los animales y de las mujeres. [37]

El poder y el estatus masculino, al igual que las erecciones, son transitorios. La influencia femenina, así como la menstruación, es un ciclo eterno, y debe prevalecer. Solo las mujeres producen terneros vivos que pueden producir otros terneros vivos, y así sucesivamente hasta el infinito. Los hombres cazadores solo traen a casa terneros muertos para poder asarlos y comer durante esa semana.

Eso es lo que estaba pensando mientras observaba el aparcamiento del ayuntamiento en busca de caribúes fantasmales.

X no está por aquí. ¿Y por qué debería estarlo? No es mi aparcacoches ni mi guía turístico. Tiene su propio trabajo y sus propios caminos. Y tal vez no le gustamos.

Observo a Tom intentando entender lo que está viendo. No me dice nada. Cuando sale el sol sobre los campos de Sheffield, finalmente se aparta, se da la vuelta encima de la roca, se tapa los ojos con la capucha y se duerme. No es muy amable por su parte dejarme dentro de mi propia cabeza, que, al igual que este valle, es un lugar encantado. Estaría bien tener un poco de compañía. Los días son más duros que las noches. Se da por supuesto que la noche está encantada. Es el orden natural de las cosas. Pero se supone que las mañanas deberían estar llenas de esperanza, rollitos de beicon, listas, trayectos hacia la escuela y trenes anulados; no hay espacio para los demonios que merodean por ahí. Pero la biología finalmente los exorciza y yo también consigo dormirme. Lo último que recuerdo haber pensado es que mi padre recogió esas agujas de pino para que me dieran suerte en los exámenes justo por encima de esa cresta.

Tom me despierta de una patada.

—Es hora de irse.

—¿Hora de ir a dónde? —pregunto, y señala en dirección al norte—. Pero ¿por qué?

—Vamos.

La espina dorsal de Inglaterra empieza cerca de aquí, subiendo a través de ciénagas, páramos y pastos altos en dirección a Escocia, endureciendo y dividiendo la tierra, mirando hacia abajo, hacia molinos, granjas solitarias y urbanizaciones todavía más solitarias. Parece ser que vamos hacia allí.

Las huellas que dejo en la turba son mi lugar. De hecho, todo el camino en dirección al este, hasta Sheffield, es mi lugar. Aquí es donde aprendí cuál es mi lugar y también qué es el exilio. Nunca he conocido a un occidental que no esté exiliado del Shangri-La de la infancia, y en general también del sitio donde empezó y al que pertenece.

X no está exiliado. Está tan apegado al bosque que sigue allí 35.000 años después de su muerte. No hay duda de que él también está apegado, y para siempre, a la acera junto a nuestros cubos de basura de Oxford. Eso sí que es aristocracia: poseer y ser poseído por cualquier lugar que pises con tus botas.

—¿Vienes o qué?

—Sí, Tom, ya voy.

* * *

Me encantaba este lugar. Todavía me encanta. Me alimentaba de él tal y como hacían los cazadores-recolectores del Paleolítico superior. Sin él me hubiera muerto de hambre; es más, habría nacido muerto. Cada noche salía hasta que las farolas de neón de la calle se rendían, y subía hasta una colina a la que llamaba Sinaí porque fue allí donde me encontré con lo que habitaba en el humo y el fuego. A la cima del Sinaí siempre llegaba el dulce aroma del páramo; había brezo, turba a medio camino de ser carbón, aliento de urogallo y zorro, y siempre algo nuevo, más allá del olor y del pensamiento. Escribía rápidamente en un cuaderno con un bolígrafo en la oscuridad. Escribía casi automáticamente, ya que aquel sitio, al igual que el armario de Narnia, era uno de los lugares donde, según la mitología céltica, el velo entre universos era más fino; había un mundo entero a un abrigo de pieles de distancia, donde no imperaban las reglas habituales de percepción y composición. Mi contribución a esta cuestión fue tan recóndita que desde entonces me pregunto si el pensamiento que considero mío realmente lo es. En primavera y verano me dediqué a aplastar flores entre las páginas de un cuaderno, y en otoño e invierno, briznas de hierba. Probablemente estaba intentando decir que las palabras estaban escritas con los elementos de la colina, como el color de los pétalos o las manchas de las hojas.

Pero luego lo eché todo a perder por ser un pequeño snob odioso. Decidí que aquel entorno local no era lo bastante bueno para mí. Ah, no. Así que bajé a la ciudad con el autobús 51, entré en la biblioteca, encontré el *Anuario de Escuelas Públicas y Preparatorias* y me puse a buscar.

Mis padres no tenían mucho dinero, así que necesitaría una beca. Vi que anunciaban una muy sustanciosa y, sin que mis padres lo supieran, la solicité y esperé junto al buzón durante semanas.

—¿Podrías llevarme a este examen? —le pregunté a mi padre, entregándole el sobre.

Lo abrió, leyó la carta y se quedó más quieto de lo que creía que era humanamente posible.

—¿Por qué quieres hacer esto? —me preguntó con mucha amabilidad, y yo me encogí de hombros, igual que hace Tom ahora.

—Si es lo que realmente quieres —dijo por fin.

No debería haber dicho eso. Debería haber sabido que palabras como «yo» y «querer» no tenían ni la mitad del peso ni del significado que lo que «yo» estaba empezando. Debería haber tirado el sobre a la papelera y haberme arrastrado a la montaña para hacerme entrar en razón. En lugar de eso, mostrando un respeto por mi autonomía totalmente ficticia que ahora me horroriza y me conmueve a la vez, me enseñó dónde poner los apóstrofos, me dio algunos consejos para escribir redacciones y me llevó a más de trescientos kilómetros hacia el sur, donde me enfrenté a la trigonometría, eché a perder mi pluscuamperfecto francés, puse frases inverosímiles en boca de centuriones con mi latín autodidacta, identifiqué correctamente la tibia, describí una puesta de sol con una prosa poética vomitiva, golpeé una batería como si estuviera aporreando una alfombra, y toqué un minué con el piano como si llevara una peluca empolvada.

Por algún motivo me dieron una beca. Debían de estar locos. Mi padre, sabiamente, dijo: «Bueno, será un viaje interesante». Mi madre lloró en secreto y se compró una caja de jerez.

Hice las paces con mis amigos de Sheffield, bastante dolido porque aquel no fuera un acontecimiento crucial para ellos, subí al Sinaí para pedir una bendición, le dije al valle que lo estaba haciendo por su bien, metí mi osito de peluche en un viejo baúl de hojalata y me senté entumecido en la parte trasera de nuestro viejo Volvo mientras mis padres me llevaban a empezar el trimestre de otoño.

Fue un desastre. Y solo estaba comenzando a darme cuenta de hasta qué punto era un desastre. Al principio pensé que era un desastre porque los demás estudiantes, en lugar de decir «excelente, compañero» y tostar magdalenas al fuego, leían porno bajo las sábanas y me mandaban a la mierda. No había ni un sombrero de paja ni un vaso de Pimm en kilómetros a la redonda, y para ir a remar tenía que tomar un autobús yo solo los fines de semana hasta un polígono industrial. Encerré mis cartas de casa y aquellas piñas y agujas de abeto que actuaban como talismán en la taquilla que tenía junto a la cama, y construí apresuradamente un muro alrededor de todo lo que era sagrado y que apenas ha empezado a erosionarse. Podía vivir una vida escolar ordinaria sin recurrir a lo sagrado: de hecho, era moralmente esencial no dejar que los paganos se acercaran a lo sagrado. Viví simultáneamente en los lugares sagrados y profanos, un hito de esquizofrenia autogenerada que desde entonces me ha hecho dudar de lo que quiero decir cuando utilizo pronombres personales. Todos lo hicimos: nadie que haya estado en un internado es apto para relacionarse o para ocupar un cargo público. [38] Escribía en mi diario con el alfabeto griego, pues sabía que los filisteos no sabían leerlo. Un día me reventaron la taquilla y se pasaron las cartas de mi madre y de mi padre mientras fumaban en el dormitorio por la noche. Hice todo lo posible por romperles la nariz, pero eran demasiados para mí.

Poco a poco me di cuenta de lo que había hecho, aunque por supuesto no pude admitirlo ante mis padres. Lo que reconocí más fácilmente fue que había traicionado a mis amigos y a mi hogar. Nadie de nuestra calle de Sheffield habría leído mis cartas. Nadie que hubiera estado cerca del Sinaí habría hablado sobre el sexo de la misma manera que los filisteos. Así que mi desdicha cristalizó en un nacionalismo norteño sensiblero, que demonizaba el sur y todo lo que allí había.

Todas las noches, antes de acostarme, me ponía de puntillas sobre la taza del váter para ver la carretera, enviaba mi amor y mi lealtad a los camiones que se dirigían al norte, y respiraba hondo cuando pasaba un camión que iba hacia el sur, porque quizá llevase un poco de barro de algún lugar cerca del Sinaí. «Los hombres del norte de Inglaterra», [39] entonaba en silencio, «los vi durante un día. Tienen el corazón robado por los páramos baldíos, y sus cielos son grises y oscuros. Y desde sus castillos se ven las montañas a lo lejos». Nuestra casa de las afueras de Sheffield no era un castillo, pero desde allí, con un poco de fe, se podía ver lo que yo intuía que eran las montañas, y tenía el corazón ciertamente robado por los páramos baldíos. Una vez renovado mi compromiso con el Sinaí y con la mente llena otra vez de cielos grises oscuros, abría la puerta del baño y volvía a sumergirme en el humo.

¿Y qué tiene que ver todo esto con el Paleolítico superior? Pues que toda mi moral y toda mi identidad eran locales: se filtraron en mi interior en el norte con el agua marrón de la turba; estaban codificadas en el canto de los zarapitos; se podían inferir en los andares de los zorros que había en el bosque bajo el Sinaí. Así lo vivieron los cazadores-recolectores que, a diferencia de la mayoría de nosotros, se apoyaban en dondequiera que se encontrasen. Yo tuve que perder mi lugar para poder recobrarlo y reconocer su importancia: tuvieron que arrebatármelo para que pudiera recuperarlo y jurar que jamás volvería a alejarme de él. La escuela fue la encargada de arrebatármelo. [40]

Desde entonces, para mí toda el agua es marrón a pesar de que viva exiliado en Oxford. Desde entonces siento que tengo que enmendar la traición, y hasta hace poco estaba nervioso por volver a Sheffield. Pensaba que los páramos y los valles se guardarían sus propias espaldas. Y no los hubiera culpado. Ya me veía a mí mismo cayendo de uno de los salientes de arenisca, empujado por una ráfaga vengadora del mástil de Stanage, o rompiéndome un tobillo en Kinder y siendo arrastrado hasta las fauces de una ciénaga y fosilizado, o simplemente atropellado por un camión que distribuye la leche de una de las granjas cercanas a Tideswell donde había trabajado de pequeño pero que abandoné para perseguir las brillantes luces del sur. Cualquiera de esos escenarios hubiera sido completamente justo. Lo máximo que podría pedir era tener tiempo para arreglar las cosas.

Creo que así es como los cazadores-recolectores se mueven por el territorio. Tanto para mí como para ellos, la tierra está llena de acción; [41] eso exige prestar atención y estar listo para responder, y ya no es que pueda afectar a nuestras vidas, sino que tiene intención de hacerlo. No es solo un telón de fondo del drama humano, ni un escenario sobre el cual podemos actuar. Es el protagonista.

De hecho, la tierra y su subagente Chris, con quien coleccionaba polillas cuando era pequeño, me perdonaron. El Sinaí volvió a aceptarme. Me senté allí de nuevo, décadas después, y se dignó a hablarme. Fue muy amable. Pero he aprendido que no puedo darlo por sentado.

Hace poco terminé de escribir un libro sobre el mar. [42] Me tenía muy nervioso. El mar es muy grande y yo soy muy pequeño. Pensé que sería muy arrogante intentarlo, así que situé el libro en un pequeño puerto de mala muerte en una diminuta entrada de agua (por lo que en realidad apenas era el mar) con la esperanza de que Poseidón no se enfadara por mi osadía y viniera a por mí.

Estábamos en el norte de Devon cuando terminé las últimas correcciones. Respiré con gran alivio y luego me fui con un amigo y con Tom a nadar en el mar, en un lugar que me encanta. El mar estaba animado, pero nada fuera de lo normal. Nos bañamos. El amigo y Tom salieron. Yo también me disponía a salir, con el agua hasta las rodillas, cuando de repente oí un rugido detrás de mí. Una ola tan alta como una casa se erigía por encima. Nunca había visto nada parecido ni lo he vuelto a ver desde entonces. Avanzaba demasiado deprisa como para poder escapar corriendo de ella, así que intenté atravesarla, pero no tenía impulso suficiente. La ola me levantó y me lanzó casi cincuenta metros. Mi pierna chocó contra una roca y quedó destrozada. Me arrastró de vuelta al mar. Pero no perdí el conocimiento, y otra ola más pequeña acabó llevándome hasta la orilla. Me sacaron del agua unos transeúntes.

Al cabo de un rato llegaron los paramédicos y me atiborraron de morfina. «Tengo que encontrar una vena antes de que se apague por completo», dijo uno de ellos, y entonces supuse que me estaba muriendo. No me imaginaba que iba a ser así. Mi primer pensamiento fue preguntarme cómo se lo iban a tomar los niños. Y el segundo fue cuestionarme qué había hecho para que mi osadía fuera tan intolerable.

Llegó un helicóptero y un hábil cirujano me recompuso, así que al fin y al cabo mi osadía no fue mortal. Pero aquel segundo pensamiento fue genuinamente del Paleolítico superior, aunque lo expresara de una manera bastante griega.

* * *

—Venga, por favor.

—Sí, Tom, ya voy. Lo siento, estaba pensando.

—¿No puedes pensar y caminar a la vez?

—Bueno, a veces. Normalmente, sí.

—Tenemos que seguir avanzando. Hemos dormido durante demasiado tiempo.

—¿Demasiado tiempo para qué?

Pero no obtengo respuesta. Llevamos unas siete horas caminando.

Tom sigue avanzando, ahora hacia el norte, junto a un arroyo que se creó con el agua del deshielo del glaciar que hizo que los abuelos de X se quedaran en Francia. Llega hasta la parte superior del valle. Yo voy medio kilómetro por detrás sudando y maldiciendo, así que veo cómo se detiene y luego da vueltas como si fuera un sabueso rastreando, trazando un amplio círculo. Lo hace tres veces, deteniéndose para mirar con atención hacia delante. En la tercera vuelta se aleja nuevamente y se dirige con decisión hacia el único árbol que hay a kilómetros a la redonda: un serbal en la línea del horizonte.

Me esperará en el árbol, ¿no? Pero solo durante un momento, para volver a mirarme. Percibo su frustración y su urgencia, pero estoy demasiado orgulloso y desconcertado como para enfadarme. Empieza a alejarse, yendo hacia el centro de una cresta. Estoy sorprendido. Pensaba que se movería de un punto característico a otro, pero el punto hacia donde se dirige no tiene nada de distintivo.

Vuelve a acelerar el ritmo y yo me voy quedando más atrás con cada paso. Lo pierdo de vista durante un rato y empiezo a preocuparme, pero ahí está de nuevo, corriendo ahora por la cuesta, agachándose detrás de un grupo de helechos, escabulléndose hasta la cabeza de una serpiente de arenisca.

Esta vez me espera. Y no solo eso, sino que cuando llego hasta arriba cojeando, ya ha desenrollado su esterilla y ha empezado a salir humo de una hoguera.

—Supongo que pasaremos la noche aquí —pregunto.

—Creo que sí. ¿Te parece bien?

—Claro. —Evidentemente esa pregunta no iba dirigida a mí.

Así que nos tumbamos de espaldas, masticamos los tallos leñosos de la hierba de algodón, escuchamos a las alondras, nos quitamos las garrapatas de las piernas, observamos a un cernícalo que sigue los laberintos ultravioletas en la hierba creados por la orina de los ratones de campo y notamos que el suelo nos extrae el calor con avidez. La luz permanece durante más tiempo que el calor, pero de repente se apaga y aparecen las estrellas. Me sumerjo en mis pensamientos habituales sobre las estrellas; no me dice mucho sobre la caza del caribú. Aunque en realidad esto no tiene nada que ver conmigo.

Durante la noche se escucha algo que murmura rápidamente, como si tuviera mucho que decir pero no casara bien con la sintaxis. Puede que se trate de un resorte que atraviesa una garganta de piedra en lo más profundo de nuestras cabezas o de un troll insomne, o puede que esté dentro de mí, o puede que todas estas cosas sean lo mismo.

Duermo de espaldas. Los chamanes sudamericanos dicen que los jaguares no atacan a las personas que duermen boca arriba, porque al verles la cara reconocen que son seres vivos igual que ellos. Sea lo que fuere lo que haya ahí fuera, abajo o arriba, es una entidad, y espero que llegue a la conclusión de que yo también lo soy y me perdone la vida por solidaridad. Cuando me despierto, empapado de rocío, Tom está en cuclillas junto al fuego, tostando hierba.

—Se oía una especie de tintineo mientras se movían —dice—. ¿Lo has oído?

—¿Mientras se movían quiénes?

—Las estrellas.

No, no lo he oído. Pero seguro que los humanos de la Edad Media sí que lo oyeron y crearon toda una cosmología alrededor de ese sonido.

Tom apaga el fuego a pisotones, recoge la bolsa y se pone en marcha.

Y seguimos así durante varios días: Tom a lo lejos, olfateando, con los ojos fruncidos por la concentración y por el sol y el viento; sin decir nada que no tenga importancia; masticando la carne; escondiéndose si ve a un caminante a lo lejos; encendiendo fuegos; durmiendo a pierna suelta; despertándose en la oscuridad para no perderse nada. La mayor parte de la luz de las estrellas que hemos visto ya estaba de camino a este páramo cuando X y su hijo cazaban mamuts por estos lares.

Tengo la cara roja y el sudor me escuece. Tengo las ingles en carne viva. Me preocupan un par de picaduras de garrapata, una de ellas en la axila. Nuestras deposiciones son negras y larguiruchas, y a Tom le ha dado por dejarlas en cualquier elevación, igual que los zorros.

No logro convencerme de que el espíritu del zorro esté aquí: vive en la penumbra de mi mente, y ahora mi mente está repleta de sol. Quizá vaya trotando en la capa de tierra del Paleolítico superior, muchos metros por debajo de nosotros. La turba de estos lares, y que considero que es la esencia del norte del país, solo tiene unos 12.000 años. En la época de X, grandes manadas, sobre todo de mamuts, fueron pastando por la vegetación de la estepa hasta llegar aquí, sin dejar nada para que se creara la turba, y depositando miles de toneladas de excrementos suculentos de los cuales surgieron los árboles del Mesolítico.

Y de repente el viaje termina. Es media mañana, y Tom está medio subido a una ladera. Se detiene, mira rápidamente a su alrededor y luego se gira sobre sus talones y empieza a caminar rápidamente hacia mí.

—Tenemos que volver.

—¿Ahora? ¿Por qué?

Menuda estupidez de pregunta. La única pregunta que importa es cómo. Deberíamos ir a pie, por supuesto, volviendo sobre nuestros pasos, pero Tom lo tiene claro. Se acabó, y tenemos que regresar al campamento base tan pronto como podamos.

Estamos a más de cien kilómetros de distancia, y solo hay pequeñas carreteras al pie de la colina. Nos llevará un tiempo.

—Por lo menos vamos a lavarnos —sugiero—. Tendremos que hacer autostop, y no me gustaría sentarme a mi lado ahora mismo.

Así que caminamos poco más de tres kilómetros hasta llegar a un arroyo, nos desnudamos, nos sumergimos en una cuenca de piedra y metemos la cabeza bajo la cascada; nos sacudimos como perros, nos revolcamos sobre la hierba, volvemos a ponernos la ropa fétida y bajamos siguiendo el río hasta llegar a una carretera.

Allí, dado que Dios es bueno y favorece al Paleolítico superior, un tractor nos recoge y nos deja en un pueblo, y un vicario con dientes de ciervo y sin sentido del olfato nos lleva a otro pueblo, donde un lacónico desguazador de amianto nos conduce hasta otro pueblo, y allí nos recoge un hombre rudo de barba fina que huele tanto como nosotros, y que nos ofrece patatas fritas e historias sobre los terribles dolores que sufre durante todo el camino hasta una parada de autobús.

Para cuando anochece ya volvemos a estar en el bosque, cargados de cosas para comer por si acaso no encontramos nada para matar o recolectar. Tom ni se molesta en ocuparse del fuego. Se duerme mucho antes de que el búho blanco cruce volando el campo más alto de Sarah.

* * *

Llegan los primeros pequeños migrantes del verano. Son todos machos, que vienen a reclamar su territorio antes de que arriben las hembras. Percibimos sus movimientos en las copas de los árboles en proceso de crecimiento, y sus cantos dividen el bosque. Cerca de nosotros se oye un canto débil y enfermizo. Si consiguiéramos acercarnos al pájaro, quizá veríamos que unos piojos nacidos en el Congo le están chupando la sangre, y que los dedos de las patas con los que se agarra a esa rama de Derbyshire todavía están cubiertos de barro de un oasis de Mali.

A los cazadores-recolectores la aparición de pájaros en el bosque primaveral debía parecerles algo similar a la aparición de hojas en las ramas y de flores en la tierra. Cada primavera me paso horas mirando al cielo y, sin embargo, nunca he visto la primera bandada de mosquiteros que emigran desde el sur. En invierno no hay y, de repente, un día de primavera, aquí están. La explicación más intuitiva con diferencia es que, al igual que las plantas, los pájaros se refugian bajo tierra durante el frío otoñal y luego salen de nuevo cuando vuelve el sol. [43] Tampoco sería tan extraño que no hubiera visto a ninguno salir del suelo; ¿cuántas veces captamos el momento exacto en que emerge un narciso?

El suelo bajo los pies de los cazadores-recolectores, pues, está repleto de cosas vivas pero dormidas. Si tienes unos oídos y unos pies lo bastante sensibles, puedes percibir que la tierra de invierno ronca y se estremece. Aunque parece ser que los entierros no eran muy comunes en el Paleolítico superior, los hubo (y obviamente muchos más de los que hemos encontrado), y enterrar un cuerpo en la tierra debía de ser como depositarlo en medio de Piccadilly Circus a hora punta. Seguro que había movimiento por todas partes: levantamientos, caídas, agitaciones, resoplidos, cambios de posición somnolientos, despliegue de alas, estiramiento de piernas. En muchas culturas la Tierra (y la tierra) es como una especie de pila. En las historias de resurrección regresamos a la tierra, nos recargamos, nos recomponemos y renacemos. En Homero, el delicado cuerpo de un guerrero asesinado sale por las fosas nasales y regresa a la tierra. Muchas personas que meditan insisten en que su mente consigue unirse con más facilidad a la Mente cuando están sentadas directamente encima de la tierra y no sobre una esterilla en una sala de meditación. Tal vez las esterillas interfieran con el flujo del Qi. Los agricultores industriales vierten harina de huesos y de sangre en sus campos para que el maíz surja de entre los cadáveres y alimente a los vivos. Cuando decimos que alguien echa raíces nos referimos a que conecta con la tierra.

X y su hijo echaron raíces por estos lares durante el invierno, comiendo reno ahumado, salmón seco y algún que otro puñado de avellanas, apartando la oscuridad con fuego y fuerza de voluntad; viendo el fuego como un fragmento del sol desvanecido; reverenciando el alma de un gran chamán muerto atrapada en un cristal que colgaba del cuello de X; percibiendo que una anciana a la que habían dejado en su casa tenía fiebre y descendiendo al inframundo para buscar su alma fugitiva, limpiarla y traerla de vuelta; tamborileando con las yemas de los dedos sobre la piel de una ardilla tensada con un marco de hueso de ganso hasta que los ojos revoloteaban en trance y sacaban la lengua para poder saborear, como las serpientes, el aroma del espíritu-huésped convocado por el tambor. Cuando caía una pluma de ganso gris del líder de una bandada de gansos sobre la estepa, X se la colocaba en el pelo. Los gansos conocen los tres reinos (el cielo, la tierra y el agua) y viajan con seguridad entre ellos, por lo que la pluma podría ayudar a X a recorrer los caminos entre la tierra baja, media y alta.

El olor a jabón de alquitrán de hulla ha vuelto.

Hay algo que se mueve a nuestro alrededor. La hierba se agita cuando no hay viento. La urraca, que no nos tiene miedo, nos observa desde lo alto de un endrino negro y se estremece.

* * *

Es difícil hacer hablar a Tom. Suelta gruñidos de asentimiento y desacuerdo o algún cliché reflexivo, pero no mucho más. Pero cuando se piensa que no lo oigo, canta y silba. Una de las melodías que silba es extraña y lastimera, «La li-li-li, li-li»; nunca antes la había oído. Estamos mucho más atentos que antes al lenguaje corporal del otro, o por lo menos dependemos mucho más de él, dado que hay una ausencia casi total del lenguaje hablado.

Y así, una vez más, Tom me ha llevado adonde debería estar. No es que los cazadores-recolectores del Paleolítico superior no tuvieran un lenguaje: sí que lo tenían. Pero dudo de que les determinara la forma y el color del mundo de la misma manera que mi lenguaje determina mi mundo.

La búsqueda del comportamiento moderno que han llevado a cabo los arqueólogos ha sido una búsqueda de simbolismo. Las palabras son los símbolos por excelencia: «urraca» representa a ese pájaro blanco y negro a pesar de que la palabra, ya sea escrita o pronunciada tras una serie de complejas maniobras laríngeas, es claramente algo muy diferente del pájaro en cuestión. La palabra representa varias cosas que, evidentemente, no es en sí misma: las urracas en general, una urraca en concreto, la cualidad de ser urraca, etcétera. El uso de una palabra exige que las mentes del usuario y del oyente se encuentren. Ambos deben darse cuenta de que el otro tiene una mente, y que las mentes pueden encontrarse y se encuentran. Todo esto es muy complicado. Utilizar incluso la palabra más sencilla de la manera más simple implica hacer varias suposiciones psicológicas y filosóficas muy complejas. Para ello se necesita mucho hardware y un software bien optimizado. X tiene ambas cosas. Él y sus antepasados las han tenido desde hace mucho tiempo.

Para comprender cómo X percibe este bosque de Derbyshire tenemos que irnos a África y repasar un poco de biología evolutiva básica.

* * *

La selección natural no es telepática. Tiene que ver algo para ponerse a trabajar en ello. Puede ver la eficacia de las patas y la fuerza de las garras; puede percibir los cambios en los cerebros si esos cambios hacen algo; y tiene buen ojo sobre todo en cuanto al comportamiento.

Es evidente que el cerebro puede tener un profundo efecto en el comportamiento, pero el espacio que ocupa dentro del cráneo conlleva un gran coste. El cerebro representa alrededor del 2 % del peso total del cuerpo, pero consume cerca del 20 % de la energía. El tejido cerebral necesita unas veinte veces más energía por gramo que el músculo, y tiene que trabajar mucho para justificar esa diferencia. Y, efectivamente, trabaja mucho. Los cerebros de los grandes primates trabajan con especial ahínco en las relaciones. Un individuo solitario puede arreglárselas con un cerebro pequeño. Pero si quiere tener muchos amigos, entonces necesitará un cerebro grande. Y cuanto más profundas y complejas sean esas relaciones, más grande necesitará que sea el cerebro. Los animales monógamos tienen cerebros más grandes que los promiscuos.

En los primates existe una correlación lineal entre el tamaño de los lóbulos frontales[44] y el tamaño del grupo del que forman parte. El volumen de nuestros lóbulos frontales sugiere que deberíamos estar en grupos de 150 personas. Esto es lo que se conoce como «número de Dunbar»,[45] en honor a Robin Dunbar, el psicólogo evolutivo de Oxford que ha realizado gran parte del trabajo en este campo y que forjó la teoría de la evolución del lenguaje de la cual hablaré más adelante.

En cuanto conoces la existencia del número de Dunbar, empiezas a verlo por todas partes. Es (aproximadamente) el tamaño de las empresas militares a lo largo de la historia y en todo el mundo, de las aldeas neolíticas alrededor del 6500 a.C., de las aldeas inglesas registradas en el *Libro Domesday*, de las aldeas inglesas del siglo XVIII y de las parroquias amish, de las agrupaciones regionales más grandes de cazadores-recolectores, de los amigos de Facebook y de las agrupaciones comerciales verdaderamente funcionales (como Gore-Tex, que limita el número de empleados de cada fábrica a 200). ¿Por qué? Porque las comunidades humanas funcionan mejor si todos conocen suficientemente a los demás y, por ende, pueden confiar en ellos. La reciprocidad y la confianza actúan como lubricantes sociales y comerciales mucho más eficaces que el estatus o la recompensa económica.

Los primates son especiales, y los primates humanos son particularmente especiales. El 40 % del volumen total del cerebro de un mamífero medio corresponde al neocórtex (la parte moderna de procesamiento de nivel superior). Esta cifra se reduce a alrededor de un 10 % en los mamíferos parecidos a las musarañas, se eleva a un 50 % en los primates no humanos y se dispara hasta un 80 % en los humanos. Pensamos y nos relacionamos más y con mayor intensidad que las musarañas. O por lo menos tenemos la capacidad de hacerlo.

Formar parte de un grupo numeroso tiene sentido desde el punto de vista evolutivo para los primates de las llanuras africanas en las que nacimos. Más ojos significan una mayor posibilidad de ver a los depredadores; más dientes significan una mayor posibilidad de ahuyentarlos. Sin embargo, los grupos de gran tamaño también comportan ciertos costes. Son estresantes, y el estrés tiene importantes efectos biológicos, especialmente en las hembras, ya que les impide ovular. En los grupos de primates, las hembras de décimo rango, que están más estresadas que los ejemplares de mayor estatus, suelen ser infértiles. La respuesta ante los grupos grandes y estresantes, tanto para los humanos como para los babuinos, consiste en rodearse de un grupo de amigos de verdad: amigos que conoces y que te conocen. [46] Pero, como demuestra el número de Dunbar, no se puede tener un número infinito de amigos fiables. Tener amigos requiere cierta capacidad de procesamiento neurológico (y por eso el tamaño de nuestro cerebro limita el número de amistades verdaderas), y también demanda tiempo y esfuerzo.

En las comunidades de primates no humanos, las amistades se persiguen y se consolidan principalmente a través del acicalamiento, que ocupa mucho más tiempo de lo que es necesario por higiene. Se trata de mucho más que de quitarse piojos. La evolución ha sido muy astuta. Ha hecho que sea muy placentero ser aseado, ya que el acicalamiento activa algunas neuronas (fibras aferentes C) que solo responden a la ligera caricia de la piel peluda, y provocan la segregación de opiáceos naturales (endorfinas). Esas endorfinas hacen que nos sintamos relajados, felices y cercanos a las personas que tenemos junto a nosotros durante el subidón de opiáceos. Hace tiempo que no tengo mucho pelo, pero puedo entender por qué a los chimpancés les gusta que otros chimpancés les revuelvan el suyo. En árabe palestino hay una palabra, *na'iman*, que se utiliza única o principalmente para describir la peculiar sensación de bienestar que da un corte de pelo. El hecho de que exista esta palabra demuestra el poder de la liberación de endorfinas mediante el acicalamiento. Los amigos que están lo bastante cerca como para acicalarte pueden cambiarte el estado de ánimo y la biología. Las hembras de babuino del África Oriental tienen más posibilidades de tener descendencia si cuentan con muchos compañeros de acicalamiento.

También podemos observar el poder de los opiáceos en contextos menos ideales. Si tus receptores están inundados de opiáceos, querrás que te dejen en paz: piensa en el aislamiento social autoimpuesto de los heroinómanos después de inyectarse una dosis. Si tus receptores de opiáceos están bloqueados químicamente, querrás desesperadamente que te acicalen.

Sería de esperar que la cantidad de tiempo que los primates dedican a acicalarse estuviera determinada en función del tamaño del grupo: cuanto más grande sea, más tiempo de acicalamiento. Y hasta cierto punto es así. No pueden pasarse todo el día acicalándose. Hay que recolectar comida, vigilar que no se acerquen leopardos, fusionar los gametos y dormir un poco. Simplemente no es factible acicalarse durante más de una quinta parte del día. ¡Qué le vamos a hacer!

* * *

Aquí es donde la cosa empieza a ponerse realmente interesante. ¿Recuerdas el número de Dunbar de 150 individuos? Para mantener un grupo de ese tamaño valiéndonos solamente del acicalamiento, tendríamos que dedicar el 43 % de nuestro tiempo a esa actividad, cosa que sería mortal. Así que hemos tenido que encontrar otras maneras de compensar este déficit. Con el tiempo hemos desarrollado otras estrategias para liberar endorfinas y crear vínculos que no implican tener contacto directo con los demás. Según Robin Dunbar, se trata de la risa, el canto/baile sin palabras, el lenguaje y los rituales/religiones/historias. [47]

Tenemos la capacidad de reírnos mejor y más fuerte que otros primates (nosotros podemos exhalar e inhalar al reírnos: ellos solo pueden exhalar), y sin duda un policía puede liberar muchas más endorfinas al reír que un bonobo. [48] La evolución parece pensar que la risa es muy importante. Está enterrada en lo más profundo de nuestra fisiología y sabemos reírnos de manera innata. Si le haces cosquillas a un niño que nace sordo y ciego, y que nunca ha oído ni visto la risa, reirá y sonreirá. Saber reírse bien es un tipo de acicalamiento social muy efectivo, porque mientras que el acicalamiento físico solo beneficia a la persona que está recibiendo la acción (aunque, según el altruismo recíproco, es probable que la persona que acicala luego sea acicalada), la risa no solo beneficia al que cuenta el chiste, sino también a todas las personas que lo escuchan.

Es probable que la risa haya sido la primera fuerza significativa que cambió el comportamiento social humano (y, por ende, el tamaño de los grupos), alejándonos del comportamiento social de nuestros primos cercanos. Gracias a la risa dejamos atrás nuestra condición de chimpancés y nos acercamos a la protohumanidad. (Incluso hoy en día consideramos la risa como un elemento fundamental para la prosperidad humana. Más de la mitad de los anuncios para encontrar pareja especifican que se busca a alguien «con buen sentido del humor»). En cuanto nos pusimos en marcha, entraron en juego los demás factores identificados por Dunbar.

Para hablar de los orígenes de la danza, probablemente tengamos que remontarnos, por lo menos, a los orígenes del bipedismo (que permitió que los homínidos pudieran recoger fruta de manera eficaz y mantenerse frescos en la sabana africana, ya que redujeron la superficie de incidencia del sol). Para ser funcionalmente bípedo hay que tener equilibrio y coordinación, es decir, tener las características de un buen bailarín. La danza humana es, en realidad, una manera de correr muy ornamentada. Intenta imaginarte a un cuadrúpedo bailando elegantemente; no puedes, ¿verdad? Dicho esto, podría ser que, tal y como sugiere el arqueólogo Steven Mithen, a los humanos se les ocurriera moverse de una manera distinta a sus andares habituales por imitación del movimiento de los animales, tal y como hacen los cazadores-recolectores modernos del desierto de Kalahari. [49] Si un bípedo camina como una cebra, significa que está bailando.

Bailar rítmicamente, sobre todo con otras personas, no solo libera endorfinas, sino que también puede producir (aunque quizá, por lo menos en parte, gracias a los opiáceos) un estado de conciencia alterado como los que ya hemos visto; estados disociativos en los que el «yo» y el cuerpo se ven forzados a separarse. Si estos estados alterados de conciencia fueron realmente importantes para la ignición de la subjetividad, el hecho de asociar el sentido del yo con el ritmo y la música podría haber sido muy significativo; y esto implicaría que la música puede exponernos ante nosotros mismos de una manera particularmente elocuente. De hecho, esta es mi experiencia personal.

Es difícil, y tal vez artificial, intentar distinguir entre los movimientos de una danza y los sonidos que en general acompañan y estimulan esos movimientos, pero vale la pena señalar que, cuando la conducción auditiva (como los tambores que suelen acompañar las danzas de los cazadores-recolectores, o el ruido de una discoteca, o los tambores de un chamán cuando lleva a un iniciado al inframundo, o los cánticos de los monjes) coincide y se sincroniza con los ciclos de ondas theta de nuestro cerebro, puede producir un estado alterado de conciencia. Estos estados alterados de conciencia son en sí mismos placenteros, y pueden generar un apetito similar al de las endorfinas. Los alucinógenos conocidos en el antiguo mundo chamánico (como el beleño, la mandrágora, las setas de psilocibina y la belladona) parecen contener análogos de los neurotransmisores naturales que se liberan cuando las ondas theta se sincronizan. La sincronización de las ondas theta tiene ciertos efectos en algunas funciones del bulbo raquídeo vegetativo evolutivamente antiguo que han quedado enterradas en lo más profundo de nuestro cerebro de pez, muy por debajo de la joven corteza cerebral, funciones como la respiración y los latidos del corazón. Se ha especulado que esta sincronización de las ondas theta podría permitirnos acceder a información antigua y muy fundamental que tenemos en el tronco cerebral; a información que normalmente permanece oculta en el subconsciente. [50] A través de los tambores, la danza, el canto o el beleño negro, podríamos aprender (no, podríamos sentir) cómo era la época en que nuestros trastatarabuelos se dedicaban a golpear trilobites. Dado que la mayor parte de lo que somos reside en algún punto más profundo que nuestra conciencia (nuestras existencias conscientes son realmente aburridas y triviales [51]), este tipo de autorrevelación podría cambiarnos la vida. Si supieras que realmente eres mitad anomalocarídido cámbrico, cambiaría tu perfil de compras online y tu devoción por pasarte el día entero mirando la televisión. No hay motivo para suponer que la reacción fuera menos dramática cuando los humanos la experimentaron por primera vez en la sabana de África Oriental.

* * *

Se liberan muchas más endorfinas con cualquier actividad si se la realiza acompañado. Esto tiene todo el sentido evolutivo del mundo. Si el modelo de Dunbar es correcto, el acicalamiento (ya sea quitar piojos, contar un chiste o seguir el ritmo de un tambor con los pies) ha sido cooptado por la selección natural con el fin de crear vínculos. Y maximizar el número de vínculos potenciales solo es cuestión de economía. Pero tal vez sea algo más: puede que la naturaleza esté seleccionando el rasgo de la participación activa en la comunidad humana. La biología y, por ende, la comunidad, recompensa a los jugadores y margina a los espectadores que se marginan a sí mismos.

Hacer música con otros es el antidepresivo más potente que conozco: mejor que la hierba de San Juan, o que escalar montañas, o que correr intensamente hasta liberar serotonina y que el dolor produzca su propio subidón de endorfinas. Toco el silbato celta, la flauta celta y un poco el arpa celta en los pubs que organizan sesiones de folk, y también toco la trompeta en una banda de jazz de la universidad; eso mantiene a raya al perro negro de la muerte, que se queda gruñendo frustrado en la puerta, cosa que nunca he conseguido al ejecutar algún instrumento estando solo en casa. El director de la banda de jazz, un cirujano muy respetado, siempre dice mientras se da confiado un golpecito en la nariz: «Sabes, Charles, esto es lo más divertido que se puede hacer fuera del dormitorio». Sabe bien lo que son las endorfinas.

Gran parte de lo que sé sobre comunidad y política proviene de haber tocado viejas melodías en los pubs. Las fronteras desaparecen entre las personas que tocan juntas, y con ellas la animosidad. Nadie que haya tocado las canciones de los campesinos muertos hace años puede aferrarse al modelo atomista de bola de billar del ser, ni piensa que la autonomía es el único principio que debe informar nuestras decisiones. ¿Has conocido alguna vez a un hombre autónomo? En caso afirmativo, seguro que no te apetecería mucho irte a cenar con él. ¿Acaso alguien querría participar en un concurso cuyo premio fuera salir una noche con Immanuel Kant?

El tiempo y el espacio se comportan de manera diferente durante esas sesiones musicales, y no solo por la cerveza. Los *reels* que cuando practicas en la cocina de tu casa te parecen demasiado rápidos se ralentizan infinitamente, hasta el punto en que te da la impresión de que tardas una eternidad en pasar de ese fa sostenido a ese sol, y puede que entre las notas tengas la sensación de estar llenando un carro de heno con la horca en un campo de Dorset.

Los instrumentos musicales aparecen en el registro de los primeros comportamientos modernos en Europa. Los instrumentos más antiguos que conocemos tienen 36.000 años de antigüedad; se trata de unas flautas hechas con huesos de alas de cisnes que se encontraron en la cueva de Geissenklösterle en el sur de Alemania. Y también se ha hallado un montón de flautas de hueso de buitre en las estribaciones de los Pirineos, de unos 35.000 años de antigüedad. Es posible que X lleve una en su mochila.

Estos diferentes tipos de acicalamiento consiguen que las personas se reúnan. Y hasta la llegada de los teléfonos inteligentes, los humanos normalmente hablaban entre ellos cuando se reunían. Algunos todavía lo hacen, pero es una capacidad que se está atrofiando rápidamente.

* * *

Y así llegamos a la lengua, el elemento por excelencia para acicalar, cortejar, crear vínculos y, a la vez, fustigar y dividir.

No sabemos cuán antiguo es el lenguaje. He estudiado exhaustivamente el debate que gira en torno a la semántica («¿Qué es el lenguaje?»), y la opinión establecida sobre la relación que hay entre el lenguaje y las evidencias de simbolismo que abundan en el registro arqueológico. Algunos dicen que tiene 2 millones de años, otros lo remontan a unos 50.000. Es probable que los primeros prototipos no aportaran mucho a la autopercepción o a la percepción del mundo. Para conseguirlo, se necesita un lenguaje bastante sofisticado.

El lenguaje requiere un tracto vocal que permita controlar la respiración con precisión, un cerebro capacitado (que se apañe con la gramática) y algo sobre lo que sea bastante interesante hablar como para justificar el coste de rediseñar el cerebro y el tracto vocal.

Los cambios necesarios en el tracto vocal ya hace tiempo que existen. El bipedismo desplazó la garganta hacia abajo, permitiendo así que la laringe fuera más larga y versátil. Además, parece ser que los cerebros de los homínidos llevan siglos preparados para la capacidad lingüística. Un marcador útil para comprobar si existe la función cerebral necesaria es el gen FOXP2, que participa en el control de otros genes cruciales para los circuitos del lenguaje en el cerebro. Muchas especies no humanas también tienen este gen, y sabemos que los neandertales también tenían esta versión humana moderna del gen (que difiere de la de los monos y de la de los simios africanos solo por dos aminoácidos), por lo que es probable que la capacidad lingüística se remonte por lo menos hasta unos 400.000 años atrás, hasta el ancestro común que compartimos con los neandertales.

Así, pues, tanto a nivel neurológico como mecánico, los neandertales podían hablar. Y no tengo ninguna duda de que lo hicieran. Disponer al menos de un lenguaje muy básico habría sido extremadamente útil mientras cazaban, recolectaban frutos secos, hacían fuego (que ya sabían controlar desde hacía por lo menos 200.000 años) y organizaban sus unidades familiares. Pero escuchar a escondidas sus conversaciones no habría sido muy interesante. Habría sido como escuchar esas conversaciones telefónicas que se oyen en el tren sobre hojas de cálculo. La impresión general que se tiene de los neandertales es de inflexibilidad cognitiva. Tenían unas costumbres muy rígidas que les funcionaron muy bien durante mucho tiempo (dudo de que los humanos modernos duren tanto como los neandertales), pero el conservadurismo siempre acaba siendo mortal, sobre todo en épocas de cambio climático como la que vivieron los neandertales.

Los neandertales eran impresionantes. Tuvieron que serlo para sobrevivir y prosperar durante tanto tiempo en el entorno de una Europa hostil. Eran unos naturalistas magníficos, buenos padres, unos cuidadores de ancianos compasivos y hábiles, unos espléndidos fabricantes de herramientas (muchos expertos actuales en talla de sílex no son capaces de emular su método para lascar llamado «Levallois», con el que se puede obtener una lasca con gran destreza lista para ser empuñada) y unos cazadores eficaces, aunque bastante limitados. Tanto en estos ámbitos como en muchos otros eran brillantes. En conjunto, tenían dentro de su cabeza todo lo que necesitaban para prosperar, tanto si había hielo como si no. Pero la cuestión es que no podemos tomarnos lo que tenían dentro de la cabeza como un conjunto. Parece ser que sus mentes estaban rígidamente compartimentadas.[52] Su parte naturalista no hablaba con su parte cuidadora, y su parte progenitora no hablaba con su parte recolectora de nueces. Lo que mantiene a las poblaciones genéticamente sanas es la fecundación cruzada promiscua. Lo que hace que los cerebros sean eficaces y que sus propietarios sigan vivos en tiempos difíciles es la fecundación cruzada promiscua entre los diferentes ámbitos del propio cerebro y entre diferentes cerebros. Los neandertales no pudieron hacer ninguna de las dos cosas, y por eso se extinguieron, víctimas no del *Homo sapiens* homicida, sino de la esclerosis cognitiva.

La balcanización neurológica, al igual que cualquier otro tipo de balcanización, acaba matando.

Las conversaciones de los neandertales versaban sobre lo que iban a cenar, aunque en realidad iban a cenar lo mismo que llevaban cenado desde hacía miles de años.

Pero es injusto juzgar a los neandertales, o a cualquier otro homínido premoderno, solo por las palabras que suponemos que sabían decir. La vida es mucho más que el lenguaje. De hecho, ya he señalado que el lenguaje no siempre sirve para expresar la verdad de las cosas.

El arqueólogo Stephen Mithen, después de haber reunido todo lo que sabemos sobre la comunicación de los neandertales, concluyó que no tenían un lenguaje como lo entendemos hoy en día, sino una manera de comunicarse a la que él llama «hmmmm»,[53] un acrónimo de «holístico, manipulativo, multimodal, musical y mimético». Hablaban con todo su cuerpo, eran excelentes imitadores y mimos, eran clarividentes a la hora de interpretar señales y objetivos, y su vocabulario y su gramática eran musicales.

Esta tesis no ha sido universalmente aclamada. Pero aunque Mithen se equivoque con respecto a los neandertales, vale la pena seguir escuchándolo. Porque también propone que, si bien el lenguaje humano que utilizamos ahora parece haber triunfado sobre el que empleaban los neandertales, las formas anteriores de comunicación no se han extinguido; todavía permanecen entre nosotros y podrían revivir. De hecho, esas antiguas formas de comunicación podrían ser mejores en algunos aspectos, por lo que deberíamos intentar revivirlas activamente.

¿Qué habrían escuchado los neandertales en los húmedos bosques de Europa? Pues bien, según Mithen, dado que el mundo natural es un entorno mucho más musical que lingüístico, es probable que los cerebros con mayor capacidad para el hmmmm lo percibieran con mayor precisión e intimidad que nosotros. Es probable que los cerebros que consideren al holismo una virtud y no un vicio perciban más satisfactoriamente el mundo en su conjunto; Mithen sugiere que los neandertales habrían escuchado «un panorama de sonidos: las melodías y los ritmos de la naturaleza, que han quedado amortiguados para el oído del *Homo sapiens* debido a la evolución del lenguaje».[54]

La aparición de palabras en la mente, según Mithen, fue lo que derribó los muros entre los compartimentos mentales de los homínidos premodernos, permitiendo así que sus formidables cerebros funcionaran como un todo y que los conceptos se agitaran libremente, engendrando a su vez otros conceptos.

No sé si eso es lo que realmente ocurrió. De hecho, nadie lo sabe. ¿Las palabras crearon el comportamiento moderno (que supone una capacidad de simbolización desenfrenada) o fue el comportamiento moderno el que engendró las palabras? Tal vez no sea muy importante. Sea como fuere, acabó surgiendo el lenguaje. Nadie duda de su poder para crear y conservar alianzas, para imaginar y ensayar escenarios, para dividir el mundo escabroso en fragmentos manejables, para ayudar a derretir el hielo, a domar a los lobos, a dominar el fuego, a controlar a los humanos y, con el tiempo, a los que lo usan. Puede que haya tenido un coste terrible, pero también nos ha dado a nosotros mismos; y puesto que solo al poseernos podemos entregarnos, puede que el lenguaje haya propiciado que tengamos otro tipo de relaciones.

Además, es posible que el lenguaje haya sido lo que nos permitió empezar a pensar desde el punto de vista de los demás o, por lo menos, mejorar la capacidad que teníamos antes de adquirirlo. Esto es lo que opinan muchos arqueólogos y antropólogos de la corriente principal, encabezados por Robin Dunbar y Clive Gamble.[55]

Cuanto mayor sea el grado de intencionalidad,[56] mayor será la capacidad imaginativa y más cautivadoras serán las historias que se puedan contar. La mayoría de los humanos modernos tienen una intencionalidad de quinto orden, que es lo que se necesita para poblar los mundos imaginarios con personajes y, por lo que sabemos, solo la han tenido los humanos conductualmente modernos. Sin embargo, para llegar a ser Shakespeare hay que tener una intencionalidad de sexto orden, y muy pocos la tienen. Eso sí, es más probable que llegues a ser Shakespeare si eres mujer.[57] En cualquier caso, no hace falta tener una intencionalidad de sexto orden para disfrutar de una obra de sexto orden.

La intencionalidad de sexto orden propicia un acicalamiento de primera. La mayor parte de las conversaciones reales en el mundo del Paleolítico superior, al igual que en el nuestro, tenían lugar por la noche, en el momento del día en que (al igual que nosotros) se comía más. Se reunían alrededor de la hoguera. Estaba bastante oscuro. El lenguaje corporal no era muy útil a la luz de las llamas; era más conveniente el lenguaje hablado.[58] Los Shakespeares de sexto orden del Paleolítico superior mantenían a su audiencia embelesada, y la selección natural, según Dunbar y Gamble, enseguida los recompensó. Esos individuos gozaron de estatus, carne, sexo y descendencia.

La propia teoría de la mente/intencionalidad hizo que aumentara el sentido del yo: se puso énfasis en los pronombres personales. Los cazadores se miraban a sí mismos y decían a un animal: «Yo te estoy matando a ti»; luego se iban a casa a reflexionar sobre lo que eso significaba y, mientras lo hacían, tallaban en marfil de mamut esculturas de mujeres gordas con pechos enormes y vulvas resplandecientes. Más tarde, por la noche, alrededor de la hoguera, los hiladores de mitos de sexto orden empezaron a contar historias que planteaban y respondían a preguntas como «¿de dónde vengo?» y «¿dónde está mi padre muerto?».

Pero este modelo no acaba de convencerme del todo. No entiendo por qué no se puede tener una intencionalidad de centésimo orden con el hmmmm. De hecho, cabría esperar que el tipo de intuición que se requiere para utilizar el hmmmm nos permitiera comprender la mente de los demás incluso mejor que las formulaciones laberínticas de un modelo lingüístico basado en la intencionalidad. He aquí el ejemplo que nos proporciona Dunbar sobre la intencionalidad de sexto orden:[59] Shakespeare tiene intención de que el público crea que Iago tiene intención de que Otelo suponga que Desdémona ama a Cassio, quien en realidad ama a Bianca. Dicho así, suena muy complejo. Es fácil ver por qué hay que ser un genio para construir una historia escrita con coherencia sobre esa base. Ciertamente, es inconcebible ir más allá del sexto orden. Pero, para la mayoría de nosotros, apreciar una historia tal y como se representa en el escenario no supone un esfuerzo comparable con escribirla. Ni siquiera la analizamos proposicionalmente hasta el nivel en que nuestra intencionalidad de quinto orden nos lo permite. Es más, evitamos por completo hacer un análisis: utilizamos nuestros sentidos incipientes y nuestra comprensión del funcionamiento humano para valorar, a grandes rasgos, todo el conjunto. El hmmmm está vivito y coleando, y se ocupa casi absolutamente de mediar con nuestra comprensión del mundo.

Sí, el lenguaje es el medio que usamos predominantemente para intercambiar hechos, pero los hechos son relativamente intrascendentes en comparación con la expresión de las emociones, y la formación y expresión de la identidad. El lenguaje funciona a nivel de la conciencia y, tal y como ya he comentado, casi nada de lo que somos está determinado por nuestra conciencia o reside en ella. Casi todo lo que somos está por debajo de la superficie. La mayor parte de lo que soy y de lo que determina mis acciones a nivel consciente surge de mi inconsciente. Y el hmmmm es el lenguaje del inconsciente. Es mucho más antiguo y fundamental que nuestras retahílas de palabras. Era el lenguaje que hablaban los humanos premodernos, y ciertos no-humanos modernos también utilizan algunos de esos elementos. Sin duda, es el principal idioma que hablan los humanos modernos más pequeños y, cuando hablamos con ellos, nos damos cuenta de que también lo dominamos.

El lenguaje de los bebés (o, dicho más educadamente, el «lenguaje dirigido para niños», o IDS por su sigla en inglés) es un lenguaje universal. Todos podemos hablarlo; de hecho, todos lo hablamos cuando nos dirigimos a los bebés, y las madres experimentadas no lo hablan mucho mejor que las niñeras más inexpertas. Estamos programados para hablarlo. Nuestro tono de voz medio se vuelve más agudo, utilizamos una gama más amplia de matices, hacemos más pausas, alargamos las vocales y las hacemos más claras, utilizamos frases más cortas y nos repetimos más. En resumen, es más musical que nuestro discurso habitual, y este discurso musical capta la atención de los bebés mucho mejor que el simple lenguaje.

Cantar a los bebés es incluso todavía mejor. Las canciones de cuna (que son muy similares en cuanto a melodía, ritmo y tempo en todas las culturas) mejoran el estado de ánimo de los bebés y fomentan la succión, y, por lo tanto, el aumento de peso en los prematuros. (Si bien es cierto que todos los bebés humanos nacen prematuramente en comparación con los no humanos. Pero tiene que ser así debido a sus enormes cabezas, que contienen sus enormes cerebros; nunca conseguirían salir por el canal de parto si la gestación durara todo el tiempo que sus cuerpos necesitan). Esto ha llevado a Mithen a especular que los aspectos musicales del IDS evolucionaron específicamente como respuesta a la inusual y prolongada indefensión de los bebés humanos.

La música consigue comunicarnos cosas antes que las palabras, y a un nivel más profundo. Y esa profundidad no es solamente metafórica. Cuando entro en pánico no se me puede tranquilizar hablando, pero sí cantando. Y no solo me ocurre a mí. La música tiene un efecto claramente demostrable sobre nuestra respiración, nuestro ritmo cardíaco y nuestra presión sanguínea. Nos llega hasta lo más profundo del bulbo raquídeo y afecta ciertas áreas que ya eran antiguas mucho antes de que tuviéramos el cerebro coronado por el neurocórtex. La música es utilizada para curar físicamente en muchas culturas, reduce las dosis necesarias de anestesia y analgésicos, y se ha demostrado que la musicoterapia resulta muy eficaz para mitigar muchos de los problemas de los pacientes con autismo, TOC y TDAH. [60]

Todos sabemos que la música tiene el poder de afectarnos emocionalmente y, en cierto sentido, somos nuestras emociones más que nuestros pensamientos conscientes. Las emociones son primarias. La cognición es algo parasitario para ellas. [61] Cuando estoy contento pienso más eficazmente. Pero las respuestas emocionales se encargan de gran parte de la vida: no siempre están mediadas por la cognición. La mayor parte de mis decisiones son intuitivas, aunque puedo llegar a racionalizarlas *a posteriori* hasta tal punto que, en mis momentos de menor conciencia, acabo creyéndome que no las he tomado por intuición. Es en el ámbito de las emociones en el que almaceno las soluciones improvisadas que la experiencia me ha demostrado que funcionan en casi todas las circunstancias. [62] Cuando me enfrento a un problema casi siempre recurro a ese ámbito, echo mano de una de las heurísticas prefabricadas y la utilizo. Solo uso muy de vez en cuando mi neocórtex para elaborar una solución a medida para algún problema y, cuando lo hago, casi siempre llego a la conclusión de que habría sido mejor confiar en mi instinto.

Mithen concluye que «la música tiene un desarrollo, aunque no evolutivo, prioritario sobre el lenguaje» [63] y que «las redes neuronales del lenguaje se basan o reproducen las de la música». [64] Los homínidos cantaron antes de hablar. Utilizaron el hmmmm. Y entonces el lenguaje, compinchado con la evolución, marchó con intención colonizadora hacia nuestras cabezas e izó su bandera.

Esto encaja a la perfección con la relación entre lenguaje/cognición y música/emoción que veo claramente en mi propia mente. El lenguaje es arrogante e imperialista. Pretende gobernar, y tiene el poder de afectar significativamente la forma en que vivo la vida y percibo el mundo, pero, aunque intente hacérnoslo creer, no concuerda con la realidad. Promueve vergonzosamente la cognición, que es básicamente irrelevante a la hora de decidir quién soy, cómo me siento o qué hago.

El lenguaje no es nuestra lengua materna ni como especie ni como individuos. Tampoco es nuestra lengua materna a día de hoy; de hecho, si conocieras a alguien que tuviera el lenguaje como lengua materna, te parecería una persona prohibitivamente fría y seca, y ni se te ocurriría invitarla a cenar. Todavía dominamos mejor el hmmmm y la música tanto de bebés como de niños. [65] La música es un medio muy preciso para expresar emociones, para expresar lo que realmente importa. Hay una concordancia significativa entre la emoción que un compositor quiere transmitir y la emoción que provoca en los oyentes. Pero esta concordancia no es mayor en el caso de que los oyentes sean músicos formados; es algo innato. [66]

La distinción entre lenguaje y música no es absoluta, por supuesto, tal y como demuestra el IDS, que es a la vez un lenguaje y una música. Escucharé con respeto a cualquiera que argumente que la música gobernada por el tipo de reglas matemáticas que sustentan algunos lenguajes es la más poderosa de todas, dado que representa una sinergia orgásmica entre Apolo y Dionisio, o el cerebro derecho y el izquierdo, pero no aceptaré ese argumento como una defensa del lenguaje. Mi convicción es la siguiente: el lenguaje es más poderoso y menos abusivo cuando se remite directamente a la música. Esto, a su vez, significa remitirse directamente al mundo natural, ya que ahí no existe el tipo de lenguaje al que nos referimos cuando hablamos de lenguaje. El poder matemático de Bach radica precisamente en que sus matemáticas son las que rigen el movimiento de las esferas etéreas, el encaje almenado de los copos de nieve y las fuerzas que puede tolerar el hombro de un albatros.

No hay duda de que durante nuestra infancia como especie nos pusimos a imitar los sonidos de los animales que para nosotros eran tan importantes. Sin duda el rugido que utilizábamos para imitar al león precedió y fundamentó la primera palabra que elegimos para referirnos a «león». Todos los intentos posteriores de representar «león» fueron menos satisfactorios y más autorreferenciales. Era mucho mejor cuando nos limitábamos a imitar. Era una verdadera señal de humildad, y además era más precisa.

Existe una correspondencia real (no arbitraria, ni culturalmente fabricada) entre las mejores palabras y las cosas a las que representan. Mithen señala que entre los huambisa de la selva peruana, un tercio de los nombres de los 206 tipos de pájaros que son capaces de reconocer es onomatopéyico, [67] y cita el trabajo de Edward Sapir, que en los años veinte inventó dos palabras sin sentido, «mil» y «mal». Sapir explicó a sus sujetos de experimentación que así se llamaban un par de mesas, y preguntó a cada sujeto qué mesa era más grande. Casi todos respondieron «mal». [68] Las vocales se comportan de forma similar en culturas muy diferentes. No son arbitrarias: están relacionadas de alguna manera misteriosa pero consistente y fundamental con las cualidades del mundo real. [69]

Todo esto es una manera muy larga de explicar por qué quiero escuchar más a Tom y al bosque. Intentaré utilizar las palabras que me dicte el propio bosque.

* * *

Las patas de los mosquiteros son como briznas de hierba. Sus picos son como los fórceps que se utilizan para agarrar los nervios o los vasos sanguíneos más pequeños. Sin embargo, tienen una garganta muy potente. Suena como si tuviera las dimensiones de una cueva lo bastante grande como para alojar a una familia de osos entera.

Este pájaro llegó anoche, cabalgando en el viento igual que los feriantes cabalgan en el tiovivo, tensando primero un ala y luego otra, así como el feriante empuja la atracción hacia arriba y hacia abajo con su pierna enfundada en vaqueros ajustados. Hace diez días estaba acurrucado en el mástil de telecomunicaciones de un barco en el puerto de Argel, preparándose para meterse entre las corrientes de aire caliente que lo llevarían a Francia. Pero la arena que transportaba el viento le raspó los ojos, y al intentar limpiárselos zumbó y cacareó, se resbaló, cayó casi hasta el bote salvavidas, fue recogido por el cocinero, quien lo lanzó al aire, y esta vez consiguió meterse en un espacio estrecho y apretado, con la espalda y el pecho apretujados por las láminas, y así emprendió su viaje, preocupándose solamente por mantener el equilibrio y no caerse al mar. En una ocasión, una ola estuvo a punto de llevárselo pero no fue lo bastante rápida, así que pronto se encontró en un lugar lleno de aceitunas y naranjas y orugas del tamaño de los pulgares de los carpinteros.

Pero no podía quedarse ahí. Sentía un peso en el pecho dondequiera que hubiera aceitunas, y notaba que algo tiraba de su cabeza en dirección hacia el norte. Fue revoloteando por las laderas occidentales de los Alpes y por los campos calizos de Borgoña, escapó por los pelos de un gato en el jardín de un contable en un suburbio de París, viajó durante un tiempo con un tren lento a través de las llanuras, se asustó ante el frío gris del Canal, durmió en un árbol mugriento junto a una bandada de estorninos, y luego se hizo a la mar con un pequeño y magullado grupo de pajaritos marrones provenientes de algún lugar de África. Notaba que ese algo tiraba cada vez con más fuerza de él, casi hasta arrancarle el pico. Y al cabo de poco se dejó caer en el árbol encima de mi cabeza.

Bueno, o por lo menos es lo que podría haber ocurrido. Ya tienes una historia. Eso es lo que el lenguaje es capaz de hacer. Probablemente sea todo mentira. Puede que hayas sentido algo por el pájaro a medida que te iba contando la historia, pero habrías tenido una sensación más precisa si hubiera escrito una sinfonía de la migración, y además sin necesidad de contar mentiras.

Pero por estos lares hay unas cuantas historias verdaderas, algunas sobre X y su hijo y sobre Tom y yo, y sobre el espíritu del zorro, los pájaros, las piedras, la hierba, mi padre y el jabón de alquitrán de hulla, y algunas pueden contarse con palabras. Quizá las historias realmente extraordinarias sí que necesitan palabras, o tal vez solo las que son extraordinarias y específicas.

Ciertamente eso fue lo que los humanos decidieron al cabo de un tiempo cuando descubrieron los mitos y las religiones, cosa que ocurrió muy al principio.

Pero la cuestión es que X cantaba a la tundra y a los mamuts, y que ellos le cantaban a él. Se dice que el mundo anhela nuestro aprecio y lo corresponde generosamente. Parte de ese aprecio tiene forma de aria: X y el mundo natural se cantaron mutuamente, y sus canciones se volvieron religiosas.

* * *

Podemos aprendernos estas canciones si aprendemos a escuchar.

Que es precisamente lo que estoy intentado hacer esta noche.

Se oyen ruidos por todas partes. Algunos de ellos son discretos: quejidos, gritos, choques. Estoy bastante seguro de que provienen del exterior. Pero también oigo un ronroneo constante que no consigo determinar si está dentro de mi cabeza o si viene de fuera. Es el tipo de ronroneo que proviene de algo blanco.

Tom y yo hemos discutido, si es que realmente se puede discutir sin palabras (por supuesto que sí). Estamos tumbados dándonos la espalda. Está despierto. Noto que mueve los ojos. Cree que hay algo ahí afuera, pero como nos hemos peleado no quiere decirme qué es. No puede ser nada muy malo; tal vez se trate de un erizo o de un soldado romano.

Me levanto para ir a orinar. Es lo que toca. Hay mucho rocío, y cuando regreso al refugio los pies descalzos se me han reblandecido por culpa de la hierba húmeda y tengo una fina capa de cortes.

No consigo calmarme. Sigo oyendo el ronroneo, y encima ahora se le ha sumado otro ruido. Hay muchos pozos mineros abandonados bajo esta colina. El ronroneo podría provenir de algo blanco que habita en las profundidades y que no acostumbra a salir a la superficie.

Tom continua despierto: sigue moviendo los ojos. Empieza a soplar una nueva brisa y se oye un nuevo sonido que no es del viento. Es como si alguien estuviera pintando un árbol muy lenta y sistemáticamente con una gran brocha y de vez en cuando le cayera un pegote de pintura sobre las hojas. Se ve una luz en el granero al otro lado del valle, donde no vive nada ni nadie. Es muy estúpido haber dejado allí una vela encendida; el edificio está lleno de balas de heno.

Sea lo que fuere lo que esté ocurriendo, en gran parte está ocurriendo debajo de nosotros. Estamos tumbados sobre una piel. Me estoy clavando un hueso. Mis tripas están trabajando. Tal vez esté utilizando la red de túneles que crearon los mineros.

Tom tiene miedo. Lo rodeo con el brazo y no me aparta. Se le calma la respiración y se le hunden los hombros. Al cabo de poco, su respiración se sincroniza con la de los arbustos.

No puedo seguir soportando el hueso, o el cuero, o el crujido del diafragma de la colina, así que me levanto y me pongo a caminar hacia el claro donde Tom deja ofrendas de comida. Mientras camino, noto que todo se detiene. Los árboles y las ortigas se ponen en guardia. Un conejo se queda petrificado, temblando con el cuello rígido. Es horrible provocar que todo lo que hay a tu alrededor se ponga tenso. Solo hay un único ser relajado, y está justo en mitad del claro, mirándome fijamente. Agacha la cabeza y arranca unas flores a mordiscos, y luego vuelve a mirarme. Es un ciervo que resplandece bajo la luz de la luna. Ve que soy gordo, lento y que voy desarmado, así que vuelve a concentrarse en las flores.

Siento que la hierba alrededor de mis piernas se agita. Miro hacia abajo y veo que estoy temblando. Es hora de volver y de seguir escuchando. Me inclino ante el ciervo, que vuelve a levantar la cabeza pero no me devuelve la reverencia. Regreso por el sendero brillante y me meto dentro del saco de dormir.

El ronroneo es una conversación. Dudo de que las voces sean humanas. No articulan ninguna palabra, pero hay algo que está intentando decir una cosa importante mientras todos los demás lo contradicen. No parece que vaya a terminar bien.

Dormirme sería un error. Independientemente del peso del argumento, no está bien que tantas voces vayan contra una. Debería quedarme por aquí, al menos por si las cosas se pusieran feas. Esto no era lo que tenía en mente al decidir que me pondría a escuchar.

No me corresponde juzgar en estos lares. Y si me correspondiera, esperaría un poco más de respeto por parte del maldito ciervo.

De todos modos, aunque no tuviera un sentido del deber tan intrínseco, tampoco podría dormir. Esto es demasiado interesante. Estoy intentando descifrar el sentido a partir de la forma y del ritmo de las frases, y creo que estoy sacando algunas conclusiones. El tema de debate tiene algo que ver con el derecho a la luz; es una versión del tipo de discusiones que se oyen en el juzgado del condado cuando alguien amplía demasiado su casa por arriba. Hay algo que está subiendo demasiado, inclinándose demasiado, extendiéndose demasiado.

* * *

Tom me sacude para que me despierte. Me incorporo y miro a mi alrededor. Todavía no ha amanecido, pero hay una luna deslumbrante. Una nube de humo emerge de la tierra. Late como si fuera un corazón. Ha alcanzado el hombro de Tom. El ronroneo se ha vuelto más fuerte. Los árboles de espino crujen. Saltan chispas azules entre las espinas. No he resuelto nada. El bosque quiere que haga algo, pero ahora con mucha más urgencia.

—No es asunto mío —digo en voz baja.

—No hace falta que grites —señala Tom.

Se pone a guardarlo todo en la mochila, metiendo la ropa sin ver absolutamente nada. La nube ya le llega por la barbilla, y sigue subiendo como el mar en una cueva marina. Se pone las botas y se ata los cordones a ciegas. Quita la lona y la mete a presión encima de la ropa. Abrocha las correas de la mochila y, de repente, me doy cuenta de que estoy haciendo lo mismo.

El bosque puede querer que estemos dentro o fuera, pero siempre con intensidad.

Si nos limitamos a caminar cuesta abajo acabaremos llegando a una pista. Es imposible pasarla de largo. Es como una autopista en comparación con lo que estamos acostumbrados. Si al llegar a la pista vamos hacia la derecha, llegaremos hasta el granero al que llamamos «capilla», y luego al campo contaminado donde pastan las vacas, y entonces ya estaremos listos.

Ahora la nube ya le cubre la cabeza a Tom, pero a mí no. Todavía veo los árboles y me parece ver la cornamenta de un ciervo. La parte superior de la nube es absolutamente plana, como la superficie de una mesa. Alargo la mano y tomo la de Tom. No decimos nada. Corremos. Puedo esquivar los árboles pero no me veo los pies, y acabo metiendo uno en una madriguera y me caigo, llevándome a Tom conmigo. Tengo suerte de no haberme roto un tobillo o algo aún peor.

Nos levantamos y avanzamos con más cuidado. Nos acercamos a la autopista. Notamos el barro revuelto por los excursionistas. Ya casi hemos llegado. Aquí está el paso para cruzar el muro. Está cerrado. No puede ser. Si no tiene cerradura. Subimos. Aquel edificio es la capilla. No, no lo es. La capilla ha desaparecido. Este bosque espeso y agrio tiene una intencionalidad. Se me está metiendo por la boca y la nariz. La capilla debería estar por aquí en alguna parte. Pero aquí no hay «debería» que valga, muchacho. La niebla no se anda con tonterías. Pues no te la apartes de la cara.

Quiero salir de aquí. Ah, la colina respira: ¿por qué no me lo habías dicho?

Entonces se acaban los árboles y la nube de humo. Hemos conseguido salir. Hay un muro de nubes justo en los límites del bosque, perfectamente recto, perfectamente escarpado; tan recto como la superficie de una mesa. Y corremos, y corremos, y corremos, en silencio, salvo por nuestras pisadas y la sangre que nos palpita en el cuello, hasta la parada del autobús. No nos importa que huela a vómito. Al cabo de una hora estamos en Matlock.

«La li-li-li, li-li», silba Tom.

* * *

«Una para la pena, dos para la alegría, tres para la niña y cuatro para el niño», dice una vieja canción infantil que va sobre urracas.

Según una superstición inglesa, si ves a una sola urraca tendrás mala suerte. A veces he estado con personas que, al ver a una sola urraca, han mirado bruscamente hacia otro lado, se han persignado, o han escupido.

Pero no lo tenemos bien entendido. Si miras bien, siempre hay por lo menos otra urraca. Así son las cosas. Nunca van solas. Así que si miras bien siempre tendrás por lo menos alegría, si no progenie y una dinastía eterna.

Pero la canción infantil tiene razón; si no te fijas bien, ten cuidado.

* * *

Hemos ido hacia el oeste, que es hacia donde siempre vamos en mi familia cuando estamos asustados o tristes o hemos decidido morir.

Estamos sentados en una cueva en la ladera de una cresta de piedra caliza con vistas al mar del Severn. Todavía no hay ni rastro de X ni de su hijo, pero no podemos esperar que aparezcan siempre que nosotros queramos.

El espíritu del zorro no ha querido subir al autobús. No creo en él, y eso sin duda lo ha ofendido. Los ejercicios que hice con Polly fueron demasiado fáciles. No me dolieron, y realmente no necesitaba nada de lo que me ofrecían.

Un verdadero descenso a los infiernos habría implicado un cambio a otra de las muchas dimensiones que los matemáticos saben que existen. Nuestros cerebros son válvulas que nos impiden entrar en dimensiones distintas a las que conocemos. Pero si las válvulas se aflojaran, quizá podríamos habitar en más realidades. Tal vez entonces nos volveríamos más reales. Tal vez entonces podría oler el alquitrán de hulla. El olor a alquitrán de hulla que hay en esta cueva es asfixiante.

Esta cueva estuvo ocupada durante el Pleistoceno. Han desenterrado huesos de mamuts, de rinocerontes lanudos, de lobos, de osos pardos, de osos de las cavernas, de zorros, de zorros árticos, de renos, de caballos, de gatos monteses, de leones de las cavernas y de muchas, muchas hienas.

No es tan descabellado pensar que X y su hijo conocieron este lugar. Hace un momento, Tom y yo hemos subido hasta la cima de la cresta y, si el cielo hubiera estado claro, casi podríamos haber visto la península de Gower, donde en 1823 William Buckland, el catedrático de geología de Oxford, encontró la dama roja de Paviland, uno de los yacimientos funerarios humanos más antiguos que conocemos. Pero resulta que la dama roja no es una dama. Buckland asumió que era una mujer porque los huesos manchados de rojo-ocre (que en realidad pertenecieron a un hombre joven) iban acompañados de varas de marfil, caracolas perforadas de color bígaro (que probablemente se utilizaron como cuentas cosidas en la ropa) y un colgante de marfil formado a partir de un crecimiento patológico en el colmillo de un mamut. Según el razonamiento de Buckland, ningún caballero inglés (ni siquiera galés) se adornaría de ese modo. Buckland también se equivocó en la datación. Concluyó que el entierro era de la época romana, pero en realidad tiene entre 33.000 y 34.000 años de antigüedad.

Eso es mucho tiempo después de que X y su hijo estuvieran en el límite del hielo en Derbyshire. El clima fue más amable con la dama roja que con X, y el comportamiento moderno ya estaba profundamente arraigado en los seres humanos que por aquel entonces vivían en Europa. Pero hace 34.000 años, la península de Gower todavía era un lugar salvaje, peligroso y excéntrico. No era para todo el mundo. Habría atraído a los exploradores dispuestos a cruzar fronteras, un rasgo que tiende a venir de familia. Por aquel entonces no había muchas familias por Europa, por lo que estoy seguro de que hay bastantes genes de X en los huesos de la dama roja, que ahora descansa en el Museo de Historia Natural de la Universidad de Oxford. Voy a verla cada quince días más o menos. Puedo pasarme una hora entera observando su vitrina, deseando que hable, aunque no tenga cabeza. Deben pensar que soy muy raro.

Aunque X y la dama roja no fueran familia cercana, seguro que había una especie de boletines orales alrededor de las hogueras listando los lugares donde alojarse, cazar y rezar. Esta cueva bien podría haber estado en esa lista, tanto como lugar a evitar porque es muy granulada, o como lugar para tener epifanías.

Está oscureciendo. En el mar, un buque portacontenedores está transportando coches hacia el puerto de Avonmouth. Gales se está encendiendo. La carretera de abajo está paralizada: alguien ha sido cortado por la mitad por la mediana y yace en un charco de luz azul intermitente. El búho está empezando a descongelarse y a parpadear. El pájaro carpintero desenrolla la lengua que tiene guardada alrededor de la cabeza, la mete en un agujero, da el día por terminado y se marcha hacia el lado opuesto del valle, porque los pájaros también tienen casa.

A pocos metros de la cueva, la luz queda totalmente sobrepasada. Hoy en día, pocas personas verán jamás una oscuridad así. Es una oscuridad sucinta. Mis manos me resultan extrañas. Surgen de la negrura, como si fueran murciélagos. No son completamente mías ni de la oscuridad. Nos metemos más adentro. Ahora ya no vemos ni la entrada.

Tom está contento de estar sentado en la oscuridad. Yo todavía estoy desconcertado por lo ocurrido en el bosque de Derbyshire, y temo que la oscuridad me dé miedo. Pero no es el caso. Derbyshire está muy lejos. Nos hemos visto envueltos en un asunto local. Estábamos atrapados en el fuego cruzado. No había sido algo personal. E incluso si aquella colina de Derbyshire pudiera molestarse a venir hasta aquí, nunca nos encontraría en un lugar tan oscuro y denso como este.

Los monjes tibetanos se pasan semanas meditando en completa oscuridad. Según dicen, lo difícil de esta técnica es el desafío psicológico que supone la privación sensorial. Pero en realidad no existe tal privación. No solo cobran vida todos los sentidos no visuales (incluso muchos que no sabía ni que tenía), sino que además la vista intenta demostrar que sigue siendo la reina de los sentidos ofreciéndonos un espectáculo psicodélico: ráfagas de chispas, un caleidoscopio de hexágonos de colores entrelazados que dan vueltas, caras alargadas y verdes, y luego, cuando se cansa, vuelve a recorrer su biblioteca de imágenes antiguas: cualquier cosa para evitar que el cerebro ceda jurisdicción al sonido o al olor. Así que aquí estoy, en una playa de Dorset, comiendo helado con mis padres y, al mismo tiempo, estoy acurrucado en un agujero bajo la cima de una montaña escocesa, y también estoy sentado en un desierto con la cabeza entre las manos, y también estoy corriendo con el pecho desnudo por un páramo de Yorkshire del que brotan urogallos bajo mis pies, y también estoy bebiendo sidra en una granja de Somerset con las golondrinas revoloteando tan cerca de mi cabeza que noto el viento de sus alas, y también estoy bebiendo vino tinto en una isla griega con un poeta que perdió todas sus uñas a manos de los coroneles, y también estoy viendo muerto y tieso al conejo que tenía como mascota, y también estoy observando el mar en invierno mientras me pregunto por qué no hay gaviotas.

Todos los sonidos que se producen aquí dentro duran mucho. Eso me recuerda que en realidad todos los sonidos son eternos y que es por culpa de nuestro mal oído que tenemos la falsa impresión de que los sonidos son temporales. Nada de lo que empieza, ya sea un sonido o cualquier otra cosa, termina de verdad.

La mayoría de los sonidos son de agua que gotea y de murciélagos que zumban, pero cuando escuchas bien hay algo más. A medida que el agua sangra por la roca, la arrastra consigo. Cada gota, a medida que desciende, transporta roca disuelta. Toda el agua es roca líquida. La erosión tiene su propio sonido, pero no es como el sonido de un pico, ni siquiera como el murmullo en la pantalla de una grabadora. Es el zumbido de la roca erosionándose que resuena con las células de mi propio cuerpo que también se están erosionando, y eso me aporta una especie de macabro consuelo. Es algo especial compartir solidaridad con un acantilado de piedra caliza, incluso cuando la solidaridad está en el hecho de que ambos nos estamos disolviendo.

Seguro que en realidad no existe tal sonido. Seguro que es un pensamiento, o una sensación del cuerpo que solemos pasar por alto. No sé si los pensamientos son algo diferente a las sensaciones.

Mis dedos mudan de piel. Normalmente diría que tengo el culo mojado y entumecido, pero en realidad es algo mucho más interesante que eso. El entumecimiento no es la ausencia de sensaciones, sino un espacio en el que nuevas categorías de sensaciones pueden mostrar su entereza.

Llevamos un par de horas sentados en silencio. Es demasiado interesante. No puedo lidiar con tantas cosas interesantes. Quiero regresar al ordenado mundo cotidiano de lo visual. Busco un mechero en mi bolsillo. La presión de mi mano contra el muslo es asquerosa, casi dolorosa. El ruido de mi piel contra el algodón es igual de fuerte que el de un accidente automovilístico.

—¿Qué estás haciendo? —susurra Tom, y su voz y su respiración suenan como un huracán.

—Nada —digo, y retiro la mano.

Nos quedamos sentados durante otra hora. Entonces se vuelve a oír ese ruido tan fuerte como de accidente automovilístico y de huracán, y aprieto el mechero y los cielos se abren y San Miguel y todos sus ángeles atraviesan el techo de la cueva y nosotros gritamos.

Cuando conseguimos mirar la llama, vemos una cosa cruel, descarnada, poco prometedora. Pero nos permite darnos cuenta de que estamos sentados en un gran vientre redondo, casi lo bastante alto como para que pueda ponerme en pie, que se estrecha en el extremo más lejano en un intestino a través del cual podría arrastrarme un buen rato, pero donde nunca podría darme la vuelta. O, si prefieres una metáfora diferente, estamos en un útero espacioso, lo bastante grande como para albergar varios fetos grandes, con una trompa de Falopio que proviene desde las profundidades de la colina, y un canal de parto que se abre en la cresta entre berzas de perro y adelfillas.

Encendemos unas velas y las colocamos por el vientre, y luego nos sentamos de nuevo y nos ponemos a observar.

En la pared que tenemos delante hay algo que podría ser un árbol, o quizás un pez, o el ala de un pájaro.

—No tiene sentido —dice Tom. Mueve tres de las velas, y ahí está, justo delante de nosotros, la mitad delantera de una vaca colosal, con las puntas de los cuernos clavadas en el techo y las fosas nasales llameantes.

Ambos nos acercamos, alargando la mano para acariciar el morro, y al comprobar que podemos hacerlo sin ser corneados, tocamos también su ancho cuello desgreñado y su pata delantera, que transmite tensión y fuerza.

Esta necesidad de palpar me desconcierta, aunque no debería. Siempre alargamos instintivamente la mano por encima de una verja para tocar el hocico de un caballo, o por encima de una mesa llena de velas para tocar la cara de nuestra persona amada. Los niños alargan los brazos y lo agarran todo, y meten las palmas de las manos con los dedos bien abiertos en charcos de barro. Sin embargo, nuestra tendencia moderna consiste en vincular la visión con la cognición. Decimos «veo», cuando en realidad queremos decir «entiendo». «Ver es creer». Concebimos todo el proceso creativo como algo visual: lo llamamos «imaginación». Pero cuando somos fundamentalmente nosotros mismos (es decir, cuando somos pequeños, o cuando nos relacionamos con animales, o cuando estamos enamorados, o cuando estamos temblando en una cueva de Mendip), superamos esos prejuicios y desconfiamos de nuestros ojos; ansiamos la seguridad de la sólida conexión entre nuestros cuerpos sólidos y el mundo sólido que solo el acto de palpar puede proporcionarnos.

Uno de los motivos más comunes en el «arte» de las cuevas del Paleolítico superior es la mano humana delineada con ocre rojo. Nosotros también dibujamos nuestras manos en la pared de la cocina soplando a través de pajitas y huesos de pájaro huecos. Tienen varias interpretaciones. Algunos dicen que eran las manos de las niñas que llegaban a la menarquia y que venían a la cueva para ser iniciadas como mujeres, y que por lo tanto el ocre rojo representaba la sangre menstrual. En cambio otros dicen que eso demuestra que para los humanos del Paleolítico superior las paredes de las cuevas eran la membrana que separaba este mundo de otro (del mundo al que iba el chamán cuando entraba en trance), y que las huellas de las manos representaban la aspiración de empujar la membrana, quizá como un acto de reverencia ante los habitantes del mundo del otro lado. Pero en lo que todo el mundo concuerda es en que las huellas de manos se hicieron antes (a veces mucho antes) de las sofisticadas pinturas de animales que suelen encontrarse en las mismas cuevas, y que a menudo se agrupaban en torno a ciertas partes de las rocas que luego se incorporaron a las pinturas[70] (alrededor de un pie nudoso, por ejemplo, o de un ojo). Parece ser que el acto de palpar no solamente podría haber precedido la representación visual, sino que podría haberla determinado. Es posible que primero encontraran la pata de un uro y que luego fueran descubriendo a tientas el resto del cuerpo del animal.

Acaricio la pared de la cueva, preguntándome qué más debe haber allí. Observo que el simbolismo engendra simbolismo: una nariz sugiere una cadera; una cadera implica una pezuña. Cuando uno entra en esta sinergia, es difícil evitar crear todo un universo.

Tom vuelve a mover las velas. Una cigüeña. Y otra vez. Un viejo con nariz aguileña. Y otra vez. Un cerdo. Y otra vez. Un zorro. Y otra vez. Otro zorro. Y otra vez. Otro zorro más. Y mi padre tose desde algún lugar del intestino, y el olor a alquitrán de hulla se sobrepone al olor a profundidad y a guano.

Solo se habrían pintado uros ensartados con lanzas en un lugar como este si fuera algo importante, urgente y religioso.

Y efectivamente era algo importante y urgente porque era una respuesta a la muerte humana, que, junto con el nacimiento, era el mayor acontecimiento. Era lo que dividía el mundo. En la espléndida saga de libros ambientada en el Mesolítico de Michelle Paver,[71] *Crónicas de la Prehistoria*, aparece un lobo que distingue entre los «no-aliento» y el resto de la creación animada. Y nosotros hacemos lo mismo. Estamos obsesionados con la muerte. Los antiguos humanos estaban tan obsesionados con ella que la incorporaron en cada parte de su pensamiento. Y nosotros estamos tan obsesionados con ella que la hemos desterrado enérgicamente de toda conversación.

Pero no se trata solamente de una obsesión humana. Sabemos que las madres chimpancés desconsoladas cargan con sus bebés muertos y en descomposición durante casi diez semanas. Imagínate el olor que deben desprender en el calor de África central, así entenderás su devoción. Los chimpancés exploran los cadáveres de otros chimpancés, intentando entender el «no-aliento». Huelen los cuerpos, examinan las heridas, les tiran de los brazos, los acarician y les toman las manos, los acicalan, miran fijamente sus rostros, intentan abrirles la boca, arrastran el cadáver durante distancias cortas y profieren unos gritos que raramente se oyen en otras circunstancias. La muerte les parece especial, y los muertos tienen un estatus inusual, al igual que los antepasados en casi todas las culturas excepto en la nuestra. Y no todos los miembros del grupo pueden presentar sus respetos al muerto; hay que ganarse el privilegio de comulgar con los difuntos. Los individuos dominantes custodian el cuerpo y ahuyentan a los de menor rango. Pero entre los humanos modernos no hay muchas peleas para decidir quién va a un funeral.[72]

Los neandertales también otorgaban un estatus especial a los muertos. Independientemente de lo que creyeran que ocurría después de la muerte (hay algunos indicios muy dudosos de flores en las tumbas neandertales, cosa que podría implicar una creencia embrionaria, aunque por mi parte no estoy muy convencido), los muertos neandertales están, como observa el arqueólogo Paul Pettitt, persistentemente asociados a lugares específicos.[73] Necesitan tener su propio lugar. Son diferentes. Los no-aliento no son iguales que los que tienen aliento.

Entre asociar determinados lugares (quizá sitios de entierro o conmemorativos) con los muertos y creer que los muertos persisten hay un pequeño paso. Sobre todo si sabes que la mente y el cerebro no son lo mismo. Las experiencias extracorpóreas (EFC, por su sigla en inglés) y las experiencias cercanas a la muerte (ECM, por su sigla en inglés) son una buena manera de aprenderlo.[74] Muchas personas modernas han vivido este tipo de experiencias, y tenemos muchos motivos para suponer que estas experiencias eran todavía más comunes en las comunidades de cazadores-recolectores, donde no solo existía una cultura chamánica especializada en inducir experiencias extracorpóreas mediante arduas pruebas o la ingesta de alucinógenos vegetales, sino que además debían de ser un subproducto común de bailar alrededor de una hoguera, de correr tras los caribúes o del ayuno. Si lo usas adecuadamente, hasta el aire puede convertirse en un gas psicodélico.

Cuando me desplacé por sobre mi propio cuerpo en el servicio de urgencias del hospital y puede observar con cierto desinterés la raya del pelo de la enfermera, también vi mi propia cabeza. Vi la piel que me cubría el cráneo. Y dentro del cráneo estaba todo mi cerebro; no había ninguna parte que estuviera rezumando por el tubo que llevaba a la bombona de óxido nitroso, ni tampoco se me salía por las orejas. Todo estaba donde tenía que estar. Veía sus límites. Sin embargo, era mi «yo» quien estaba vigilando los límites del cerebro. Mi mente y mi cerebro no eran lo mismo.

El consenso general es que los primeros homínidos creían que las mentes podían sobrevivir la muerte de los cuerpos.[75] Cosa que no es de extrañar, teniendo en cuenta lo que ocurría alrededor de la hoguera y en las cacerías. Los homínidos sabían que los cerebros no lo eran todo y, por lo tanto, sospechaban que abrirse la cabeza no implicaba el final de la historia. Para ellos, la actuación humana individual simplemente cambiaba de escenario, y tal vez de equipamiento. La muerte no reducía a los individuos. Al contrario. Al no estar encerrados en sus cuerpos, podían hacer incluso más de lo que hacían antes. Podían llegar a ser más verdaderamente ellos mismos. Paul Pettitt observa:

> Para la mayoría de los seres humanos, la muerte no se concibe como un final abrupto del individuo, sino como una transformación de un estado a otro que suele traducirse en un aumento del poder de su agencia al «trascender» el mundo biológico. [76]

Y en cuanto se establece esa creencia, la teología surge de forma natural. Pettit también afirma que la tendencia natural de los homínidos a imbuir de significado los patrones naturales, combinada con su convicción de que la muerte no es el final, propició que fuera natural creer en dioses, espíritus y en explicaciones sobrenaturales del universo. [77] Los dioses no eran criaturas del maíz, del cultivo y de la jerarquía neolítica: estaban allí, en las cuevas; eran los jefes de las tierras de la Gran Mente, que era hacia donde se dirigían los seres queridos muertos, bien cargados de bienes funerarios, en cuanto escapaban de sus cráneos.

La revolución religiosa (o, si se quiere, la revolución numinosa) fue a la vez resultado y causa de la simbolización. Paul Pettitt escribió: «¿Qué son los muertos, sino símbolos? ¿Símbolos de vidas vividas, de vínculos pasados y de desprendimiento definitivo, de bagaje social acumulado y de agencia expresada a través del arte material, la memoria grupal y la conmemoración?» [78] Bueno, sí. Estoy seguro de que todo esto es cierto. Pero el olor a alquitrán de hulla es cada vez más fuerte. Si tan simbólico es, ¿por qué me está quemando la nariz? Y sí, sé que la histeria produce debilidades físicas reales.

Una de las metáforas más conocidas de la relación entre la mente y el cerebro es la radio. El cerebro, siguiendo la metáfora, sintoniza con la mente universal.

Uno de los escépticos más conocidos de los Estados Unidos es Michael Shermer. Es el editor de la revista *Skeptic Magazine* y ha dedicado toda su vida a desenmascarar las afirmaciones fraudulentas, ingenuas y no investigadas de sucesos sobrenaturales. Es un hombre honesto, y su honestidad le obligó a contar que el día de su boda, una radio que llevaba mucho tiempo estropeada, de repente cobró vida y empezó a emitir una melodía que convenció a su prometida, Jennifer (que Shermer insiste en que es tan escéptica como él) de que su abuelo estaba intentando comunicarse con ella. [79] «Nos quedamos sentados en silencio durante varios minutos», escribe Shermer. «"Mi abuelo está aquí con nosotros" —dijo Jennifer con lágrimas en los ojos—. "No estoy sola"». Llegó a la conclusión de que la música era el «sello de aprobación» de su abuelo. El propio Shermer admite que aquella experiencia «me trastornó e hizo temblar los cimientos de mi escepticismo».

Cuando mi hermana y yo entramos juntos en la habitación donde había fallecido mi padre varios meses después de su muerte, se encendió una radio sin pilas. Nos lo tomamos como una señal de su presencia: «Estoy aquí». Tal vez solo fuera una radio extraña.

Es bien triste que los muertos modernos tengan que utilizar radios. Si tuviéramos un cerebro similar al de los humanos del Paleolítico superior, no tendrían que hacerlo. Por aquel entonces, los cerebros vivos eran más parecidos a las radios. Todo aquel que hubiera clavado una lanza en un rinoceronte lanudo era una radio; recibía la señal de los muertos y podía transmitirles la suya.

* * *

Nos hemos trasladado un poco más hacia el oeste, a otra cueva. Esta no tiene nada de votivo, excepto por el hecho de que todo lo que hacen los humanos es necesariamente votivo. [80]

Esta cueva, incluso con la marea baja, está a unos pocos metros del mar. Con la marea alta tendríamos que salir nadando de allí, por lo que antes de poder llevar a los niños he tenido que explicar a mi prudente esposa unos intrincados cálculos para demostrarle que incluso durante las mareas más altas de primavera la cabeza nos quedará siempre por encima del nivel del agua.

La cueva está al pie de una larga y empinada colina que desciende del páramo. Allí arriba, en la cima, los esmerejones matan bisbitas, y las alondras consiguen elevarse directamente desde el suelo como si un titiritero tirara de ellas con un hilo, emitiendo un continuo sonido plateado con sus gargantas.

Los cucos acaban de aterrizar. Se han posado sobre los árboles que hay al borde del desfiladero, preguntando en voz alta quién más ha logrado hacer el viaje a través del Sáhara y del Mediterráneo este año, mientras buscan con la mirada dónde anidan las bisbitas.

En el bosque bajo el páramo (el bosque que cuelga como unos flecos sobre la parte superior de nuestra cueva) los busardos ratoneros chillan, los cuervos graznan, los zorros aúllan y las plantas también, y además rechinan, cacarean y cecean, mientras llaman a las abejas y se llaman entre ellas. El camino que baja desde la carretera está lleno de marcas de pezuñas de ciervos rojos que vienen para escapar de los sabuesos que los persiguen por el páramo desde agosto hasta Semana Santa. Noto que me siguen con la mirada mientras arrastro nuestros bártulos colina abajo: ojos grandes y marrones, tal y como los dibujan los caricaturistas, pero con un cúmulo de moscas en las esquinas que parecen verrugas.

Nunca tropezarías con nuestra cueva por casualidad, incluso aunque te molestases en zigzaguear hasta romperte los tobillos por el bosque y llegar a la antipática playa con rocas que han sido seleccionadas durante milenios para que fueran del peor tamaño posible para los pies humanos. Está mucho más alejada de lo que nadie querría ir. Pero si la encontraras, lo primero que verías sería la boca de una rana haciendo pucheros en dirección a Gales, y dentro, una plataforma donde hacemos fuego, y más adentro, un nido de algas donde dormimos todos juntos acurrucados, eructándonos lapas y mejillones unos encima de otros, y escuchando el arrastre y la succión del mar salado y marrón.

Las primeras luces del amanecer iluminan a una marsopa en el techo, o quizá sea un delfín. Tiene la cola alzada, como si intentara zambullirse para alejarse del sol, y se intuye que lleva un pez entre sus fauces. Al cabo de una hora el pez ha sido engullido y la marsopa ha desaparecido bajo la superficie de la roca a media mañana.

Llevamos el mismo horario que los ostreros. Cuando la marea está alta, esperamos sentados en una roca, mirando las olas, preguntándonos cómo se habrá originado cada una; ¿Por el impacto de la aleta caudal de una ballena jorobada en algún lugar de Brasil? ¿Por un trozo de hielo que cayó en la bahía de Baffin lleno de focas deslizándose? ¿Por la hélice de un carguero que transportaba aceite de palma desde Panamá? Una vez que decidimos de dónde procede la ola, hilamos una historia sobre lo que debe haber visto y oído por el camino. Una pelea de amantes entre el oficial y el maquinista del carguero que termina con un apuñalamiento operístico junto al bote salvavidas. O un inuit lanzando un arpón desde su kayak de piel a una de las focas de Baffin herida tras deslizarse por el hielo caído. O un gran pájaro blanco siguiendo a la ballena jorobada por el Atlántico durante veinte años sin ningún motivo concreto que ni siquiera sabría explicar aunque hablase.

Cuando la marea se retira bajamos de las rocas, tomamos nuestras bolsas y caminamos por el fondo marino desenterrando mejillones, haciendo palanca para arrancar lapas, tirando de manojos viscosos de algas que se convierten en abono en tu puño si no vas con cuidado, levantando piedras y agarrando los pequeños cangrejos verdes de la orilla cuando se escabullen en busca de refugio, cortando cintas del alga llamada «cinturón de mar» con un cuchillo de sílex y rastrillando las llanuras arenosas en busca de gambas con una red muy poco paleolítica hecha con las medias de Mary. Al cabo de un rato, el mar nos empuja de nuevo hacia la orilla y llega la hora de buscar hinojo marino, rábano de mar (horrible), apio caballar (decente) y remolacha marina (espléndida).

Luego volvemos a la cueva. A estas horas, la marsopa ya se ha sumergido. Removemos, agitamos y soplamos hasta revivir el fuego. Le encantan las algas rígidas y la puerta de una vieja bodega, y tiene destellos de color violeta intenso y naranja terroso debido a las sales y a los metales del océano.

Conseguimos que el marisco se abra poniéndolo sobre una roca caliente, matamos a los cangrejos con una astilla de sílex, aturdimos las gambas con una piedra, sacamos al marisco de su caparazón con la valva de un mejillón y lo metemos todo en una olla con agua de mar. Ni que decir tiene que eso no es muy riguroso; no había ollas en el Paleolítico superior. Tratamos de cocinar con una piel de ciervo colgada en un trípode de ramas de haya. Funcionó bastante bien, pero nos dio pereza seguir cocinando así.

Pronto tenemos listo un guiso marítimo plagado de patas, pinzas y antenas, algas, pegajoso, gomoso, fibroso, peludo y fangoso. Comerlo es un poco como morder la nalga de un jugador de rugby durante la segunda parte del partido.

Luego dormitamos, reflexionamos, nadamos, imitamos a los pájaros, observamos los barcos, raspamos pieles, trenzamos sedales de fibra de ortiga, tallamos ganchos de hueso de conejo, maldecimos los aviones, trazamos los movimientos de las piedras que habíamos dejado expresamente para ver cómo las olas moldean la orilla. Más tarde el mar se retrae nuevamente hasta el canal, y entonces vuelve a llegar el momento de peinar las pozas de marea.

Por la noche, puede que la hoguera haga salir a uno de los pájaros que anidan en la pared: un pájaro cruel, de pico ganchudo y cola bifurcada, que incluso flexiona las alas si las llamas son lo bastante altas. Pero, por lo general, solo vemos cosas pequeñas, amorfas y rastreras que no tienen nada de especial, o partes de cosas: una pata junto a una grieta, una cola raquítica y enjuta que desaparece en un nódulo, un hocico que tiembla tras una capa de líquenes.

Me he traído un barril de sidra. Eso tampoco es muy auténtico que digamos. Las manzanas llegaron a estos lares con los romanos, aunque seguramente la elaboración sistemática de cerveza empezó durante el Neolítico. Pero al lado de la gente del Paleolítico superior soy un novato en cuanto a la manipulación de mis estados de conciencia, y no me parece mal pedir un poco de ayuda a esa granja de Mendip de las golondrinas. La otra justificación es la verdad que encierra la locución *in vino veritas*. La sidra elimina todo artificio y reduce la distancia que hay entre mi persona y la otredad que sé que forma parte de mí.

Así que aquí estoy, sentado en la orilla con una taza de hojalata en la mano, mientras Tom bebe agua con aire reprobador y traza mapas en un trozo de piedra caliza. Está tan oscuro como siempre. Miro hacia el mar en busca de algo, escuchando el ruido de los motores marinos, preguntándome cuándo duermen las gaviotas, intentando quitarme de los dientes un hilillo de un pie de lapa, distraído por el aleteo de los murciélagos.

Se oye un ruido en el bosque de detrás; se trata de una rama cayéndose. Me doy la vuelta y allí, durante unos segundos, veo a X con su hijo a su lado haciéndome un gesto amable con la cabeza. Están de pie bajo un árbol (¿alguna vez se sientan o se tumban?), vestidos con ropas voluminosas de piel y botas que les llegan casi hasta las rodillas. Llevan algo grande colgado de la espalda.

Me levanto en silencio. Quiero acercarme a ellos. Al levantarme, aparto la mirada un instante. Cuando vuelvo a girarme hacia ellos han desaparecido, dejando un rastro de aroma de jabón de alquitrán de hulla que sube por la colina hacia la carretera, y un silbido flotando en el aire, que juraría que sale de los labios agrietados del chico: "«La li-li-li, li-li».

* * *

Las semanas se suceden, se echan unas encima de las otras, como las olas cuando sopla un fuerte viento del suroeste en el canal. La mayoría de mis pensamientos son espuma. El ritmo de mi vida y de mi corazón es el latido de las olas, y la ola es el metrónomo de la música de mis sueños. Estamos inmersos en el sonido y el bombeo de este lugar como nunca lo habíamos estado en el bosque de Derbyshire. «El graznido de las gaviotas», escribo en un cuaderno manchado, «es el sonido de la soledad condensada». Menudo sinsentido pretencioso. Aquí no hay soledad.

Tenemos las caras quemadas por el viento y el resplandor, entrecerramos los ojos constantemente, y tenemos la piel irritada por la sal y la tierra que el viento ha arrastrado desde Herefordshire.

Me da miedo irme. Me da un miedo horrible. Hay un autobús que nos llevaría por la carretera de la costa, pero a mí me parece la muerte. Aquí en la costa somos felices con los simpáticos muertos caminando junto a nosotros en busca de langostas y la pared de la cueva convertida en una alborotada colección de animales, y utilizamos palabras como «yo» y «tú» con más confianza y delicadeza que nunca. No hay ningún espíritu de zorro. Pero parece ser que no lo necesito.

Los jacintos de los bosques están mustios y descoloridos. Han pasado seis semanas desde que los espinos emitieron olor a sexo (que a nivel químico, si no metafísico, es el mismo olor que el de carne animal en descomposición) por las carreteras de Devon. Mientras subimos la colina en dirección a la carretera, el vaivén de las olas sigue resonando en mi cabeza hasta mucho después que mis oídos lo oigan. Sin embargo, para cuando llegamos al área de descanso ya se ha desvanecido, y solo se oyen el ruido y el rugido de los coches, y el canto de los bisbitas esforzándose por alimentar a los polluelos del cuco.

Verano

«Richard Lee calculó que a un niño bosquimano lo
transportarán a lo largo de una distancia de 7.900
kilómetros antes de que empiece a caminar por sus propios
medios. Puesto que, durante esta etapa rítmica, nombrará
constantemente el contenido de su territorio, será imposible
que no se convierta en poeta».

BRUCE CHATWIN, *Los trazos de la canción*. [81]

Esto, suelo pensar, es para lo que ha servido el invierno. Es por esto que ha valido la pena resistir en la oscuridad. Es ahora cuando hay que vivir las historias forjadas en el fuego y el frío.

Mi problema, como ya he admitido, es que no tengo historias, o por lo menos ninguna que pueda hacer justicia al esplendor del alto páramo o del desfiladero profundo, a una sola ola en la arena, al graznido del arao común, al sabor de la acedera... y mucho menos a la risa de un niño.

Parece que los humanos del Paleolítico superior resolvieron este problema: encontraron la manera de ser el arao, de vivir en la ola. Estoy helado en la intemperie aunque el sol está brillando sobre el páramo, aunque todas las olas están llenas de arena que debería rasparme el caparazón al sumergirme, y aunque los niños se están riendo a carcajadas y se están dando golpes con palos.

He vuelto a ir al oeste. Más al oeste esta vez, al lugar donde los setos de haya son más altos que las casas, donde los cuervos son gordos y lustrosos gracias a las entrañas de oveja, donde los salmones se deslizan furtivamente en pozas (aunque normalmente hacen falta piernas para deslizarse furtivamente); donde si respiras por la boca al atardecer inhalas un enorme e intrincado ballet de insectos; donde las nutrias serpentean entre el perifollo verde y flotan por el río; donde las bandadas de alcas se elevan por encima de las crestas de las olas con el pico repleto de lanzones; donde los polluelos de cuco pesan cinco veces más que sus padres adoptivos; donde las gaviotas se alimentan de helados y de sus propias crías, y están siempre inmaculadas, con esos fríos ojos azules; donde los ciervos rojos agachan la cabeza para no engancharse los cuernos en los árboles que se talaron hace seiscientos años y huyen de los lobos que fueron cazados hasta la extinción hace quinientos años.

Me preocupa, sin embargo, que decidir estar aquí signifique que he vuelto a traicionar al norte, así que me he traído conmigo las hojas y las piñas que mi padre me envió hace tantos años dentro de un táper que guardo al fondo de la mochila.

Empezamos el verano regresando al bosque de Derbyshire. No encontramos muros de niebla ni colinas palpitantes. Solo espinos acalorados, ovejas lánguidas y un buen alijo de agujas hipodérmicas usadas en nuestro refugio de invierno. Entiendo por qué están ahí. Es un muy buen lugar para alterarse la conciencia a base de opiáceos, cosa que nosotros también quisimos hacer pero por motivos bastante diferentes.

La falta de historias del invierno y la primavera de Derbyshire me había desilusionado. Sí, el bosque y el páramo habían sido frecuentados por personas, y las personas son historias, y las historias crecen como hongos en la tierra, [82] pero para mí las personas y la tierra (y, por ende, las historias) resultan inaudibles, a menos que me consiga un buen par de orejas. Y eso no ocurrirá a menos que tenga una historia propia; y eso depende de que tenga un «yo» del que valga la pena hablar.

Mi padre, y X y su hijo, ahora guardan silencio. Pero en vida nunca habían estado callados. Como mucho, mi padre intenta decir algo al mediodía, pero termina resoplando, sin aliento y frustrado. Habría sido de gran ayuda que hubiera secado su laringe al sol y la hubiera convertido en una caja de medicinas, como seguro que hizo X con su padre.

Así que volvemos durante un tiempo a la cueva marina de la primavera y nos erguimos orgullosos en el basurero de caracolas que dejamos allí. Seguro que los futuros arqueólogos nos calificarán de enérgicos y exitosos. Nos pasamos un par de días atando palos para construir una balsa rudimentaria, utilizando tablones de madera a la deriva como remos. Tal y como era de esperar, se nos hunde en el viaje inaugural; o, más bien, se convierte en una especie de submarino, flotando medio metro bajo la superficie antes de inundarse e irse al fondo.

Los primeros navegantes de los que tenemos constancia lo hicieron bastante mejor. Los marineros *Homo erectus* se las arreglaron para ir de Lombok a Bali hace más de 850.000 años, y en el Paleolítico medio, hace unos 60.000 años, unos cuantos humanos cruzaron (presuntamente) en balsa el mar de Timor y colonizaron Australia.

—No es justo compararnos con ellos —dijo Tom—. Tenían bambú.

También tenían muchas cualidades personales que nosotros no tenemos, como por ejemplo la capacidad de tejer velas con juncos, de atar palos con cuerdas hechas con fibras vegetales para formar una cubierta tan plana como una mesa de billar, y de oler la tierra a miles de kilómetros de distancia. Pero tenían otra cualidad sumamente importante, mucho más importante que saber atar nudos o poner betún; la capacidad de saber cuándo un lugar quiere que te marches.

Eso era precisamente lo que estaba haciendo la cueva marina de la playa en aquel momento, pero tardamos mucho en darnos cuenta. Nuestra balsa se hundió no solo porque fuéramos pésimos constructores de barcas, sino también porque se suponía que deberíamos estar en otro lugar. No deberíamos haber vuelto aquí, o por lo menos no hasta dentro de un año. Habíamos sido demasiado felices viviendo aquí en primavera. Pero era nuestro destino. Cualquier humano del

Paleolítico lo habría sabido, y además se habría dado cuenta de que ya no se olía ni el más mínimo rastro a alquitrán de hulla.

Al pensar que aquella cueva podría haber sido un hogar y al intentar que lo fuera, podríamos haberla arruinado. Los humanos siempre estropean sus propios nidos. Las personas que son lo bastante sensibles lo saben y siempre siguen adelante. Y los buenos terrenos también lo saben, por eso siempre dicen, con suavidad o severidad, según sea necesario: «Es hora de que te vayas. Es hora de que encuentres tu siguiente lugar».

Volvemos una y otra vez, día tras día, año tras año, a los mismos lugares. Nuestros pies tropiezan exactamente en el mismo lugar en la escalera de la estación de metro que el año pasado por estas fechas. Nos sentamos en el mismo asiento, orinamos en el mismo agujero de cerámica, pulsamos las mismas teclas del ordenador, giramos las mismas manillas, hablamos sobre las mismas cosas en los mismos teléfonos. Los únicos cambios, en general, y la mayoría de las veces, provienen de cosas que lamentamos: el progreso de las enfermedades y los cumpleaños; el nacimiento, el crecimiento y la tosquedad de nuestros hijos. Nos hemos vuelto terriblemente capaces de lidiar con la falta de acontecimientos. Lo deseamos de todo corazón, mente y alma, y hemos erigido elaboradas estructuras financieras y psicológicas para intentar que no ocurra absolutamente nada.

Ningún cazador-recolector se asienta en el mismo lugar dos veces. Sí, es verdad que existen los grandes ciclos estacionales. Sí, es verdad que el clan se reúne en otoño para apalear a los caribúes y copular, y en invierno para contar historias, y que los grupos van al río en primavera para arponear salmones desde las mismas piedras que el año anterior, y que en otoño buscan los arbustos que saben que les llenaran las cestas de bayas, pero eso no tiene nada que ver con pasar durante décadas por la misma puerta de la estación de metro de Bank. Ningún arbusto es el mismo hoy que ayer. Un recolector ya habría recogido las bayas ayer: no tendría sentido que volviera a ir hoy. Aunque los bisontes pasaran cada año por el mismo valle, y aunque los mejores sitios desde donde atacarlos fueran generalmente las mismas rocas, habría que reevaluar el viento a cada segundo, y ningún bisonte en toda la historia del mundo ha tomado exactamente el mismo camino que el ejemplar que estás intentando matar, y ningún otro visón lo tomará nunca, de la misma manera que las hojas que tengo encima de la cabeza nunca han estado orientadas de la misma manera que lo están ahora y nunca volverán a estar exactamente igual. Es por eso que estar al aire libre con todos los sentidos en alerta es mucho más agotador que estar en el interior. Todo, incluido tú (ya que tus células son diferentes de las que te componían hace un momento, por no hablar de tus pensamientos), se renueva a cada milisegundo. Es imposible percibirlo en su totalidad, pero intentarlo resulta excitante y agotador.

Un lugar no es algo estático. Un campo no es un campo no es un campo. Y antes lo sabíamos. La noción de inmovilidad llegó más tarde al pensamiento humano. Los campos, las piedras, los conejos y cualquier lugar donde puedas poner los pies es un proceso. Tal y como dice Iain McGilchrist, no hay cosas.[83] Eso es lo que puede enseñarte una vida definida por la itinerancia.

Pero eso no implica un desprecio ascético por la materia. Y por supuesto tampoco implica que no tenga sentido hablar del yo, o de la perdurabilidad del yo más allá de la muerte. He aquí dos fragmentos de mala antropología, ambos del espléndido libro de Bruce Chatwin titulado *Los trazos de la canción*, en los que, habiendo empezado correctamente, de repente descarrila:

Los bosquimanos, que recorren inmensas distancias por el Kalahari, no imaginan la supervivencia del alma en otro mundo. «Cuando morimos, morimos —dicen—. El viento borra la huella de nuestras pisadas, y ese es nuestro final».

Los pueblos indolentes y sedentarios, como los antiguos egipcios —con su concepto del viaje de ultratumba por el Campo de Cañas— proyectan sobre el otro mundo los viajes que no hicieron en este. [84]

Incluso aunque la afirmación sobre los san del Kalahari fuera un resumen exacto de sus creencias sobre la vida después de la muerte (que no lo es), e incluso aunque fuera cierto que la antigua religión egipcia fuera tan colorida y compleja (que tanto pudo haberlo sido como no), no se puede afirmar que en general los cazadores-recolectores no tuvieran ninguna concepción de la vida después de la muerte. Todo lo contrario. La tenían, y esa concepción determinaba cada uno de sus pasos y su respiración. El más allá se solapa con este mundo. Los difuntos nunca se van del todo. La muerte, tal y como ya hemos visto, aumenta su agencia. Los muertos tienen mucha más capacidad de afectar el mundo material que los humanos corpóreos, si bien es cierto que tienen una naturaleza distinta.

Si tienes un «yo», una conciencia, una mente, que puede perdurar más allá de la muerte, tienes un yo que puede pasearse por los bosques de Derbyshire o de Devon buscando osos o reflexionando sobre lo que eres. Es decir, tienes lo que busco.

Me pregunto si el sentido del yo y el sentido de la inmortalidad personal surgieron a la vez. Si crees lo bastante en el tipo de yo que la relación con los demás te demuestra que tienes, la extinción resulta ridículamente inverosímil. Parece ser, por no decir más, que los indicios de creencia en la inmortalidad personal aparecieron exactamente al mismo tiempo que otros signos de comprensión simbólica, es decir, que otros signos exuberantes de «yoidad». El comportamiento moderno coincide por lo menos con el nacimiento de la vida después de la muerte, aunque ambos no estén causalmente relacionados. Pensemos también en lo que plantean Robin Dunbar y Clive Gamble sobre el ingrediente clave del comportamiento moderno: un mayor grado de intencionalidad/teoría de la mente, cosa que facilita las relaciones y las hace florecer. Si no somos seres activa y clarividentemente relacionales, no somos humanos modernos. Una de las relaciones que nos definen (y que ponen más a prueba nuestra intencionalidad) parece ser la que tenemos con los muertos. De una manera más evidente durante el Neolítico, sin duda, pero también durante el Paleolítico.

Este es el manifiesto. Ser humano: relacionarse (pero no solo con humanos vivos, sino también con muertos y con no humanos). Ser humano: creer que perdurarás. Ser humano: deambular.

La cueva marina de la playa nos ha ayudado en estas tres cuestiones. Tom y yo nos hemos ido uniendo sigilosamente más que nunca. Hemos prescindido de las palabras, pero han tomado el relevo otras formas de comunicación más antiguas y elocuentes. A veces nuestras cabezas se fusionan. Y luego, por supuesto, estaba el jabón de alquitrán y la aparición de X y de su hijo. Y entonces la playa nos dio la espalda amablemente y nos animó a que nos fuéramos, ya que la inmovilidad es la muerte.

Así que aquí estamos; deambulando por el páramo, durmiendo en un vivac de ramas de haya en un rincón de bosque junto a un estanque, viviendo a base de conejos, arándanos y truchas, volviendo de vez en cuando a la casa de campo donde están los demás cuando me siento culpable por ser un padre horrible, y cuando necesito que alguien me alimente con lasaña y compruebe si tengo garrapatas en la espalda.

A menudo los seis miembros de la familia somos como un grupo itinerante, como muchos de los grupos modernos de cazadores-recolectores que aparcan junto a las mesas de pícnic. A veces hay un objetivo específico: armuelle silvestre, argentina o pétalos de rosa silvestre para las ensaladas, o comida regurgitada de búho para diseccionar y así saber qué animales corren de noche por esa zona, o pieles de animales atropellados para hacer un abrigo, o una pluma de cuervo porque nos parece necesaria. Todos somos especialistas natos en explorar un nicho ecológico concreto y, normalmente, cuando deambulamos es precisamente lo que hacemos.

A pesar de nuestra desesperante corrección política, nos dividimos los roles siguiendo las pautas de género tradicionales de manera natural, inamovible y a la antigua. Rachel, de diez años, es una recolectora prolífica; deja los arbustos pelados y arranca todas las hojas. Jonny, de ocho años, se dedica a hacer agujeros y a coleccionar huesos. Jamie, de trece años, tiene un instinto de buitre para localizar carroña. Tom es un generalista incansable, y suele alejarse del grupo principal, normalmente encorvado, a menudo en cuclillas, buscando cosas pequeñas y horizontes, fabricando y probando armas, graznando y silbando. Esos días se los pasa prácticamente enteros canturreando «la li-li-li li-li». Mi esposa, Mary, gracias a Dios, está centrada, al igual que Rachel, en las bayas y las hojas. Y yo, yo sueño despierto inútilmente mientras doy vueltas por el páramo sin estar realmente allí.

El mar es una cacería y aquí todos somos asesinos, ya que hacemos pasar las caballas de un mundo a otro y luego al siguiente, sin piedad porque no tienen párpados para mandarnos señales. La orilla no tiene párpados, y por eso hacemos cosas terribles. Sondeamos las grietas con palos que tienen un gancho en la punta; apaleamos, empalamos y aplastamos. No hay ninguna de las habituales reflexiones instintivas sobre la matanza. Las almas liberadas necesitan ser apaciguadas, lo sabemos, pero es como si diéramos por supuesto que los seres tienen que tener párpados para tener alma. [85]

Eso no quiere decir que seamos crueles: de verdad que no lo somos. Pero una neurona que grita es una neurona que grita, por muy simple que sea el cerebro que procesa el grito y lo convierte en una experiencia.

Todas nuestras sensibilidades, depravaciones y convicciones filosóficas ceden ante el hambre o, para ser más precisos, ante la hoguera de la playa. Ese pescado y ese cangrejo estaban destinados a estar en el fuego, por lo que cualquier inquietud moral sobre cómo han llegado hasta ahí se desvanece. El fuego es el gran reconciliador de personas y argumentos. Nadie mira otra cosa que no sea el fuego cuando está junto a una hoguera.

Las noches son inmensas. El pasado está cerca. Los valles estrechan con fuerza todo lo que ha ocurrido en ellos. X y su hijo ahora suelen pasarse por aquí. Están entrando en calor y estoy empezando a comprender mejor qué nos separa.

Hay dos cuestiones principales. La primera es su vulnerabilidad y, por lo tanto, su dependencia del mundo y de sí mismos. A pesar de todo lo que dije en invierno sobre las contingencias y sobre nuestro constante balanceo al filo de la navaja de la desesperación, la discapacidad y la eternidad, me resulta imposible replicar la constante vulnerabilidad de X. En mi vida también hay lobos, pero no tantos como en la de X. Hay incertidumbres, pero no sobre si voy a morir de hambre. X eligió ser vulnerable. Si se hubiera quedado en Francia no lo habría sido: pero aquí, en el hielo, sí que lo fue. Pero, independientemente de si su vulnerabilidad fue elegida o no, fue real. En mi caso, podría decidir matarme de hambre y explicarte lo que se siente, pero eso no te diría nada sobre lo que se siente al no tener la opción de no morir de hambre. Estaría haciendo teatro, pero no podría interpretar correctamente el papel de X con ningún método de actuación, cosa que resulta muy decepcionante, porque muchas cosas dependen de la vulnerabilidad. Todas nuestras relaciones, ya sea con amantes, con montañas o con trozos de sílex, se basan en la apreciación de nuestra propia vulnerabilidad.

Así que puede que me sea imposible explorar adecuadamente la segunda diferencia principal entre X y yo: la naturaleza del yo. Esta cuestión resulta un poco preocupante a estas alturas del libro, ya que se trata de un libro de viajes que pretende contar precisamente esa exploración. Quizá ni siquiera pueda salir de la puerta.

Pero no estoy dispuesto a rendirme todavía. Recapitulemos. X se encuentra en un momento de la evolución humana en el que irrumpió un nuevo tipo de autopercepción y autocomprensión, que llevaban mucho tiempo gestándose. Se manifestaron en un nuevo sentido simbólico. Es posible que ese sentido encendiera la chispa y, sin duda, la avivara. No era la primera vez que existía la conciencia, ni mucho menos. Pero la nueva conciencia humana podría haber sido de un tipo diferente a cualquier otra que hubiera existido previamente; o quizás hasta cierto punto fuera tan diferente a todo lo que había existido previamente que parecía algo de naturaleza distinta; o (mi opción preferida) quizá se expresara a sí misma tan bien que parecía de un tipo y de un nivel diferente a cualquier cosa que hubiera existido previamente.

Sin embargo, parece sensato suponer que esta revolución no cambió de la noche a la mañana todas las antiguas maneras de relacionarse con el mundo y con uno mismo. Incluso hoy, unos 40.000 años después, esas viejas costumbres no han desaparecido demasiado. Siguen estando al alcance de nuestra mano, aunque tengamos que embarcarnos en la búsqueda de visión o tumbarnos en el diván de un psicoanalista, o intentar comunicarnos a distancia con un perro, o engatusar a los pájaros para que bajen de los árboles, o leer los pensamientos inconscientes de un niño dormido, un padre demente o un paciente en coma.

Este verano estoy procurando recuperar las viejas costumbres haciendo un ayuno de símbolos. La idea es que si consigo dejar de lado los símbolos, podré tener un contacto directo y sin intermediarios con todo lo que me rodea. Así es como se supone que era todo antes de la revolución del simbolismo, y así es como siguió siendo durante mucho tiempo después.

Al igual que con el ayuno físico, es más fácil si se hace de manera progresiva. Un día sin textos. Una semana sin arte humano. Una mañana sin hablar. Luego, poco a poco, prohibir la lectura y las imágenes no naturales durante más tiempo, retraerme durante períodos más largos en el silencio y alargar mi práctica habitual de meditación, en la que observo y siento la respiración que disminuye y fluye, y contemplo cómo pasan los pensamientos pasajeros con creciente apatía. La apatía no crece lo bastante rápido para mi gusto, y empiezo a tomar cada uno de mis pensamientos haciendo pinza entre el índice y el pulgar, como si estuviera tomando una bolsa de plástico con caca de perro, y lo saco fuera de mi cráneo. Al principio mis pensamientos se toman este proceso como un reto y redoblan sus esfuerzos, pero al cabo de un tiempo empiezan a cansarse.

Cualquiera que me observase vería a un hombre de mediana edad con una barba como el culo de un tejón vestido con un viejo jersey de marinero, unos vaqueros manchados de barro y un gorro de lana, sentado con las piernas cruzadas y los ojos cerrados sobre una roca cubierta de cagarrutas de cuervo, como si estuviera intentando incubar un huevo.

Pero lo más probable es que nadie me esté observando. La roca está bastante escondida en una fortaleza de helechos jóvenes. Cuando abro los ojos, veo el mar. Está lo bastante cerca como para ver las crestas blancas si hace viento, pero demasiado lejos como para poder oírlo. Las ciervas rojas suelen alimentarse en los límites del bosque, que parece brócoli hervido debido al arroyo. No hay nada que las atraiga hacia el helecho, pero de todos modos nunca me olerían desde aquí. Detrás de mí, bajo la cresta de la colina, hay un pequeño grupo de menhires. Al cabo de un rato empiezan a parecerme descarados y chillones, y me molestan. Es como si hubieran construido un centro comercial aquí arriba.

Lo que estoy intentando lograr no tiene nada de original. Se trata de la búsqueda milenaria del contacto con la realidad, pero un tipo de contacto que no esté procesado por el lenguaje, los sacerdotes, los sistemas de pensamiento, las imágenes, las presunciones, los patrones, las vanidades, las reglas o las instituciones. Es una idea bien sencilla. Se trata simplemente de hacer lo que todos los niños pequeños hacen constantemente hasta que los echamos a perder. Las dimensiones del daño que hacemos a nuestros hijos se mide con las dificultades que tienen como adultos para poder experimentar directamente cualquier cosa, incluso aunque sea durante una fracción de segundo.

La literatura más conocida que hace referencia a esta búsqueda es la literatura religiosa que repudia la religión y se muestra escéptica sobre el valor de la literatura: la literatura mística de todas las culturas que han existido y la literatura romántica occidental que surgió como reacción a los monopolios de la religión establecida, que ha vuelto a resurgir como reacción a los monopolios del materialismo. Gran parte de todo esto pone en tela de juicio la utilidad de los distintos modos de conocimiento no experienciales y, en particular, los modos mediados por el lenguaje. «El Tao que puede ser expresado con palabras», [86] dijo Lao Tzu, «no es el Tao eterno». La apreciación, no la comprensión, es la única epistemología verdadera. Solo podemos conocer algo si la visión que tenemos de ello está a la sombra de la nube del desconocimiento. San Pablo no se convirtió porque lo hubiera convencido un conjunto de proposiciones, sino al ser tirado al suelo durante un encuentro inesperado. [87] La mayoría de las religiones (en las que se enmarcan los místicos) en el fondo son una llamada a un nuevo tipo de epistemología y a un nuevo despertar.

El mundo no occidental no se ha divorciado tanto de la experiencia directa como Occidente, y nunca ha denigrado sistemáticamente la experiencia directa tal y como lo ha hecho Occidente, ya que le teme. Es más fácil saber cómo era un cazador-recolector del Paleolítico superior sentándose en un ashram de Shiva en el sur de la India que sentándose en una iglesia calvinista de Kentucky o (su equivalente cognitivo) en una oficina de Wall Street.

Sí que es factible que los adultos lleguen a conocer algo experimentalmente a través de su propio esfuerzo, aunque es muy difícil. [88] Normalmente se necesitan años de estar sentados en una sala de meditación, aprendiendo a observar y a sentir la propia respiración, y así habitar en tu propio pecho. La mayoría de nosotros moriremos sin haber experimentado nada en absoluto. Y a los occidentales que realmente consiguen experimentar algo, normalmente se les atraviesa en la garganta en una epifanía dolorosa pero misericordiosa; tienen que arrastrarlos pateando y gritando fuera de la biblioteca, de su lugar de trabajo y de su ordenado conjunto de algoritmos reconfortantes.

Según Andrew Harvey, así es como puede ocurrir:

Escuché y estudié mucho pero entendí poco; mi mente se había endurecido debido a los años de formación demasiado escrupulosa en el escepticismo y la ironía de Oxford. Tomé notas «académicas» en una serie de cuadernos negros con letra diminuta, como si todavía estuviera en la Biblioteca Bodleian de Oxford escribiendo una «tesis» sobre «religión»: Me río a carcajadas cuando leo estas notas ahora; apestan a miedo y a petulancia incómoda.

Pero entonces, gracias a Dios, mi mente y mi corazón quedaron abiertos para siempre gracias a una serie de experiencias místicas directas que alteraron definitivamente mi percepción del universo y me obligaron a convertirme en un buscador.[89]

Estas experiencias incluyeron una sensación del momento de su propia encarnación, un encuentro en una playa con un bello ser andrógino que resultó ser él mismo y, en una ocasión, mientras caminaba por la orilla del mar, se le abrió la mente «como si fuera un coco arrojado contra una pared», porque vio los barcos y la playa brillando con una luz resplandeciente, y las olas «cantando "om" mientras chocaban sin parar».

«La li-li-li, li-li», silba Tom.

Puede que sea necesario experimentar algo así antes de poder entender el Paleolítico superior. He hecho mi propio aprendizaje en llanuras de arena ardiente, en zanjas, en casas en los árboles, en barcos que se balancean entre islas tropicales, en casas ocupadas en el centro de una ciudad, en ashrams de la selva donde las cigarras cantan al ritmo de los mantras, y en laderas donde la soledad se convirtió en el cuchillo que me abrió la parte superior de la cabeza, como cuando se abre un huevo hervido, y la desolación en la cuchara que fue sacando mi mente y untándola en las laderas de piedra que había a kilómetros a la redonda.

No estoy sugiriendo que los humanos del Paleolítico superior deambularan por la tundra sonriendo beatíficamente, ebrios de epifanía. Era la Edad de Piedra, no la Edad de Hierba.[90] Pero no es descabellado pensar que, aunque hubiera un «yo» y un «tú», la identidad del Paleolítico superior fuera menos discreta: la mente, aunque personal, estaba más distribuida; los límites, aunque reales, permitían una mayor difusión; la persona era vista como un nexo, no como un punto. Y eran darwinianos por instinto, conscientes de que el mundo no humano era primo hermano del nuestro; reconocían la naturaleza ecológica y cíclica de los seres humanos, con todo lo que ello significa para la responsabilidad humana. Los humanos se comían a los animales; los animales se comían a los humanos; los humanos se comían a los animales; y así por los siglos de los siglos, con la participación esporádica de las plantas en el ciclo. Estamos todos juntos en esto. Es difícil determinar dónde terminan los humanos y dónde empiezan los uros, o dónde termino yo y dónde empiezas tú. Esto se desprende de todo lo que sabemos sobre la mente del Paleolítico superior y, aunque debemos ser cautos a la hora de establecer paralelismos entre el Paleolítico superior y los cazadores-recolectores más modernos (la antropología no es arqueología), todavía resuenan algunos ecos en la ontología de algunas comunidades indígenas modernas. [91]

El chamanismo, uno de los rasgos más destacados de la sociedad del Paleolítico superior, construyó puentes entre personas y dominios. Es cierto que no todo el mundo era chamán, y no me cabe duda de que algunos chamanes adoptaran posturas de sumo sacerdote, pero todo el mundo se beneficiaba de la ingeniería chamánica y de los viajes. Los chamanes abrieron ventanas a otros mundos, y todos pudieron respirar el aire del más allá.

Hay muchas voces a las que escuchar mientras me siento en mi roca. Hay muchos tutores sabios. Alguien determinó que un tramo de 90 metros de seto en Devon alberga 2.070 especies, [92] aunque seguramente este cálculo no incluyera bacterias, protozoos ni otros organismos microscópicos. Eso son 2.070 dialectos diferentes. Porque, sí, las plantas también tienen vida acústica. [93] Algunas plantas producen un néctar más dulce en respuesta a los sonidos de los polinizadores, utilizando sus flores a modo de orejas para canalizar los sonidos hacia su interior; las raíces se mueven en dirección a las vibraciones acústicas del agua; las burbujas del xilema estallan; y las plantas emiten señales ultrasónicas que pueden ser captadas por animales y otras plantas. Esas señales ultrasónicas difieren en plantas estresadas y no estresadas: se puede enseñar a un ordenador a detectar la diferencia.

No somos conscientes de ser conscientes de estos sonidos, pero tampoco somos conscientes de la mayoría de las señales que recibimos. Solo somos conscientes de una pequeña fracción de la información que nos pasamos entre humanos. La mayor parte de la información se transmite sin que la capte nuestro radar consciente en forma de lenguaje corporal, feromonas y probablemente otros métodos que se agrupan despectivamente bajo la etiqueta de «telepatía» o «mera intuición». Sabemos de sobra (todos lo hemos experimentado y, además, ha sido objeto de muchas investigaciones sistemáticas) que estar al aire libre en un espacio verde afecta a nuestro estado de ánimo.[94] Los «baños de bosque» son buenos para la salud. ¿Es realmente tan psicótico pensar que entre las fuerzas que nos levantan el ánimo puedan estar los susurros emolientes y tal vez francamente poéticos de las plantas? Y, si eso es cierto, ¿tan ridículo es pensar que un cerebro humano ordenado, menos seducido por el poderoso encargado de relaciones públicas de la máquina cognitiva, podría verse todavía más afectado por estas y otras voces? No lo sé, por supuesto, y no conviene ser demasiado vacuo en estas cosas, pero ¿por qué no?

No puedo fingir que las plantas parlotean alegremente conmigo. Pero sí que oigo los cambios de humor de los mosquiteros musicales, los cuervos, los perros, los trabajadores agrícolas y el mar. Porque aunque para mí el mar siempre ha sido inaudible desde aquí, ahora sí que lo oigo. Tal vez un músculo de mi oído interno, que se tensó hace tiempo para protegerme de la avalancha de sonidos industriales que son el telón de fondo de la vida, se haya relajado, dejando pasar sonidos más sutiles. Pero sea como fuere, se oye un débil ceceo un semitono por debajo de la brisa nocturna en el haya encima de mi vivac; el ceceo de las piedras que ruedan y la arena que se desliza.

No quiero dar la impresión de que aquí fuera todo gira en torno a la contemplación. De hecho, es una vida terriblemente ajetreada y muy exigente desde el punto de vista cognitivo. Tengo que estar encontrando constantemente soluciones a problemas que, si no pudiera volver corriendo a la cabaña, serían cuestión de vida o muerte. ¿Qué puedo hacer para que esta agua verde quede limpia? ¿Se secarán esas tiras de carne de conejo, o simplemente se pudrirán? ¿Se acerca una tormenta desde Ilfracombe? ¿Debería construir un muro lateral para el refugio? ¿Es hora de trasladarse al siguiente valle? ¿Esa raíz es venenosa? ¿Todos los fantasmas son amistosos? Si golpeo con el sílex justo encima de ese bulbo, ¿lo destrozaré por completo? Las serpientes del sueño de anoche, ¿fueron causadas por el liquen de la corteza de árbol que estaba quemando en la hoguera? ¿Los de la granja de abajo ven el fuego? ¿Podría ir flotando hasta el mar sin ser visto? ¿Cuántas truchas pequeñas de río son suficientes?

Debido a nuestro racismo instintivo, tendemos a pensar que los cazadores-recolectores son gente sencilla. Pero nada más lejos de la verdad. La vida de los cazadores-recolectores exige una gama de habilidades mucho más amplia que la nuestra. Una cirujana ortopédica moderna prototípica puede llegar a dedicar el 75 % de su jornada laboral a reemplazar caderas. Y, además, tiene que dictar informes, aconsejar a los pacientes, hacer cuatro gestiones e ir y volver de su trabajo en coche. Esa sería una vida asfixiantemente simple para un cazador-recolector. Ser superespecialista es fácil y aburrido. Ser generalista es difícil e interesante.

Esto no se trata de nobleza salvaje, sino de innobleza ortopédico-quirúrgica.

* * *

El ayuno de símbolos funciona, pero hasta cierto punto. Parte de nuestra legendaria plasticidad humana permite que podamos olvidar rápidamente, pero también aprendemos a la misma velocidad.

* * *

No puedo mantener el ayuno cuando vuelvo con la familia. Lo he intentado. Como mucho aguanto veinte minutos. No es porque mis hijos me presionen para que les lea cuentos antes de ir a dormir (aunque me alegro de ello), ni porque me seduzcan las estanterías (aunque sea cierto), ni porque tenga la tentación de ir ladrando instrucciones (cosa que no hago), sino porque aquí, en el hogar, están los únicos problemas y dilemas que importan, y la única manera que tengo de afrontarlos que realmente entiendo y en la que confío es planificando: fabricando mundos hipotéticos y probando en ellos diversas soluciones hipotéticas hasta dar con una que funcione. Hace una hora vivía en un bosque real. Ahora vivo en un mundo artificial: uno que en realidad ahora no existe, y que probablemente no existirá nunca. «Danos hoy el pan de cada día». Eso no me basta. En todo caso, no tengo la fe necesaria para vivir así. Es una falta de fe basada en un exceso de confianza en la abstracción.

* * *

X suele estar por ahí siempre que salgo solo. Nunca le he visto bien la cara, pero sé que es de piel oscura. Eso no debería ser una sorpresa, pero lo es. De hecho, los humanos de piel oscura que cruzaron de África a Europa hace unos 45.000 años [95] siguieron siendo de piel oscura en Europa occidental, según los análisis de ADN, hasta hace unos 8.500 años. Me pregunto si consigue producir suficiente vitamina D con nuestra luz anémica, pero entonces recuerdo que está muerto y que, por lo tanto, no debo preocuparme.

Esto me lleva a preguntarme qué tipo de entidad es. Supongo que hay muchas posibilidades. Han sido muy discutidas por los místicos a lo largo de los milenios. El sánscrito, como es de esperar, tiene una taxonomía especialmente sofisticada. Además del cuerpo físico, compuesto de carne y que come alimentos, también tenemos un cuerpo energético, un cuerpo astral y un cuerpo infinito. Los cuerpos no físicos son multidimensionales (quizás en el sentido matemático de la palabra), por lo que no cabe esperar que estén limitados por nuestras dimensiones convencionales de espacio y tiempo.[96]

La desintegración del cerebro físico de X y el hecho de que hayan pasado 40.000 años solo significan que estoy loco por estar viéndolo en el Devon del siglo XXI si es que hubiera algún motivo de peso para suponer que los fenómenos cuánticos solo se aplican al nivel de las partículas elementales[97] y para nada al nivel de los cuerpos compuestos por un cúmulo de esas partículas.

No podemos saber con certeza si las llanuras heladas del Paleolítico superior estaban acechadas por humanos con cuerpos no físicos. Pero sí podemos afirmar que se necesitaban diferentes tipos de cuerpos para que los chamanes pudieran operar eficazmente en mundos contiguos al nuestro. Por lo general, esos otros cuerpos eran los de los animales no humanos, y hay algunas evidencias (los cuerpos en proceso de pasar por las paredes de las cuevas representados en algunas de las obras de arte en sus paredes, y la ausencia de una línea que simule el suelo sobre el que los animales corrían, cosa que les confiere una apariencia flotante) que indican que los cuerpos no se comportaban exactamente de la misma manera en esos mundos que en el nuestro. En realidad, no hay tantas diferencias entre las cuevas de Lascaux y los textos de los Vedas. En realidad los humanos del Paleolítico superior no llevaban capas de piel de caballo, sino túnicas de azafrán.

* * *

Tom se niega rotundamente a ir a uno de los retiros de iniciación en el que me gustaría que participara.

Mi entusiasmo no tiene nada que ver con mi experimento con el estilo de vida de los cazadores-recolectores, aunque los rituales de búsqueda de visión son muy comunes en las comunidades de cazadores-recolectores. Está más bien relacionado con la convicción que tengo desde hace mucho tiempo de que los postes de kilometraje son importantes: no se puede cruzar correctamente sin tener ritos.

Lo que tengo en mente es un ayuno de cuatro días en Dartmoor bajo la supervisión a distancia de un amigo sabio y amable. Eso es todo. Y ya veríamos lo que ocurre.

Lo más probable es que pase tres días de exploración cada vez más dolorosa a medida que la soledad, el miedo y la desorientación vayan eliminando la mugre de la presunción y la ilusión, y luego, si tiene suerte, tenga un día mucho más doloroso, seguido de toda una vida de equilibrio, confianza y humildad.

En las búsquedas de visión tradicionales, los participantes suelen conocer a un animal espiritual, aunque en Dartmoor hay las mismas probabilidades de que ocurra como de que no ocurra. Desde luego mi amigo no sugerirá que puede ocurrir, y mucho menos que debe ocurrir. Lo más probable es que se produzca un animismo progresivo; que reconozcamos que todo lo que nos rodea tiene vida, incluyendo fundamentalmente al propio Tom.

Los ritos de paso son inevitables. Me gustaría que el de Tom fuera significativo. Hoy en día, el rito más habitual de la mayoría de edad, en el mejor de los casos, consiste en darles un nuevo iPhone para sustituir el que llevan utilizando durante años. Seguro que en Dartmoor podemos hacer algo mejor. Los cristianos evangélicos hablan del matrimonio como una salida (del hogar familiar) y una adhesión (al cónyuge). La tecnología consigue ambas cosas de forma muy eficaz; desvía toda la atención que el niño pueda prestar a su hogar y lo ata inamoviblemente a ella.

Mi rito de separación consistió en abandonar el Sinaí para ir a aquella burda escuela. Ciertamente experimenté la parte de la salida, pero no me adherí a la cosa o al lugar o al *ethos* del lugar adonde fui. De haberlo hecho, hubiera acabado echándome a perder, igual que les ocurre en cierta medida a la mayoría de los niños que pasan por los internados ingleses. Siguiendo el pacto fáustico que ha sido el principal resorte de la vida institucional británica durante dos siglos, me hubieran prestado la autoridad y la confianza espurias tan queridas por los votantes británicos a cambio de mi alma.

Es mucho mejor irse de casa durante cuatro días, adherirse a uno mismo y al mundo con alma de un páramo de Devon, y luego regresar a casa o irse, pero en cualquier caso convertido en un aristócrata ontológico que odiará ponerse corbata para siempre.

Mientras estoy sumido en estas cavilaciones, tumbado solo junto a la hoguera y chupando una pata de conejo, me doy cuenta de que últimamente X también está solo. Su hijo no está con él.

Entro en pánico, como si hubiera perdido a mi propio hijo. Tal vez sea así. Rebusco en mi memoria. ¿Cuándo fue la última vez que vi al hijo? Cuando Tom estuvo conmigo por última vez. ¿Alguna vez he visto al hijo cuando Tom no estaba presente? No, nunca.

No sé qué sacar de esas reflexiones.

«La li-li-li, li-li».

* * *

Me despierto una mañana, con el sol dándome en la cara, la madera humeando a mi alrededor, y digo en voz alta, con gran angustia: «¡Vasijas!». Aprendo muy despacio y hasta ahora no lo había entendido.

En el Paleolítico superior no tenían cerámica. Y no era porque no tuvieran la tecnología adecuada; sí que la tenían. Sabemos que durante el Paleolítico superior había hornos en lo que hoy es la República Checa, por ejemplo, pero no los utilizaban para fabricar vasijas, sino para cocer figuritas y bolitas de arcilla.[98]

Bueno, por supuesto que no tenían vasijas. Las vasijas pesan. Si uno de los elementos que limita el tamaño de tu familia es la capacidad que tienes para arrastrar niños pequeños a través del permafrost, es poco probable que además cargues con una vajilla. Me pongo a pensar avergonzado en todas las cosas que tengo en casa: miles de libros, cientos de libretas, y cientos de artefactos en los que he depositado algún recuerdo o alusión.

Me preocupa la importancia de todas estas cosas. No porque me preocupe a nivel político tener tantas posesiones en un mundo de pobreza (aunque en cierto modo sí que me preocupa), sino porque hace que me cuestione qué sería yo sin ellas. Tal vez haya externalizado una parte tan grande de mí en bases de datos o bancos de memoria de diversa índole que, si todo ardiera, yo también ardería.

Esto es crucial para mi investigación del Paleolítico superior. ¿Cómo puedo pensar que estoy recorriendo el páramo siguiendo el modo de vida del Paleolítico superior si gran parte de mí está metida en las estanterías y colgada en las paredes de Oxford? De hecho, ¿no es incluso más que esto? ¿No se trata de la cuestión básica de la conciencia, de la subjetividad, con la que tanto me estoy obsesionando en este libro? Porque gran parte de lo que estoy diciendo en realidad no reside dentro de mi cabeza. Afirmo cosas con la autoridad que me confieren los libros que sé que he leído, libros que tendría que subirme a un taburete para alcanzar, pero cuyo contenido no recuerdo de forma consciente. La autoridad que afirmo tener es falsa. Ni siquiera tiene la autoridad fraudulenta de un plagio; por lo menos los plagiadores saben y adoptan conscientemente lo que están robando.

¿Qué se debe sentir al caminar desde este bosque hasta el mar sin nada más que lo que uno tiene realmente en la cabeza y bajo sus pies, de lo que uno realmente ve, huele, oye, y así sucesivamente? Eso sí que es autoridad: eso sí que es dependencia y, por lo tanto, elegancia y autoposesión.

No puedo ni imaginármelo.

Pero puedo intentarlo. Una manera de hacerlo es siendo más nómada. Me he dicho a mí mismo que las personas del Paleolítico superior no estaban en constante movimiento: que acampaban durante ciertos períodos de tiempo si no tenían motivos de peso para seguir adelante, si tenían caribúes y avellanas suficientes donde estaban. Eso es cierto, pero he estado utilizando esta idea como excusa para ser neolítico. La verdad es que me he encariñado con mi pequeña enramada de hayas. Me gustan las manchas que proyecta el sol de la mañana sobre mi bolsa, escuchar cómo se atraganta el cuco justo antes de que diga «cucú», la piedra plana que utilizo para freír tiras de paloma, el ángulo del puntal principal del refugio (me he dado cuenta de que me gusta porque me parece permanente), el silbido del mar lejano, la separación acogedora de las ortigas en los límites del bosque donde empieza el sendero que he ido abriendo, el musgo que parece un geco de tres cabezas, los busardos ratoneros que vuelan en círculos y que anidan en el valle contiguo, y el peso reconfortante de mi mochila.

Todos estos apegos están minando esta empresa y, en un arrebato de celo iconoclasta, me levanto, derribo el refugio, tiro la piedra plana a los arbustos de moras y meto todo lo demás en mi mochila, me pongo las botas como si fuera a caminar con ellas en lugar de a dormir con ellas, me pongo la mochila en la espalda, decido que es demasiado pesada, me la vuelvo a quitar, me deshago de una vieja manta militar que he estado cargando hasta ahora por si acaso, y empiezo a caminar en una dirección que nunca antes había tomado.

Tenía que hacerlo así, de manera explosiva. Si no lo hubiera hecho así, no lo habría hecho nunca.

* * *

Estoy solo, y ando, ando, ando, sumergiéndome en los oscuros y frescos valles púbicos siempre que puedo, desconfiando de las vistas panorámicas del alto páramo, pues desde lo alto no puedo evitar ver vehículos circulando por las carreteras, barcos deslizándose, aviones violando el azul. Me he quitado las botas y las he guardado en el fondo de la mochila para tener menos tentaciones de volver a ponérmelas. De hecho, no es una tentación en absoluto: me pregunto por qué suelo privarme del conocimiento que ahora me están proporcionando mis pies, un conocimiento que llega (como la mayor parte del conocimiento que merece la pena) con un estremecimiento de sensaciones que nunca se apaga.

El aire de los valles está cargado de almizcle de ciervo y de nubes de moscas diminutas revoloteando en espiral. Las copas de los árboles convierten la luz del sol en azúcar y la bombean a través de finas y rígidas venas. Preferiría dormir aquí, pero los mosquitos me dejarían seco, así que siempre paso las noches en el páramo.

Duermo cuando se me cansan las piernas, por lo que los días se alargan a medida que voy poniéndome en forma. Voy comiendo mientras camino. Ahora mismo hay abundancia, pues las moras y los arándanos han llegado pronto, y hay una gran cantidad de hojas silvestres comestibles. Doy por sentado que los caminantes han salido a cazarme y a matarme.

Me temo que tengo un mapa mental de la zona debido a mis excursiones anteriores. Debería haberme ido a Siberia o a cualquier otro lugar que no conociera bien. Porque los mapas (en contraposición al conocimiento real de la tierra) tienen que ver con el dominio. Son literalmente reduccionistas: reducen los kilómetros a centímetros, los bosques parlanchines e inefables a meras salpicaduras verdes. Y transmiten la idea de que podemos doblar un paisaje y metérnoslo en el bolsillo. Que la tierra gira a nuestro alrededor. Los mapas son el peor ejemplo de lo que puede llegar a hacer el simbolismo. [99]

Pero a pesar del mapa mental, el páramo triunfa por encima de la idea que tengo de él. Ese arroyo no está en mi mapa mental; tampoco la ramita con pinchos que se me ha metido entre dos dedos de los pies y que he tenido que arrancarme, llevándome un buen trozo de mí. Y por la noche, o siempre que mi cabeza está por debajo del nivel de la hierba o del brezo, el mapa se disuelve. El páramo visto desde aquí abajo (el páramo de los zorros y los ratones) tiene un conjunto de coordenadas completamente diferente al páramo visto por los dioses del cielo, los cartógrafos y los reduccionistas.

Voy dibujando espirales desde el refugio, círculos de un radio cada vez mayor, y acabo caminando unos treinta kilómetros diarios de manera lenta y oscilante. El sol brilla implacable, intentando ser amable. En el cielo nocturno solo hay persecuciones y bailes: ninguna constelación camina sola por el espacio profundo. X suele acampar a unos cien metros de mí. Huelo el humo de su hoguera y, a veces, el aroma a carne asada. Él sí que es un auténtico cazador.

A veces tengo que cruzar una carretera, y lo hago con miedo, observándola durante un rato por temor a encontrarme con un coche. Me da miedo el rugido del motor (un ruido mucho más fuerte que cualquiera que escucharé durante el resto de mi vida excepto por los truenos), pero todavía me da más miedo que me lleguen las ondas sonoras de la radio del coche o de una charla. Aquí arriba no hay mentiras, y todo importa significativamente y para siempre. Todo es cuestión de vida o muerte (igual que en los coches, por supuesto), pero aquí arriba todo lo sabe.

Seguro que las personas de dentro del coche se asustarían al verme. Llevo el pelo largo, voy despeinado y tengo los ojos literalmente desorbitados. Imagino que había gente con el mismo aspecto que tengo ahora mismo deambulando por Devon después de la Primera Guerra Mundial, incapaz de dormir por lo que había visto y perdido, preguntándose cómo era posible que el mundo albergara tanto la batalla de Passchendaele como los chotacabras. Esa cuestión es justamente también la raíz de mi desorientación. Porque al pasar unas pocas semanas a solas en el páramo, a pesar de todos mis recelos, he llegado a alguna parte con este proyecto del Paleolítico superior, y se me ha abierto un abismo resonante entre el mundo del páramo y el mundo de la carretera, la carretera a la que sé que tendré que volver.

El emperador Akbar el Grande mandó escribir las siguientes palabras en la puerta de la mezquita situada junto a su palacio en Fatehpur Sikri, en Uttar Pradesh: «Jesús, Hijo de María (sobre quien sea la paz), dijo: El mundo es un puente, pasad por él, pero no construyáis casas encima».

«El mundo entero no es más que un puente muy estrecho», dijo el rabino Najman de Breslov, «y lo principal es no tener miedo».

He aprendido que lo que nos dan miedo son las casas.

Y eso supone un problema, ya que mi familia vive en una.

* * *

Empieza a parecer otoño. No siempre. No hay nada que lo indique visualmente hablando: las hojas no se están volviendo marrones ni se están cayendo. No es que haga frío, sino que hay una ausencia de calor, como si las llamas se hubieran apagado y el mundo se estuviera calentando sobre las brasas.

Y entonces, de repente, empezando por lo alto del páramo, llega el otoño. Pero no parece que esté llegando nada, sino que es como si algo se estuviera retirando. El otoño y el invierno no son nada en sí mismos. Son la ausencia del verano.

«Ese tipo de pensamientos», me dijo mi amiga Kate, que es psiquiatra, «son el signo más claro de personalidad depresiva».

Pero no es verdad, Kate. Comprender la termodinámica no es un signo de depresión.

Odio los engaños fraudulentos del otoño, cómo intenta hacer pasar por suyo el trabajo de la primavera y del verano. Seamos honestos; esas manzanas, ciruelas y bayas no son cosa tuya, ¿verdad, otoño? Tu única contribución a la cosecha es hacer que el tiempo sea dudoso y que los caminos estén embarrados. ¿«Frutos maduros»? Sí, pero no son tuyos.

La familia ha vuelto a eso que llaman su hogar. De manera dócil e irreflexiva, mandamos a nuestros hijos a la escuela, que está a punto de empezar.

Sigo en el páramo, pero ahora me absorbe el calor como si fuera un parásito cada vez que me tumbo o me siento. La niebla que sale de los valles por la noche no vuelve a replegarse cuando se hace de día. Tengo una diarrea torrencial por culpa de todas esas ciruelas silvestres, y cada vez me resulta más dolorosamente frío ponerme en cuclillas en los arroyos para limpiarme.

No decido ir: simplemente ocurre, como la mayoría de las cosas. Me paso una noche observando cómo los zorros bordean los charcos de luz de luna, escuchando el murmullo del mar y oliendo el brezo húmedo y el alquitrán de carbón en el viento y, de repente, no sé muy bien cómo, estoy sentado en un autobús que se tambalea hacia Taunton, y caen gotas de lluvia por las ventanas, y alguien en la radio se está lamentando del comportamiento de una chica que acaba de conocer utilizando únicamente dos acordes eléctricos, como si eso fuera importante.

Otoño

«[…] en sánscrito, que es la gran lengua espiritual del mundo, hay tres términos que representan el borde, el sitio desde el cual lanzarse al océano de la trascendencia: *Sat, Chit, Ananda.* La palabra *Sat* significa "ser". *Chit* significa "conciencia". *Ananda* significa "bienaventuranza" o "éxtasis". Pensé: "No sé si mi conciencia es la adecuada o no; no sé si lo que sé sobre mi ser es lo correcto o no; pero sé dónde está mi éxtasis. Así que me aferraré a él, y eso me dará conciencia y ser"».

JOSEPH CAMPBELL, *El poder del mito.* [100]

«Aquiles puede caminar por Altjira. De hecho, debe hacerlo: tiene mucho que recordar. No hay que desestimar el recuerdo de que vivir como un ser humano es en sí mismo un acto religioso...».

ALAN GARNER, «Aquiles en Altjira». [101]

Una vez que empiezas a caminar, resulta difícil parar.

No consigo calmarme y, tras unas patéticas semanas intentando sentirme como un cazador-recolector nómada dando largos paseos desde nuestra casa de las afueras, ayunando, rompiendo el ayuno con algo de fruta, y haciendo barbacoas dolorosamente frías en el jardín trasero, me subo a un barco en dirección a Bilbao.

Hay cierta metodología en esta locura autocomplaciente. Estoy buscando los orígenes del simbolismo, y los símbolos más potentes son las palabras, y se cree que una de las pocas lenguas protoindoeuropeas que ha sobrevivido hasta nuestros días es el euskera. El ancestro del euskera probablemente se originó en la península de Anatolia y se fue extendiendo desde allí, evolucionando sobre la marcha. El euskera podría ser, pues, un fósil viviente del Paleolítico superior con sangre turca. [102] Para oír hablar a los hombres de las cavernas, solo hay que ir a España y sentarse en un bar con los ojos cerrados y la imaginación desbocada.

Así que eso es lo que estoy haciendo. Me he pasado las últimas cuatro horas aproximadamente en un local viejo y oscuro cerca del muelle. Huele a sudor y a algas. Mi mesa fue barnizada antes de la guerra y limpiada justo después. Estoy en el rincón más apartado, en un pequeño cajón hecho de azulejos con arabescos y cajas de pescado. El afligido camarero me llena la jarra de vino tinto sin que se lo pida, me sirve pulpo y gelatina de pata de ternera para comer y se tira del bigote, haciendo una reverencia mientras se aleja.

El local estaba vacío cuando he entrado. Pero ahora está lleno de chulos y estibadores fuera de servicio. Casi no llega nada de luz a mi rincón por culpa del humo de los cigarros. A veces, se asoma alguna cara a través del humo para mirarme, pero al ver que soy extranjero se retira con un gruñido.

Todo el mundo habla en euskera. Sería peligroso hablar otra cosa. No se parece a nada que haya escuchado jamás: es un idioma gutural, sibilante, siseante y ondulante, y se parece a como sonaría el árabe en boca de un legionario tunecino cuya primera lengua fuera el latín. Parece extravagantemente hiperexpresivo, una lengua de un pueblo ebrio de palabras y de su poder. Me imagino que así es como me harían sentir las palabras si las oyera por primera vez. El lenguaje es realmente mágico: puede transferir información de forma invisible de una cabeza a otra con una precisión impresionante. Es capaz de evocar cualquier cosa (un elefante, por ejemplo) con una sola palabra. Si eso no te entusiasma es que estás mal. Y no es de extrañar que las primeras lenguas quisieran sobrepasar los límites, que quisieran celebrar su propio poder en cada cadencia.

Los argumentos a favor de que el euskera sea un remanente de una lengua protoindoeuropea son complejos pero convincentes. Algunos de los argumentos más atractivos son controvertidos, como la teoría de que las palabras vascas para «hacha» (*aizkora*), «azada» (*aitzur*) y «cuchillo» (*aizto*) tienen su origen en la palabra «piedra» (*haitz*) y, por lo tanto, se remontan a una época en la que las hachas, las azadas y los cuchillos eran de piedra. Espero que sea cierto, pero la tesis euskera/lengua protoindoeuropea podría sobrevivir igualmente sin ese argumento.

La estructura de la lengua es realmente muy extraña. Los sustantivos centrales tienen un protagonismo inusual: los artículos definidos e indefinidos, que a veces apartan a codazos a los sustantivos a los que hacen referencia, están colocados en el lugar que les corresponde. Da la impresión de que se deleita por el mundo concreto, de fascinación por el extraordinario hecho de que una palabra pueda representar realmente cualquier cosa. Los verbos quedan relegados, al igual que en alemán, al final de la frase: la acción depende de los actores. (Me pregunto si ese es el verdadero motivo por el cual los alemanes escriben todos los sustantivos en mayúsculas). Los actores son primordiales.[103]

Así, pues, en euskera, la frase «El hombre cae delante del oso» sería: «Hombre-el oso-el delante de cae». «La mujer le ha dado bayas al niño» se convierte en: «Mujer-la a niño-el bayas ha dado». Y «El cazador ha visto al lobo» sería: «Cazador-el a lobo-el ha visto». Es un patrón que enfatiza la responsabilidad personal inalienable de la acción. No permite esconderse furtivamente detrás de un «el» o un «la».[104]

* * *

Regreso por el Golfo de Vizcaya, pensando que he aprendido algo y que debería volver al bosque de Derbyshire para comprobar si era verdad. Pero la lluvia ha llegado para quedarse, así que, durante un tiempo, yo también me quedo.

Estoy sentado en una biblioteca medieval de Oxford. En la mesa que tengo delante hay un gran libro ilustrado sobre el arte prehistórico. Hay dos láminas que me tienen obsesionado. Llevo horas mirándolas.

La primera es la del hombre león, una figura erguida con cuerpo y extremidades de hombre y cabeza de león hecha con un trozo de colmillo de mamut, que se encontró en la cueva de Hohlenstein-Stadel, al sur de Alemania. Tiene entre 30.000 y 32.000 años de antigüedad.

El león, a mi modo de ver, tiene una leve sonrisa irónica, bastante parecida a las sonrisas arcaicas en los rostros de los kuros griegos (que solo sonríen con los labios). Tiene un pecho ancho y unos hombros fuertes de tirador de lanzas. Hay quien dice que tiene una postura rígida, pero no es más que la rigidez balletística de una zancada pausada. En este período tan temprano del arte humano los cuerpos humanos masculinos siempre tenían cabezas de animales, y los femeninos siempre eran completamente humanos, aunque a menudo tenían pechos enormes, vulvas descomunales, vientres y pelvis amplias, y muslos como robles.

Tal y como ya hemos discutido, la interpretación más habitual de los híbridos medio animales medio humanos es que representan algún aspecto del mundo chamánico, quizá chamanes en proceso de transformarse en animales-espíritu o viceversa; que las fronteras entre mundos y categorías están abiertas; que no solo existe este mundo; que las cosas no son lo que parecen.

Esas figuras femeninas tienden a interpretarse como una celebración de la fuerza vital. Podrían representar diosas madres, o ser símbolos de fertilidad, o ambas cosas. Dicen que el universo da y, en consecuencia, los humanos no se crearon a ellos mismos, sus historias no son de su propia autoría, y su actitud debería ser de gratitud.

La otra lámina es la de la cueva de los leones de Chauvet, en la región francesa de Ardèche. Muestra una manada de leones cavernícolas sin melena cazando a una manada de bisontes y, desde el momento en que la veo, me parece la obra de arte más bella, hábil y aterradora que he visto en mi vida. También tiene entre 30.000 y 32.000 años de antigüedad.

Esos leones no tienen patas traseras: serían una enorme distracción de la aterradora direccionalidad de sus patas delanteras y de sus cabezas, que están todas encaradas hacia el bisonte. Parece como si un gran dedo cósmico estuviera señalando al bisonte. Es una pintura que habla sobre el hecho de ser escogido para morir. La concentración de los leones me hace temblar. El ojo del león más completo no se ve, pero se insinúa sombríamente. Sabemos qué aspecto tendría porque lo hemos visto en nuestras pesadillas. Los bisontes, más que dibujados, están esbozados: son una maraña de cabezas levantadas. Hay más movimiento en la pared de esa cueva que dentro de un tifón.

Esto lo dibujó alguien que había estado dentro del mundo natural y no lo veía de forma fantasiosa. Pero aquel hombre (se tiende a suponer que fue un hombre) no solo estaba dentro del mundo natural, sino también fuera. Él, al igual que los electrones, tenía no-localidad. Y no se limitaba a observar y a registrar los acontecimientos, sino que podía contar una historia. Esos leones venían de alguna parte, tenían su propia historia y, a partir de entonces, las cosas iban a ser diferentes debido a la matanza que estaba a punto de producirse. Esta historia, mostrada por el ojo oculto, formaba parte de otra todavía mayor, una historia en la que el pintor tenía un papel. No se trata simplemente de un dibujo sobre la muerte de un bisonte, sino sobre la propia Muerte.

Sin embargo, es terriblemente hermoso. La belleza no está en el terror, ni la poesía en la piedad. El artista no se limita a admirar a los leones como máquinas de matar. Los admira porque, independientemente de su función, son intrínsecamente bellos. La naturaleza, para este artista, no es simplemente una despensa.

Los arqueólogos tienden a decir que no es que podamos identificar el comportamiento moderno por el simbolismo, sino que el comportamiento moderno es simbolismo. El hombre león y la cueva del león son ejemplos fundamentales y tempranos de este simbolismo. Pero según he ido reflexionado más sobre ellos y sobre mis experiencias del bosque, el mar, las amistades, la sabana africana y las montañas, los páramos, las playas y los divanes de los chamanes, me he ido volviendo más herético. He llegado a preguntarme si el simbolismo es todo lo que se supone que es y, en particular, si su utilidad es realmente la gran línea divisoria que nos separa de todo lo anterior. La gran división, por supuesto, se supone que nos separa de los humanos anatómicamente modernos pero con un comportamiento no moderno (que vemos en los registros fósiles durante unos 150.000 años antes de que nosotros entráramos por la puerta grande de la historia precedidos por nuestro extravagante simbolismo).

Hace unos años estaba en Namibia siguiendo a un gran kudú. (Llevaba un tiempo intentando escribir sobre machos rebeldes y, sin tener muchas evidencias, lo había romantizado hasta el punto de pensar que ese animal lo era). Me acompañaba Tjipaha, un rastreador de Namibia. Era un hombre canoso de unos cuarenta y cinco años. Llevábamos tras la pista de aquel ejemplar desde el amanecer. Ya era tarde. La noche llegaría rápidamente, como una cortina caída, y no nos quedaba mucho tiempo.

Era la estación seca, por lo que yo era incapaz de ver ningún rastro. Teníamos que confiar (según deduje) en los tallos de hierba rotos y en las hojas ligeramente alteradas. Pero entonces llegamos a una zona húmeda y allí, en el barro, había unas huellas que ni siquiera yo pude pasar por alto. Y no solo de nuestro kudú, sino también de otros kudúes, jabalíes, blesboks, antílopes, ñus, dic-dics e impalas, todas entrelazadas en un tapiz de huellas de pequeños mamíferos y aves. Tjipaha las observó detenidamente durante varios minutos, caminando alrededor de todas ellas, agachándose para verlas más de cerca, olfateándolas, y dando vueltas entre los matorrales de acacias de los alrededores. Se alejó, volvió a acercarse y se agachó de nuevo. Luego se puso de pie, se adecentó y empezó a hablar lentamente pero sin vacilar, con total confianza.

Este kudú, dijo, estuvo en esas aguas hace tres noches. Hacía tiempo que no pasaba por aquí, pues venía desde las colinas del este. Aquella noche tropezó ligeramente al subir a la orilla porque se espantó por culpa de un antílope asustado. Se cayó encima de su «rodilla» derecha y le costó mucho poder levantarse. Pasó la noche bajo un árbol espinoso, incapaz de calmarse, temeroso de alejarse mucho con la pata dolorida. Por la mañana regresó al agua, ahuyentando a algunos ganga namaqua a su paso, y luego se pasó casi todo el día observando el entorno en una arboleda a un kilómetro y medio de distancia. Al regresar, todavía nervioso, se topó con un chacal cojo, por lo que dio la vuelta y regresó por donde había venido, hacia nosotros, pero pasando primero por el riachuelo a beber y, al día siguiente, deshizo otra vez sus pasos hasta la arboleda. Volvió a pasarse la noche cenando agua junto a una cobra; volvió a pasarse la noche bajo el árbol espinoso antes de andar de nuevo en nuestra dirección con la pata un poco mejor, pero cargando todavía un poco demasiado la extremidad delantera izquierda, cosa que no le resultaba fácil, porque otro kudú le había dado una patada en la extremidad trasera derecha un mes antes, más o menos. Fue entonces cuando encontramos su rastro.

No me creí ni una sola palabra de lo que me dijo. Pensaba que estaba montando un numerito. Tampoco estoy seguro de creerlo ahora. Pero Tjipaha me lo explicó todo paso a paso, ofendido por mi escepticismo, y si realmente estaba actuando, lo hizo de manera muy convincente, detallada y perfectamente razonada.

Incluso aunque me estuviera tomando el pelo, ciertamente hay personas que son capaces de hacer ese tipo de cosas, y todavía había muchas más antes de que los supermercados y los rifles nos atrofiaran los sentidos y la intuición necesarios para poder hacerlo. Pero también antes de la llegada del comportamiento moderno. Los humanos anteriores al comportamiento moderno eran cazadores sofisticados y extremadamente eficaces. Seguro que eran capaces de leer el terreno por lo menos tan bien como mi rastreador.

Pero el quid de la cuestión es que este tipo de lectura exige una comprensión del simbolismo del mismo tipo, si no del mismo grado, que el simbolismo que vemos en el hombre león y en la cueva del león. Los buenos rastreadores saben que hay cosas que representan más de lo que son. Resulta muy fácil entenderlo a un nivel elemental; una huella no es lo mismo que el pie que la ha hecho. Es un símbolo de ese pie. Los buenos rastreadores llevan esta manera simbólica de pensar a un nivel superior; saben, por ejemplo, que si hay polen en una huella, seguramente es que algo la hizo antes del martes por la tarde, porque en aquel día en concreto sopló un viento lo bastante fuerte en dirección noroeste como para esparcir el polen. El polen (que en realidad son las eyaculaciones de las flores) se convierte en el símbolo de un período de tiempo concreto. La capacidad clarividente de rastrear va mucho más allá del simple aprecio por la arquitectura del entramado de la causalidad. No es materialmente tan diferente a entender que una mancha de carboncillo en un trozo de piedra puede convertirse en la garganta de un león. Podemos ver indicios de simbolismo casi siempre que vemos indicios de una cacería exitosa que ha requerido acechar a los animales durante un largo período de tiempo. Siempre que vemos expediciones de caza, estamos viendo simbolismo. Todas las barbacoas prehistóricas fueron un comportamiento moderno.

* * *

Por fin amainó la lluvia y, en una lúgubre tarde de septiembre, me observé mientras subía por el valle, más allá de las cabañas construidas para los mineros del plomo, más allá del magnífico pub (muy difícil de pasar de largo), más allá de una capilla construida bajo la premisa de un Dios fulminante que ahora está desierta porque Dios se ha calmado o ha muerto, hasta el campo de plomo lleno de novillos al galope.

El bosque está vestido de luto, repleto de espinas. Cuando abro la puerta de hierro que conduce al interior, el bosque deja de respirar y empieza a observar. Se ha quedado petrificado, con una pata delantera inmóvil suspendida en el aire.

Tom no ha querido venir.

—Tengo deberes por hacer. Y también tengo clase de guitarra.

—Puedes hacer los deberes cuando regresemos. Tampoco tenemos que quedarnos mucho tiempo. Y puedes traerte la guitarra y practicar día y noche.

—No: tengo que estar aquí.

Muy sabio. Aunque me he dicho que no fue nada personal, en realidad no tengo ni idea de lo que ocurrió la última noche que estuvimos aquí, y nada de lo que ha sucedido desde entonces me lleva a pensar que el bosque sea seguro.

Subo por la colina como si fuera un andamio. No quiero regresar a nuestro refugio original. Tal vez lo que ocurrió fue algo muy localizado en ese punto. Seguramente también me convenga no acampar bajo los árboles. Si me instalo en algún lugar despejado podré observar aviones y satélites reconfortantes.

La casa de Sarah está vacía. Se ha ido a Londres.

Extiendo mi funda de vivac impermeable en una zona lisa con hierba, pongo dentro el saco de dormir, me meto en él, me como una lata de sardinas y me tumbo.

No hay mucho que escuchar. El bosque todavía no ha respirado. A veces se oye un coche a lo lejos con el silenciador roto. Tampoco es que haya mucho que ver: solo los árboles encorvados colina abajo y las luces de una granja a un par de kilómetros. No hay ningún cazador del Paleolítico superior vestido con una capa de piel de caribú junto al granero. Y no hay jabón de alquitrán de hulla.

Espero. El bosque espera. Parece como si nos estuviéramos desafiando. ¿Quién será el primero en respirar o parpadear? ¿Qué pasará cuando uno de los dos lo haga?

No llego a descubrirlo. El bosque puede esperar, y tiene la voluntad de hacerlo. Pero yo no tengo el valor de respirar, parpadear y decir: «Bueno: ¿y ahora qué?». Desde entonces me pregunto qué habría ocurrido si lo hubiera hecho.

Me quedo observando la noche hasta que sale el sol. Y entonces descubro algo muy inesperado. Había asumido que el bosque me estaba poniendo a prueba. Y así era. Estaba convencido de que iba a suspender y de que tendría que volver a bajar al valle con el rabo entre las piernas y tomar el tren en dirección a Oxford; seguramente llegaría justo a tiempo para la clase de guitarra de Tom. Pero parece ser que no se trataba de una de esas pruebas que se aprueban o se suspenden. Puede que no haya conseguido matrícula de honor en la asignatura de unión epifánica con la colina, pero tampoco me voy a casa con las manos vacías.

La colina está siendo tan generosa como lo fueron el Sinaí y mi amigo Chris tantos años atrás. No tengo reparos en admitir que había estado cometiendo adulterio con Exmoor y que, por lo tanto, no me recibieron con los brazos abiertos al regresar a la casa familiar. La colina me envía a la urraca tictac, y vuelve a aparecer un petirrojo tuerto, aunque no estoy seguro de que sea el nuestro: este parece más apagado, pero quizá sea por los golpes que le ha dado la vida. Y luego, ¡a plena luz del día!, como símbolo supremo de gracia y perdón, aparece la liebre. Estoy sentado en una esquina del campo y se me acerca casi hasta los pies y me mira y yo la miro y el círculo que hay entre nosotros se completa y se enciende algo que ya nunca se apagará.

Así que me quedo allí, durmiendo de día y desplazándome de noche, porque por la noche es cuando sale la tierra y se puede conocer. Recorro largas distancias, a menudo alejándome del bosque, durmiendo en zanjas, a la sombra de muros de piedra seca, en cuevas formadas en bordes de arenisca, bajo montones de hojas secas, en colchones de agujas de pino y en el páramo con las luces de Sheffield reflejadas en un ojo y el resplandor de Manchester en el otro. Con la compañía de urogallos gordos y fríos, búhos suaves y zorros tan fuertes que ni siquiera se inmutan por el frío creciente.

Las últimas golondrinas ya se han ido, y los gansos están empezando a regresar. Durante las últimas semanas del verano he estado zumbando frenéticamente, intentando absorber los últimos rayos cálidos del sol, recogiendo las últimas gotas de néctar, consciente de que tendrán que durarme por un tiempo. Aunque ahora no me preocupa el frío. Y no es porque tenga una buena capa de grasa alrededor del alma, sino porque por fin estoy sintiendo lo que antes solo sabía: que la tierra perdura y acabará resurgiendo, y que si consigo permanecer tan cerca de ella como estoy ahora, yo también perduraré.

En estos momentos estoy dando vueltas y vueltas, cada vez más cerca de Sheffield, durmiendo en viejos montones de chatarra y en restos de poda en los límites en que la ciudad se rinde y empieza lo salvaje. A veces estoy lo bastante cerca de las carreteras como para ver pasar los autobuses y me pregunto si en ese autobús irá alguien con quien fui a la escuela y, en caso afirmativo, cuán diferentes serían nuestras vidas si nos hubiéramos mantenido en contacto. Estos pensamientos deberían bastar para desenterrar las viejas acusaciones de traición: «Los abandonaste. Te fuiste de aquí. Eres un farsante. Imagínate en lo que podrías haberte convertido si no hubieras cortado las raíces que te arraigaban tan profundamente a este lugar, que te alimentaban. Quizás a estas alturas ya te habrías convertido en un árbol». Pero esta vez las acusaciones no salen a la superficie.

Ahora X está constantemente por aquí. A menudo muy cerca de mí. A veces su cara está medio girada en dirección a la mía. A veces percibo su olor (una mezcla de sudor, urea y humo de leña) cuando el viento cambia de dirección. Sin embargo, por lo general solo es un bulto gris en los límites de mi mente.

Hace días que tengo asumido que acabaré en el Sinaí. A veces lo veo, por encima de los árboles, por encima de los suburbios, por encima del río de agua marrón del páramo. Pero una noche, al despertarme en la hendidura de un árbol donde he pasado el día, comprendo que no tengo que ir allí para obtener el perdón, ni la culminación, ni nada en absoluto. [105]

Este lugar sigue estando embrujado por el arrepentimiento y el remordimiento y el olor a jabón de alquitrán de hulla. Pero mientras duerma en mi funda de vivac impermeable, los fantasmas no se burlarán de mí ni me abrirán en canal por la nostalgia.

* * *

—Cuéntame una historia, papá —dice Tom.

Volvemos a estar en Oxford, sentados encima de unos tocones de árbol que hay en nuestro bosque comunal, cerca de la guardería. Hemos encendido una hoguera y estamos friendo salchichas y setas con la esperanza de que el funcionario local no venga quejándose de la salubridad y la seguridad.

De acuerdo, Tom, lo intentaré.

Érase una vez, cuando el mundo ya era muy viejo, por estos lares vivieron un hombre y una mujer, justo allí, junto a ese roble. Tenían unos cuantos hijos y los querían mucho. Querer mucho a alguien siempre resulta un problema, pero aquel hombre y aquella mujer tenían un problema muy particular, ya que aquellos niños, al igual que todos los demás, necesitaban ser alimentados, y eso significaba que el hombre y la mujer tenían que matar otras cosas que también amaban: animales y plantas. Cada vez que el hombre o la mujer levantaban las manos para matar a un animal, o tiraban de un tallo o de una baya, oían una súplica; un grito: «No me mates. Por favor, no me mates. Si lo haces, mis hijos te encontrarán y te perseguirán durante toda la eternidad, ya lo verás».

Pero ¿qué otra opción tenían el hombre y la mujer? No podían dejar que sus hijos murieran de hambre, pero tampoco podían matar a los animales y las plantas.

Sus propios hijos se volvieron cada vez más delgados. Se les marcaban las costillas y les sobresalían los pómulos de la cara.

Entonces, un día entró una anciana cojeando en el bosque.

—¿Qué le pasa en la pierna? —preguntó el hombre. La anciana se levantó el largo mantón de piel y el hombre vio que tenía una enorme espina clavada en la pierna. La herida estaba infectada y rodeada de moscas que zumbaban.

—Siéntese —dijo el hombre, y él y su mujer le sacaron la espina, le limpiaron la herida con agua del arroyo y se la envolvieron con líquenes.

—Son ustedes muy amables —dijo la anciana—. Gracias. Tengo mucha hambre. ¿Tendrían algo para comer?

El hombre y su mujer se miraron. Estaban muy avergonzados por no tener nada que ofrecer a la anciana.

—Lo siento mucho —dijo la esposa—, no tenemos nada. Por eso estamos tan delgados. —Y le contó toda la historia.

—Querida, querido —dijo la anciana—. No podéis seguir así. Dejad que vea si os puedo ayudar. —Cerró los ojos, contó lentamente hasta tres y, a la de tres, atravesó el techo de la cabaña.

El hombre y su mujer se quedaron asombrados. ¿A dónde había ido? No tuvieron que esperar mucho tiempo. Al cabo de unos minutos, la anciana apareció de nuevo, sentada en el suelo en medio de la cabaña.

—Todo va a salir bien —dijo—. He hablado con los dioses de los animales y de las plantas, y me han dicho que les parece bien que se coman sus animales y plantas siempre y cuando sean amables.

—¡Menudo alivio! —exclamó el hombre—. Gracias. Pero ¿a dónde ha ido?

—Al lugar de donde provienen las plantas y los animales, donde acabarán regresando con el tiempo y donde viven sus dioses.

—¿Podríamos ir nosotros también a ese lugar? —preguntó la mujer—. Nos gustaría darles las gracias, ¿verdad? —Y miró al hombre, que asintió.

—Bueno, creo que sí que sería posible —dijo la anciana, dudosa—. De hecho, algún día acabarán ahí. Pero ¿están seguros de que quieren ir ahora?

El hombre y la mujer se asustaron, pero dijeron que sí, y la anciana los condujo a través del bosque hasta un lugar donde había una abertura en la roca. El hombre y la mujer siempre habían tenido miedo de aquel lugar porque sabían que allí vivían osos, pero la anciana le dijo algo a su bastón y este se iluminó. Los condujo hacia el interior y hacia abajo, y más abajo.

No sé qué vieron allí abajo el hombre y la mujer. Nunca me lo dijeron. Pero lo que sí sé es que a partir de aquel día sus hijos fueron grandes y fuertes, y que el hombre y la mujer, y también los niños cuando crecieron, iban a menudo a la abertura de la roca cuando era de noche, y cuando volvían tenían un aspecto diferente.

Esa familia se volvió famosa en la zona por dos motivos. El primero fue que, en cuanto la anciana se marchó, el hombre y la mujer fueron al lugar del bosque donde habían enterrado a sus padres años atrás. Hurgaron y hurgaron hasta encontrar los huesos, y luego los lavaron cuidadosamente y los pusieron en su cabaña. Y cuando se iban en una larga cacería, tal y como hacían a veces, cada uno se ponía un brazalete hecho con huesos de la mano, dejando el resto de los huesos a salvo bajo una roca hasta su regreso.

El segundo motivo fue que se convirtieron en grandes cuentacuentos. En invierno encendían enormes hogueras.

Tenían que ser enormes, ya que todas las personas de los alrededores venían a sentarse junto al fuego para escuchar sus historias. Antes ya existían las historias, por supuesto, pero eran más bien un informe de algo que había ocurrido: cómo había ido la caza del ciervo; qué bayas les habían sentado mal. Las historias que contaban aquel hombre y aquella mujer eran diferentes. Eran historias de viajes, pero de viajes a lugares extraños y encuentros con seres extraordinarios, y de los regalos que traían al regresar, y de cómo si miras con suficiente atención una flor, o cualquier otra cosa, acabas viendo que no todo es siempre lo que parece. Y contaban las historias como si tuvieran importancia, y como si fuera relevante que cada uno encontrara y contara sus propias historias, porque entonces esas historias, si no las personas que las explicaban, se volverían eternas. A veces las historias eran tan maravillosas que las palabras no bastaban, y entonces se ponían a cantar, a menudo en medio de una frase o de una palabra inadecuadas, o se levantaban y se ponían a bailar alrededor de la hoguera, mostrando cómo aquellos seres caminaban o se pavoneaban o se deslizaban.

El hombre y la mujer envejecieron, pero no pareció importarles. Finalmente les llegó la hora de morir, y les dijeron a sus hijos, que por aquel entonces eran los más grandes y robustos del clan, que después de que los pájaros los devoraran, tenían que colocar sus huesos en una cornisa alta en la cueva que la anciana les había mostrado tantos años atrás, junto con los huesos de sus propios padres y madres. Y así lo hicieron.

—Muy interesante —dijo Tom—. Pero ahora tengo que ponerme a practicar con la guitarra.

* * *

—Veo que ya has terminado de jugar a los arquetipos —dijo la mujer, muy perfumada.

¿Seguro? Sinceramente, no estoy seguro de haber terminado.

El Neolítico

Invierno

«No estoy denunciando la profesión de contable, sino su
apropiación de la competencia en todos los campos. Y si, tal
y como se vislumbra, estamos entrando en un período
sesgado hacia el materialismo a expensas del progreso,
entonces estamos en manos de los contables, una Edad de
Hielo espiritual, donde todo se congelará y no habrá riesgo,
y sin riesgo, no habrá movimiento, y sin movimiento, no
habrá búsqueda, y sin búsqueda, no habrá futuro.
La oscuridad estará sobre la faz del abismo».

ALAN GARNER, «Aback of Beyond». [106]

Cuando dejas de caminar, pasan cosas.

Estoy en el norte de Kenia, en las tierras altas, no muy lejos del
Monte Kenia. Estoy en casa de un amigo zoólogo que tiene una gran-
ja allí. Es mediodía. Llevo despierto desde mucho antes del amanecer.
Me han despertado unos golpes en la puerta de mi habitación.

—Por favor, por favor, arriba. Fuego. Fuego.

En cuanto salgo de la cama de un salto, lo huelo: un humo demasiado dulce como para ser aterrador.

No hay ningún motivo para entrar en pánico. Se trata de un incendio de matorrales a varios kilómetros de distancia, cuyo olor nos
ha traído una suave brisa que sopla en nuestra dirección. Nos sentamos en la terraza, comemos pawpaw, contemplamos a las jirafas que
se han acercado a la charca que hay debajo de la casa y, de vez en

cuando, tomamos los prismáticos y observamos el fuego. No es más que una fina línea de humo azulado inofensiva que a simple vista parece no estar avanzando. Pero de vez en cuando las jirafas alzan la cabeza de la charca, la giran y se quedan mirando aquella línea. Vuelvo a concentrarme en mi pawpaw y en mi libro.

Más tarde nos acercamos al incendio con el Land Rover y aparcamos en una colina a un kilómetro de la primera línea de fuego. La sabana que se extiende a nuestros pies está repleta de vida salvaje: hay elands, duikers, gacelas de Thomson, facóqueros, búfalos, órices y aves que prefieren caminar. Todos los animales avanzan en dirección a nuestra casa, deteniéndose a menudo para mirar hacia atrás por encima del hombro. Nos dirigimos hacia el fuego. Ahora lo oímos crepitar. Detrás del humo, los vencejos se abalanzan y se lanzan en picado para cazar a los insectos que el incendio ha dejado al descubierto.

Las llamas en sí no son muy impresionantes. Solo hay ráfagas ocasionales de llamas intensas cuando el fuego alcanza las espinas silbantes; el árbol silba por el aire caliente que entra y sale de las bases bulbosas negras que actúan como cámara de sonido, y se oyen algunos chasquidos ocasionales cuando alguna rama se separa del tronco. Pero, en general, no son más que cenizas que avanzan por la hierba marrón.

No estamos preocupados. Es poco probable que un incendio así consiga traspasar el camino de tierra que separa esta zona de arbustos de la granja y, de todos modos, el viento está empezando a cambiar. Regresamos a la casa para tomarnos la tercera cafetera.

Durante la noche, el viento empuja las llamas hacia el terreno quemado. Y dado que ya lo han devorado todo, muy pronto se mueren de hambre.

A la mañana siguiente nos adentramos en el páramo negruzco. Bajo nuestros pies todavía notamos el calor del suelo. Los chacales, las hienas, los buitres y los cuervos no han dejado mucho, pero todavía flota en el aire un aroma a carne asada de los domingos. A veces, los cuerpos que nos encontramos son reconocibles. Hay muchos erizos de vientre blanco, algunos todavía hechos una bola porque creyeron que sus pinchos los protegerían contra las llamas, y por ahora los carroñeros no los han tocado porque de momento tienen otras presas más fáciles para devorar. Un puercoespín de cola grande, que no consiguió arrastrarse lo bastante rápido, yace de espaldas, con las patas delanteras suplicantes y los labios tensos en un último gruñido. Pero la mayoría de los cadáveres son anónimos: figuras carbonizadas que en vida habían sido ratones espinosos, ratas de la hierba y ardillas terrestres. Hay muchas serpientes, algunas hechas un nudo o curvadas de manera muy poco anatómica, y otras completamente rectas y rígidas, como si fueran mangos de escoba de ébano. Puede que los pequeños mamíferos hayan sobrevivido apretujándose en agujeros entre las raíces de la hierba que ya se preparan para emerger a la superficie.

De vuelta a casa, me pregunto cómo me sentiría si fuera yo quien hubiera provocado ese incendio.

* * *

El Neolítico fue la época de la domesticación de los cereales, de las ovejas, de las cabras, de las vacas, de los cerdos y de los humanos. Pero antes de todo eso se produjo la domesticación del fuego. [107] Fueron los *Homo erectus* y los *Homo neanderthalensis* los que domesticaron el fuego. Seguramente cayó del cielo en forma de rayo, o brotó del agua en forma de gas de pantano en llamas, o salió de unas piedras que estaban golpeando y quedó atrapado en un tozo de musgo, o en un hongo, o yacía silencioso e invisible en el sílex, listo para ser invocado de un golpe.

El fuego nos resultó de gran ayuda. Ahuyentó a los leones, nos permitió consumir calorías a las que, si no, no hubiéramos tenido acceso y gracias a las cuales desarrollamos cerebros y cuerpos más grandes, compitió con el sol y consiguió alargarnos los días y, cuando los cazadores-recolectores empezaron a reunirse a su alrededor, se convirtió en el nexo de unión de toda la comunidad. Puede que engendrara metáforas fecundas que, una vez vivas, nunca dejaron de reproducirse. Pero todo esto fue un presagio de un tipo de dominio más arrogante. Porque el fuego llegó a utilizarse como arma indiscriminada contra el mundo natural, un arma de destrucción masiva. Aquel uso del fuego empezó a abrir una brecha entre los humanos y el resto del mundo natural.

Seguro que los humanos prehistóricos vieron lo que el fuego podría hacer a una escala mucho mayor. Es probable que presenciaran incendios de matorrales, como yo, y que observaran que, al cabo de un tiempo, acudían animales a pastar en los claros de hierba recién brotada. Seguro que pensaron que el fuego podía ayudarlos a atraer a las presas y, sin duda, ya se lo utilizaba con este propósito antes del Neolítico. Pero, en general, la caza en el Paleolítico superior y en el Mesolítico era un asunto incómodo y religioso repleto de tabúes. Quitar una vida era algo serio y arriesgado. Para que el asesino y la comunidad evitaran las terribles consecuencias, la matanza debía ser reflexiva, orante, selectiva y litúrgica. Sí, hubo matanzas en masa. Los cazadores del Paleolítico superior hicieron mella en los grandes animales, contribuyendo significativamente (junto con el cambio climático) a la extinción de la megafauna característica del Pleistoceno. Pero es mucho más probable que aquella matanza excesiva se debiera a un error de cálculo ecológico que al desapego psicopático que vino después.

Durante el Neolítico, el fuego servía para destruir todo lo que se interponía en el camino de la conveniencia del hombre. En los viejos tiempos, para romper una rama de un árbol seguramente había que pedirle permiso y, probablemente, mostrar algún tipo de arrepentimiento extenuante. Pero posteriormente, los neolíticos empezaron a convertir en humo árboles enteros, grandes extensiones de tierra y todas las comunidades que las habitaban. Se infringieron las antiguas leyes a tan gran escala que los antiguos medios de reparación y propiciación se volvieron inviables. Alguien que hubiera destruido un bosque entero no podía hacer un viaje chamánico para curar su alma quemada: lo habrían linchado entre todos los animales espirituales indignados.

Sí, efectivamente, estoy sugiriendo que el simple uso del fuego para limpiar el terreno provocó un cambio teológico masivo. Apaciguar cada una de las almas individuales de los organismos destruidos se convirtió en una tarea imposible. Tuvimos que trasladar nuestra lealtad hacia un ser transcendental, señor de las franjas devastadas y único ser que podía autorizar su destrucción. Tardamos un tiempo en consolidar este cambio. Y uno de los pasos fue dejar de rendir culto a los antepasados.

Cuando empiezas a matar indiscriminadamente, te conviertes en un asesino indiscriminado. Tus actos cambian tu identidad. Así, pues, los seres humanos se reinventaron a sí mismos al prender fuego a la maleza con una antorcha. Hasta entonces habían sido ontológicamente iguales a los ciervos y a los árboles, pero a partir de entonces (y, quizá con el tiempo, bajo un Dios feudal que les delegó su autoridad) se convirtieron en sus amos. El fuego y la tala destruyeron gran parte de los frondosos bosques que cubrían la Europa mesolítica. Pero el efecto que tuvieron en los humanos fue mucho mayor. Los actos de violencia suelen afectar más al que los inflige que a la víctima. Puede que tarde un poco, pero el universo siempre acaba ajustando cuentas. [108]

Solo nos planteamos quemar la tierra cuando estamos hartos de deambular para conseguir comida y queremos comer del bosque o del campo o de la tienda que tenemos a la vuelta de la esquina, o gracias al esfuerzo de otros. Ese anhelo por la comodidad es mortal. Nos incita a incumplir la ley inmutable que dice que las cosas empiezan a ir de mal en peor, tanto para nosotros como para todo lo que tocamos, en cuanto dejamos de caminar.

* * *

Hoy también toca madrugar. El despertador suena a las 3.30. Me lavo la cara con agua, me visto, me subo a la bicicleta y empiezo a pedalear.

Hace un frío cruel y cortante. No veo a nadie hasta que llego al minibús. Casi todos los demás ya están dentro. Ellos, al igual que yo, tampoco quieren ir al matadero. Les saludo con la cabeza. Los que están despiertos me devuelven el saludo.

—Qué bien que nos lo vamos a pasar hoy.

El viaje dura aproximadamente una hora entre campos de nabos llanos y congelados. Llegamos al matadero antes de las cinco. Se trata de un edificio solitario situado a unos tres kilómetros del pueblo más cercano. Es un hervidero de actividad. Zumba y tiembla e incluso desde fuera, con las narices congeladas, olemos la mierda de cerdo. Han llegado varios camiones de cerdos. Por la dirección de donde vienen los camiones, esos cerdos deben haber madrugado todavía más que yo. Algunos provienen de unas plantas porcinas situadas a 160 kilómetros más al norte que básicamente son unos grandes hangares de plástico sin luz natural. Las patas de los animales nunca han tocado tierra de verdad; sus narices húmedas y curiosas nunca han olfateado nada más interesante que el concentrado bioquímicamente optimizado que un robot les echaba en los comederos.

Sale el director a recibirnos. Lleva traje y corbata y unas botas clínicas blancas y cortas. Un gorro de polietileno impide que parte de la caspa le caiga encima de los hombros. Nos da su mano húmeda. Tiene los dedos regordetes y las uñas inmaculadas.

—Bienvenidos. Sean todos muy bienvenidos. Estamos muy contentos de que hayan venido a ver cómo trabajamos. ¿Tenemos a algún vegetariano por aquí? —Mira a su alrededor con una sonrisa tolerante—. ¿No? Bien. Tampoco sería un problema si alguien fuera vegetariano. Aquí no tenemos nada que ocultar. Nada en absoluto. Voy a dejaros en manos del bueno de Ron. Ron es nuestro principal capataz, y seguro que todos y cada uno de ustedes han comido un pastel de carne que ha sido rellenado gracias al duro trabajo de Ron. ¿Verdad que sí, Ron?

—A estas alturas seguro que sí, señor.

Ron roza la sesentena, lleva un bigote blanco marcial, un dragón enroscado en su enorme antebrazo y otros tatuajes dibujados por él mismo en los nudillos, y tiene la cabeza hueca; ha estado trabajando en mataderos, excepto por algún descanso ocasional, desde que abandonó la escuela que hay aquí al lado.

—Pueden dejar su equipamiento por aquí —dice, y abre una puerta que da a la sala de empleados.

Me fijo en que ha utilizado la palabra «equipamiento»: intenta darse aires de militar, pero estoy bastante seguro de que nunca ha cobrado ni un chelín de Su Majestad.

El salón huele a aliento rancio y a pedos. La papelera está llena de latas de Coca-Cola y patatas fritas. En la mesa del centro de la habitación hay un montón de revistas porno. La que está abierta se titula «Reader's Wives».

—Lo siento —dice Ron solícito, cerrando la revista y poniéndola de nuevo en el montón—. Los chicos necesitan relajarse. Este trabajo puede ser estresante.

Alrededor de la sala están las taquillas donde los trabajadores dejan sus cosas. Tienen sus nombres escritos, nombres de blanco: Barry, Gary, Len, Steve. Alguien ha tachado el nombre de «Steve» y lo ha sustituido por «PEEDO» escrito con grandes mayúsculas.

Dejamos las cosas, nos ponemos silenciosamente los monos de trabajo y las botas que nos ha dado Ron y entramos en la parte donde tiene lugar la actividad principal del matadero. Es un lugar frío y tranquilo. Se oyen tintineos metálicos, el zumbido de las mangueras, el ruido de los cuchillos afilados y, desde el otro extremo, una agitación bajo unas volutas de vapor.

Lo que se agita son los cerdos. Ahora están en corrales de retención, bien juntitos para darse calor, donde permanecerán durante una hora más o menos para que se tranquilicen después del viaje. No están angustiados ni desorientados. Nunca han experimentado ningún placer; no tienen ninguna expectativa y, por ahora, no pueden oler nada de sangre ni oír ningún chillido. Cuando todo esté listo, Steve el Peedo los empujará hacia un pasaje de paredes altas con una tabla.

Nos permiten entrar en los corrales solo para mostrarnos lo maravilloso que es todo, y rascamos los lomos de algunos cerdos que nos miran con esos ojitos que tienen la mayor expresividad del mundo por centímetro cuadrado de superficie ocular expuesta, incluyendo a los mejores actores de la compañía de teatro Royal Shakespeare. Ningún ser humano les había rascado el lomo antes, y ningún ser humano volverá a hacerlo.

Ahora que los cerdos ya están lo bastante tranquilos y todo está listo, Steve empieza a azuzarlos. Los cerdos de atrás se ponen en pie a regañadientes y empiezan a explorar el canal tal y como exploran todos los cerdos, intentando meter el hocico debajo de las raíces y las rocas inexistentes bajo el suelo de hormigón antideslizante. Los cerdos del centro se mueven porque los de la parte de delante se mueven y son sus amigos; su compañía les resulta reconfortante en este extraño lugar.

Delante de todo, los primeros cerdos se acercan al aturdidor. Llega el primero. El cajón de aturdimiento no resulta siniestro para los cerdos, ya que están acostumbrados a las barras galvanizadas. Cuando el cerdo entra, unas mandíbulas romas se cierran detrás de él para evitar que se retuerza. Barry mete la mano, coloca unas pinzas sobre la cabeza del cerdo y pulsa un botón. La corriente recorre la cabeza del animal y su cuerpo se vuelve rígido, sus ojos se cierran como si le estuvieran contando un cuento, se abre una trampilla y el cerdo cae por un tobogán para niños hasta la siguiente estación.

En vez de provocar horror, todo este proceso resulta más bien interesante para los cerdos de atrás. Por ahora, el director tiene razón. Esperaba oír los chillidos que los cerdos emiten de manera reflexiva cuando los agarras por los costados, o un poco de terror a la muerte y una estampida. Pero no ocurre nada de todo eso. Tanto los cerdos como los humanos se comportan la mar de bien.

Contento con cómo transcurre la demostración por ahora, Ron decide aprovechar que todo va bien para seguir adelante y nos hace avanzar junto con los cerdos aturdidos.

Estoy abrumado por la falta de protesta y ceremonia. Estos cerdos no se rebelan contra la muerte de la luz. El matadero es un negocio y, aunque resulte ultrajante, los cerdos se comportan como si estuvieran haciendo negocios. Los culpo por su complicidad. La muerte debería ser todo un acontecimiento, pero no es el caso. Si la muerte puede ocurrir de forma tan rutinaria, ¿cómo podemos sentirnos seguros? ¿Y qué hay de los ritos? Bueno, estos hombres se han levantado, han desayunado, han cagado, han conducido hasta el matadero escuchando noticias falsas y música enlatada en la radio, se han cambiado, han hojeado lánguidamente la revista «Reader's Wives», se han cambiado, se han aseado, han hecho algunas bromas y luego se han quedado allí masticando, esperando la llegada de los 700 cerdos que matarán hoy, tal y como hicieron ayer y harán mañana, para siempre y hasta el fin de los tiempos, o hasta que les dé un ataque al corazón por comer demasiados rollitos de beicon, lo que ocurra primero. ¿Qué puedo esperar de estos hombres? ¿Que recen al Señor antes de electrocutar a cada cerdo? ¿Que le hagan terapia cognitiva a cada cerdo que se acerca al aturdidor? ¿Que proporcionen asesoramiento para el duelo a los cerdos del final de la cola?

Los cerdos yacen en una pila que se retuerce en el fondo de la rampa. Gary pone una cadena alrededor de la pata trasera de cada uno y, a continuación, un raíl va izándolos lentamente para transportarlos hasta Len, el asesino. Len clava un cuchillo en la garganta del cerdo. Cuando lo saca, desata una cascada de sangre que le mana por encima del delantal y las botas.

No tendría que haberme preocupado por la falta de rituales. Len tiene una buena voz de barítono y canta espléndidamente «All Things Bright and Beautiful», al ritmo que va clavando el cuchillo en las gargantas de los cerdos.

All [cuchillada] things bright and beautiful,
All **creatures** [cuchillada] great and small,
All [cuchillada] things wise and wonderful,
The **Lord** [cuchillada] God made them all.*

Ron se enorgullece del ingenio de Len, y sonríe y da palmas al ritmo de la canción, mirándonos en busca de nuestra aprobación.

A continuación, el cerdo entra en el tanque de escaldado. Aquí es donde las cosas podrían salir mal. Si Len no ha hecho bien su trabajo, el cerdo podría recobrar la conciencia y, si eso ocurriera, hasta el propio Dante se quedaría sin palabras: el cerdo empezaría a chillar, hundiéndose, con los ojos en blanco, tragando litros de agua hirviendo, sangre y estiércol. Pero al menos hoy, Len ha dado en el blanco y los cerdos son llevados silenciosamente, retorciéndose, hacia la estación de depilación, destripamiento y desmembramiento.

Ron vuelve a respirar tranquilo. Nos conduce de nuevo hasta el gerente; ya ha hecho su trabajo.

—Así que, señoras y señores, no hay nada que temer, ¿no? Pueden seguir comiéndose sus salchichas con puré de patatas sabiendo que el cerdo no ha sufrido más que la patata, ¿verdad?

Se nota que ya ha utilizado esa frase antes, y se enorgullece bastante de su propia ocurrencia.

Nadie dice ni una palabra en el minibús de vuelta a casa. Regresamos justo a tiempo para el almuerzo. Ellos volverán a ponerse a matar a la una y media.

Por aquel entonces todavía no conocía a X, pero si hubiera estado allí habría hecho cualquier cosa para evitar mirarlo a la cara.

El matadero está muy alejado del Paleolítico superior; es sorprendente lo lejos que se puede llegar al dejar de caminar.

---

* [N. de la T.]: **Todas** las cosas brillantes y hermosas,
todas las **criaturas** grandes y pequeñas,
todas las cosas sabias y maravillosas,
El **Señor** las ha hecho todas.

* * *

Es burdo e injusto juzgar todo un proceso por su final, sobre todo cuando el proceso dura muchos miles de años y tiene lugar en todo el mundo y en muchos entornos culturales diferentes. No deberíamos relacionar rápidamente la (lenta) revolución neolítica [109] con los males de los mataderos, los estados, la comida rápida, los fondos de protección, la alienación social, el motor de combustión interna, la subyugación de las mujeres, el sistema de clases, la adulación en las salas de juntas y la aniquilación de los loros del Amazonas. Así que iré despacio. Ya está: he respirado profundamente varias veces, así que ya puedo proseguir. Ahora que he ido más despacio y que he considerado minuciosamente el proyecto de acusación y las pruebas que lo sostienen, proclamo las acusaciones mencionadas anteriormente.

La causalidad es la siguiente. Los humanos (no, seamos sinceros, nosotros) queríamos comodidad y lo que considerábamos que era seguridad. Queríamos reducir o eliminar cualquier contingencia posible. Aspiramos a gobernar el mundo natural, y empezamos a vernos a nosotros mismos como algo distinto, no como una parte de ese mundo. Nuestros primeros intentos de control fueron muy exitosos en un único sentido; conseguimos producir muchas calorías en un solo lugar. Y eso propició una explosión demográfica. En cuanto la población empezó a aumentar, ya no hubo marcha atrás. Tuvimos que producir más calorías e incrementar el tamaño de los lugares donde las producíamos. No había forma de escapar de esos lugares ni de la severa dialéctica del número de Dunbar. [110] Luego vino el estatus, los excedentes, los mercados, los hombres grandiosos y poderosos y, por lo tanto, los hombres más pequeños y menos poderosos, y todos sus acólitos, incluyendo el hacinamiento, la soledad, las enfermedades profesionales, las enfermedades causadas por la vida sedentaria, y las epidemias de enfermedades infecciosas. Y 12.000 años después de haber seguido con las mismas sinergias, aquí estamos.

* * *

En la tundra donde X y su hijo cazaron para obtener marfil, bailaron con lobos espirituales, percibieron los pensamientos de sus familiares que se encontraban a cientos de kilómetros de distancia en Francia, y notaron cómo su «yo» se expandía dentro de sus cabezas de la misma manera que un bebé se expande en el vientre de una mujer, cambió el tiempo meteorológico. El hielo retrocedió hacia el norte, se descongeló el permafrost y, gracias a la cantidad de estiércol de mamuts y rinocerontes lanudos que se había ido acumulando, emergieron bosques de la tundra. El mundo natural empezó a dar todavía más generosamente.

* * *

Es un día azul gélido y estamos en la costa de Norfolk para buscar focas grises, nadar y beber vino de chirivía en el cobertizo de un amigo. Caminamos por un arenal sombrío. Los niños se pelean, y sus alianzas cambian tan a menudo como en el Beirut de los años setenta. La disputa actual es sobre quién se quedará con el cráneo de un cormorán. Miro hacia el este, observando cómo bucean los alcatraces. Se alimentan de peces, que a su vez se alimentan de organismos que deben su vida al fondo marino, al reino sumergido de Doggerland. Esta es la Atlántida mesolítica, un exuberante paraíso de robles, alisos y avellanos, repleto de animales comestibles que fue arrollado por el mar hace unos 8.500 años. Una vez fui a dar una charla al Museo de Historia Natural de Rotterdam, donde se guardan muchos de los artefactos de Doggerland que encuentran las embarcaciones de pesca de arrastre por la costa de los Países Bajos. En agradecimiento por la presentación me dieron una caja muy elegante con un coprolito que una hiena mesolítica había excretado en Doggerland. Creo que estaban intentando ser amables.

Delante de nosotros, en la playa, hay una gran masa negra. Los niños, dejando de lado sus diferencias por un momento, corren directo hacia ella. Es un enorme trozo de turba muy viejo, a punto de convertirse en carbón: un trozo de Doggerland, tal vez de hace 10.000 años. Sacamos ramitas enteras de la turba. No sería descabellado pensar que una ardilla del Mesolítico trepó por ese trozo de aliso.

Los niños sacan las ramas y las sostienen como si fueran huesos de algún santo. Meten la nariz hasta que se les ennegrece la cara, queriendo respirar el aire que exhaló por última vez un tigre de dientes de sable. Y luego, a pesar del viento cortante, se quitan los abrigos para utilizarlos a modo de bolsas, llenándolos con toda la turba que pueden cargar.

—Seguro que no hay nadie más en mi clase que tenga un bosque prehistórico —dice Rachel.

Por supuesto que sí, ya que hay mucho tráfico de carbón ilícito, pero me sabe mal decírselo.

Al regresar a casa buscan el coprolito de Rotterdam y lo ponen encima de la turba; les parece muy divertido.

—Podría haber estado justo ahí hace años —dice Jamie—. Quién sabe.

Supongo que nadie.

* * *

Los cazadores del Mesolítico que oían el viento entre las ramas que ahora decoran nuestra cocina tenían cerebros que funcionaban igual en cuanto a dispositivos de facilitación social y otras formas cognitivas que los cerebros del Paleolítico superior, los cerebros del Neolítico, los cerebros de la Edad de Bronce, los cerebros de la Edad de Hierro, los cerebros griegos y romanos, los cerebros de la Edad Oscura y los cerebros medievales. Más adelante volveremos a la cuestión de si funcionaban igual que los nuestros.

Muchos no están de acuerdo con esta idea y afirman que el sedentarismo creó las condiciones necesarias y adecuadas para que se produjeran grandes avances en el uso del simbolismo y, por lo tanto, grandes cambios en nuestra arquitectura cognitiva. Se trata de una forma de condescendencia cognitiva que considera a los humanos del Paleolítico superior intelectual y espiritualmente rudimentarios. El motivo para rechazar esa idea no es por corrección política, sino porque contradice la evidencia.

Para entender esa evidencia tenemos que retomar la historia humana en la región del Levante hace unos 14.000 años. Allí, en los densos bosques de roble y terebinto al borde del Mediterráneo, vivieron los natufienses, otro ejemplo de un pueblo que (al igual que la mayoría de los demás pueblos) desafía las categorías antropológicas habituales. ¿Eran cazadores-recolectores? Sí. Para ellos era muy importante la parte del año en que llegaban las manadas de gacelas migratorias, de la misma manera que el movimiento de los caribúes era crucial para los pueblos del Paleolítico superior del norte de Europa. El asno salvaje y el cerdo salvaje también eran muy importantes para ellos, además de los frutos secos, las bayas y las raíces. ¿Estaban en constante movimiento? No. ¿Vivían en aldeas? Sí. ¿Tenían cereales? Sí; llevaban miles de años cortando cereales silvestres con hoces de sílex, pero nunca (o rara vez) los habían domesticado. ¿Por qué iban a hacerlo? Las plantas se sembraban por sí solas y producían lo bastante como para alimentarlos al año siguiente sin que tuvieran que preocuparse por ninguno de los inconvenientes de la agricultura. Aquello era como el Edén. Comían pan, pero no con el sudor de su frente.

Pero los natufienses fueron expulsados del Paraíso por culpa del cambio climático: el rápido enfriamiento geológico llamado Dryas Reciente, que hace unos 12.900 años retuvo el agua congelada en glaciares durante más de mil años, provocó una gran sequía en el Oriente Próximo que marchitó los robles, los terebintales y la hierba (en particular los cereales silvestres), y mermó las manadas de presas, además de perturbar sus movimientos migratorios, que hasta entonces habían sido excepcionalmente precisos.

Los natufienses se enfrentaron a un serio desafío. ¿Qué podían hacer? Su mundo, a lo largo de (como mucho) unas pocas décadas, cambió hasta quedar irreconocible.

Siguieron dos estrategias: reubicarse y revertir. Al igual que las especies que cazaban, abandonaron las colinas y se fueron a los valles más cálidos, donde todavía sobrevivían algunos árboles. Allí volvieron a construir poblados, pero no pudieron ser tan sedentarios como antes: tuvieron que regresar, por lo menos en cierta medida, a sus antiguas costumbres itinerantes: ir adonde el universo decidiera que iba a haber comida. Para algunos (y en particular en el Sinaí y el Néguev) esto significó retroceder el reloj por completo y volver a ser cazadores-recolectores comprometidos con el estilo de vida del Mesolítico y del Paleolítico superior.

Seguramente era difícil cultivar bajo aquellas circunstancias tan complicadas, pero sin duda la urgencia impulsó la idea de cultivar cereales en los valles, por lo que puede que entonces se hicieran los primeros intentos.

El Dryas Reciente terminó incluso más deprisa de lo que empezó. Hace unos 11.500 años, la temperatura global aumentó 7 °C en menos de una década, preparando así el escenario para el Neolítico. Los antiguos pueblos se repoblaron y, desde las costas del Levante hasta las llanuras aluviales del sur de Mesopotamia, se construyeron nuevos pueblos. He aquí, por fin, el sedentarismo estable que, según nos enseñaron en la escuela, fue el catalizador de la domesticación, que (según la propaganda) a su vez fue el catalizador de lo que llamamos peyorativamente «civilización».

Esta fase de la historia de la humanidad suele representarse de la siguiente manera: el sedentarismo produjo el cultivo de cereales (o puede que el cultivo de cereales iniciado por algún emprendedor agrícola precoz durante el Dryas Reciente se expandiera y facilitara el sedentarismo). El sedentarismo y los cereales provocaron un aumento de la población. Este aumento de población, presionado por el número de Robin Dunbar, requiere el desarrollo de un cerebro social especialmente sofisticado, cosa que se consiguió explotando, multiplicando y potenciando el simbolismo.

Hay dos cuestiones que fallan en esta reconstrucción de los hechos. La primera es la suposición de que obtuvimos cerebros socialmente mejores gracias al sedentarismo. Ya lo veremos más adelante. Y la segunda es la insistencia en que el simbolismo sofisticado y la vida social requieren un sustrato de sedentarismo agrícola. Todo eso se contradice no solo por la magnífica proliferación de arte del Paleolítico superior, sino sobre todo también por el yacimiento de Göbekli Tepe, que se encuentra en el norte de Mesopotamia. [111]

Para acceder a ese yacimiento hay que tomar un autobús durante una eternidad desde la vorágine de bocinas que es la estación de autobuses de Estambul; así es como hay que llegar realmente hasta ahí, no descendiendo plácidamente hasta el pequeño aeropuerto de Sanliurfa. Hay que tomar un montón de pequeños autobuses de mala calidad con los neumáticos gastados, llenos de humo y cabras, en lugar de los autobuses urbanos con aire acondicionado y vídeos balbuceantes, y por el camino hay que detenerse en muchos pueblecitos para comer kebabs y ser observado, porque es bueno que de vez en cuando nos recuerden que Occidente es extraño.

Sanliurfa, o Urfa, es una ciudad antipática y optimista llena de tiendas de Vodafone y de pollos asados, con islas de oscuridad picante, situada a las puertas del desierto. Hace muchos años degusté la antigüedad y la política por primera vez muy cerca de aquí, durmiendo a orillas del joven Éufrates y bebiendo vino tinto calentado por el sol de mi botella de agua.

Göbekli Tepe está a tan solo un corto trayecto en minibús desde Sanliurfa. Es un lugar insólito que rompe todos los prejuicios antropológicos. No hay esfinges carismáticas que te guiñen el ojo de manera conspiratoria mientras te hacen partícipe de la broma que han gastado a los académicos. Lo más destacado es un complejo de pilares en forma de «T» de hasta 5,5 metros de altura y 16 toneladas de peso, con brazos y manos humanas a ambos lados, lo que presumiblemente demuestra que los pilares son figuras humanas. Algunas llevan cinturones y taparrabos. Arrastrándose, caminando o volando por encima de los cuerpos figurativos podemos observar animales no humanos: zorros, leones, escorpiones, jabalíes, serpientes, patos y grullas. El yacimiento es inmenso, aunque a día de hoy todavía falta mucho por excavar. Se han encontrado un gran número de huesos (sobre todo de gacelas, pero también de uros y asnos salvajes), por lo que podemos deducir que aquí se celebraron unos festines copiosos. Y es posible que hasta hubiera un espacio dedicado a hacer cerveza.

Pero parece ser que aquí no vivió nadie. Este lugar solo estaba ocupado ocasionalmente, tal y como han demostrado los análisis de isótopos estables realizados en los huesos de gacela. Parece ser que fue un enorme templo.

Solo con esa información, Göbekli Tepe ya resulta muy interesante. Pero hay dos cuestiones que hacen que este yacimiento rompa todos los esquemas. La primera es que nadie cultivó nada allí ni cerca de allí. Así que el complejo seguramente fue construido por cazadores-recolectores. Y la segunda es la fecha: Göbekli Tepe tiene entre 11.000 y 12.000 años de antigüedad, es decir que es entre 6.000 y 7.000 años más viejo que Stonehenge (que es solamente una fracción del tamaño de Göbekli Tepe).

Se supone que Göbekli Tepe debería ser imposible. Se trata de un enorme y monumental emplazamiento megalítico, que expone un elaborado simbolismo. Para construir algo así se necesita inspirar y coordinar una fuerza de trabajo enorme. Se necesita infraestructura sociológica y física. Se supone que algo como Göbekli necesita, y denota, una sociedad estable y estructurada, unida por presunciones teológicas y un fuerte liderazgo. Se supone que los cazadores-recolectores no deberían necesitar, querer o ser capaces (a nivel físico, organizativo y cognitivo) de construir algo como Göbekli. Pero sin embargo lo construyeron.

Eso demuestra que el sedentarismo no es una condición necesaria para la mayoría de las cosas que consideramos civilización o cultura.

* * *

Stephen Mithen (a quien ya he mencionado cuando hablábamos sobre la música como protolenguaje) se pregunta si la domesticación fue en realidad un subproducto de los complejos arquitectónicos como Göbekli. Todos esos trabajadores, juerguistas y fieles habrían necesitado mucha alimentación y mucha cerveza. Seguro que el comité organizador tuvo muy en cuenta todas estas necesidades, y quizá lograron que los protoagricultores se preguntaran si se podía aumentar el rendimiento de esos cereales silvestres. Y tal vez, especula Mithen, varios de los adoradores fiesteros, resacoso por la cerveza de einkorn y por cualquier otro éxtasis disponible en el bosque de pilares de Göbekli, se llevaron algunos de esos impresionantes nuevos cereales a casa. [112]

Fuera cual fuere su procedencia, los nuevos supergranos (cabezas de semillas robustas y capas de semillas blandas, que brotan con regularidad cada año en lugar de permanecer inactivos durante mucho tiempo, y sin las largas plumas diseñadas para alejar a los pájaros) llegaron al valle del Jordán.

Y los natufienses las estaban esperando. Y es allí (y más dramáticamente en Jericó) donde vemos por primera vez verdaderas e inequívocas comunidades agrícolas y una floreciente vida urbana. Suele decirse que Jericó fue la primera ciudad del mundo. Puede que sea cierto o puede que no. Pero si no fue el primer asentamiento en merecer ese dudoso honor, seguramente no estuvo muy lejos de serlo.

* * *

El autobús en dirección a Jericó sale de la estación de autobuses Arab cerca de la Puerta de Damasco en Jerusalén Este, justo debajo de una roca sonriente que los evangélicos crédulos creen que marca el lugar de la muerte y el entierro de Jesús. Enseguida circula cuesta abajo por la carretera que atraviesa el desierto de Judea, pasando por asentamientos en las colinas (fortalezas estratégicamente cruciales que casualmente albergan guarderías, bares de hamburguesas, parterres llenos de hierba y poblaciones de profesionales de la tecnología de la información procedentes de Nueva Jersey), y bordeando el ocasional campamento de beduinos con camellos, cabras e Internet en sus teléfonos. Ahora, por encima de las cabezas envueltas con kufiyya que tengo delante, puedo ver las colinas rojas de Jordania a través de la bruma que se tambalea sobre el Mar Muerto.

Cuando la carretera se allana en la llanura al norte del mar, nos encontramos en el punto más bajo de todo el planeta. La mayoría de los vehículos giran hacia el sur, siguiendo la costa occidental del mar, pasando por arboledas de palmeras datileras y por las montañas donde se encontraron los pergaminos de la comunidad de Qumrán, en dirección a la zona de bikinis de los complejos turísticos del Mar Muerto, donde todo el mundo se fotografía flotando mientras finge leer el periódico.

Yo voy hacia el norte, en paralelo al último tramo del río Jordán antes de que desemboque en el Mar Muerto. Nos detenemos en un puesto de control del ejército israelí. A veces, solo para demostrar a los palestinos que pueden hacerlo, obligan a todos los pasajeros a bajar del autobús y a quedarse bajo el sol mientras revisan las pequeñas cestas de verduras que las ancianas no han conseguido vender en el mercado de la Puerta de Damasco, buscando las cabezas nucleares y los tanques rusos que tradicionalmente se esconden bajo los calabacines. Hoy, sin embargo, los soldaditos están demasiado aburridos como para molestarse. Se limitan a subir al autobús, a mirarnos insolentemente de arriba abajo, a pedirme el pasaporte de forma antipática, a hojearlo y a dejarnos seguir.

En el puesto de control de la Autoridad Palestina en las afueras de Jericó hay un tipo de militarismo diferente, más anticuado: llevan el bigote como Dalí y hombreras de colores. Están todavía menos interesados en nosotros que los israelíes, así que unos minutos más tarde salgo del autobús y piso Jericó.

He estado aquí docenas de veces, a menudo como refugiado del amargo frío invernal de Jerusalén. Esta siempre ha sido una ciudad de refugiados, de desposeídos: primero de los que huían del frío seco del Dryas Reciente, y ahora de los refugiados palestinos que han huido de la fiebre del conflicto árabe-israelí. Históricamente sus grandes atractivos han sido la amabilidad y el agua, pero ahora también hay autobuses repletos de fundamentalistas estadounidenses con pantalones de cintura elástica que se pasean por las tiendas de recuerdos de camino al supuesto lugar del río Jordán donde Jesús fue bautizado, llenando sus mochilas de nailon con camellos de madera de olivo, ya que las figuras de madera de olivo del belén podrían parecer peligrosamente católicas en su lugar de procedencia, Alabama. La primera vez que vine aquí fue hace décadas, para sentarme en un restaurante, comer hummus, beber café turco, garabatear en un cuaderno, observar las peleas y esperar a que una chica holandesa que había visto por allí una sola vez volviera a aparecer.

La antigua Jericó (Tel es-Sultan) es un árido montículo a las afueras de la ciudad moderna, junto al manantial de Ein es-Sultan, que fue la principal arteria de los natufienses, e incluso podría decirse que del Neolítico. En la primera fase del sedentarismo permanente (hace unos 11.500 años), Jericó era un pequeño grupo de casitas redondas de ladrillos hechos con arcilla y paja.

Estoy de pie en la cima del Tel y sopla un aire caliente proveniente de Arabia que huele a naranjas, a neumáticos quemados y a cardamomo. Hay un mar de plátanos balanceándose en la plantación de abajo, suena una campana en el Monasterio de la Tentación, anclado en los acantilados de más arriba, y los minaretes de la ciudad me instan, antes de que sea demasiado tarde, a rendirme y a rezar al Dios verdadero, cuyo profeta es Mahoma. Solo comparto el Tel con unos perros flacos que saben exactamente hasta qué distancia puede llegar una piedra lanzada con precisión, y se mantienen alejados, aunque me gustaría tener su compañía. Los cuervos están explorando los riscos en busca de un profeta al que alimentar.

Nunca puedo quedarme aquí durante demasiado tiempo, ya que los pensamientos me golpean implacablemente, como si fueran un fuerte oleaje. ¿Podría haber sido aquí donde empezó todo? ¿No es un lugar demasiado pequeño para cargar con la culpa de las granjas industriales, los abrigos de piel, los nuggets de pollo, las cosechadoras controladas por GPS y el oleoducto de Keystone? ¿Se habrán cultivado cereales por primera vez en ese campo, justo ahí debajo, junto a la gasolinera? ¿Los cazadores natufienses, que volvían del bosque de pistachos con gacelas colgadas en pértigas, habrán subido al Tel por el mismo camino que acabo de recorrer?

Nadie sabe dónde ni cuándo se domesticaron los animales por primera vez, pero las ovejas y las cabras fueron las primeras en llegar, seguidas al cabo de poco por el ganado vacuno y los cerdos, pero dondequiera y cuandoquiera que ocurriera, sabemos que en Jericó hubo animales domesticados bastante pronto. Me imagino a un cazador cansado y con los pies doloridos regresando a una casita redonda cerca de donde me encuentro y diciéndole a su mujer que si consiguiera encontrar una pareja para esa cabra salvaje huérfana que ella está criando tan gentilmente, dispondrían de carne sin tener que hacer tantos esfuerzos. Y así, tal vez, fue como empezó todo.

Y así, tal vez, fue aquí donde nuestros cuerpos empezaron a ser menos robustos que el de X, y donde nuestros cerebros empezaron a encogerse. (Los animales domésticos, ya sean ovejas, humanos o, sorprendentemente, peces, tienen cerebros más pequeños que los de sus congéneres salvajes. Esta disminución se produce sobre todo en el sistema límbico, que controla la conciencia y la vitalidad en general.[113] Los animales salvajes, sean humanos o de cualquier otro tipo, sacan más provecho de sus días y tienen más información sobre el mundo que los animales que viven en cabañas). Quizá fue aquí donde empezó a disminuir el dimorfismo sexual, por lo menos en ovejas y cabras: los machos ya no tenían que pelear con sus cuernos ni parecer deseables para atraer a una pareja, ya que les entregaban las hembras en bandeja. Quizá fue aquí donde aumentó la fertilidad de las hembras de ovejas, cabras y humanos, y donde comenzaron a ser más libidinosas y a alcanzar antes la madurez sexual, a pesar de infantilizarse debido a la conservación de algunos rasgos de comportamiento y anatomía juveniles en la adultez que las criaturas salvajes pierden al llegar a la edad reproductiva. [114] Quizá fue aquí donde las enfermedades infecciosas empezaron a pasar de los animales domésticos a la población humana (se cree que la mayoría de las enfermedades infecciosas humanas provienen de animales no humanos). Quizá fue aquí donde las enfermedades infecciosas empezaron a ser una causa importante de muerte: vivir en comunidades más grandes implica una mayor tasa de infección. Quizá fue aquí donde se observaron por primera vez las enfermedades profesionales asociadas al estrés repetitivo y a la posición anatómica: las mujeres que pasaban gran parte del día moliendo maíz sentadas sobre sus piernas dobladas desarrollaban un tipo de artritis característica en los dedos de los pies, y hay muchos otros tipos de artritis asociados a la agricultura. Quizá fue aquí donde las deficiencias dietéticas se convirtieron en un problema importante. Los cazadores-recolectores acostumbraban a tener una dieta variada, pero el monocultivo supone una vulnerabilidad dietética. La carencia de hierro se observa por primera vez en las primeras comunidades agrícolas. Quizá fue aquí donde se hicieron comunes los abscesos dentales (por la arenilla de la harina) y las enfermedades en las encías.

Quizá fue aquí donde apareció el aburrimiento. Los cazadores-recolectores tenían que resolver una enorme variedad de problemas que iban cambiando según las estaciones, utilizaban una ingente variedad de herramientas físicas y cognitivas, y necesitaban tener un conocimiento enciclopédico en muchos ámbitos distintos para poder hacerlo. En el nuevo mundo había menos retos cognitivos: las dificultades eran más bien cuantitativas, comerciales y, finalmente, políticas, un tipo de problemas triviales y tediosos en comparación con los desafíos de ganarse la vida y prosperar en el mundo salvaje. ¿Podremos producir suficientes alimentos en estos campos durante esta estación para alimentar a nuestra gente? ¿Tenemos bastante espacio para almacenar los excedentes? ¿Nos conviene más comerciar con este pueblo o con aquel otro? Eran cuestiones aburridas y pedestres comparadas con cazar mamuts, recuperar almas del inframundo, saber cuándo habría bayas en una ladera a ochenta kilómetros de distancia, volar de forma recreativa a estrellas lejanas en un carro hecho de setas, y diseñar y construir una casa nueva noche sí noche también.

Tal vez fue aquí donde el ocio empezó a desaparecer: donde nació la idea de que las vacaciones se reducen a solo una quincena de días en verano. Raramente los cazadores-recolectores pasaban más de la mitad de sus horas de vigilia en busca de calorías. Es bien sabido que el agrónomo Jack Harlan demostró que en tres semanas una familia podía cosechar los cereales que necesitaba para todo un año cortando einkorn silvestre con una hoz de sílex en Turquía. [115]

Tal vez fue aquí donde surgió la especialización: donde un hombre se convirtió en un experto en el cultivo y otro en un experto en la cría de cabras; tal vez uno se convirtiera en un experto en permanecer en un lugar y, el otro, en una especie de nómada, deambulando por las colinas perfumadas de tomillo en busca de sus rebaños, durmiendo con ellos por la noche y manteniendo la antigua conexión de cazador-recolector con los cielos circundantes. Así, pues, puede que fuera aquí donde se abrió una brecha entre Caín el plantador y Abel el pastor.

Quizá también fue aquí donde se abrió la brecha entre hombres y mujeres. Debido al estudio de los cazadores-recolectores modernos, suponemos que los hombres y las mujeres siempre han tenido papeles diferentes: las mujeres recolectaban y los hombres cazaban, pero en la mayoría de los entornos la recolección era generalmente más importante para la supervivencia, y eso mantenía el ego masculino bajo control. Ahora bien, en la economía agrícola, las mujeres se quedaban en casa moliendo grano, por lo que era más fácil para los hombres jactarse de que eran los productores principales y calificar a las mujeres de meras procesadoras. Se ha exagerado mucho sobre el igualitarismo que hay entre los cazadores-recolectores, pero sí que es cierto que normalmente son mucho menos jerárquicos que las sociedades sedentarias.

Quizá fue aquí donde nació la noción de excedente y, por ende, la noción de beneficio. Quizá fue aquí donde la población creció demasiado como para que la vergüenza y la reputación fueran las únicas medidas policiales necesarias, y por eso quizá fue aquí donde surgieron los primeros tiranos. Quizá fue aquí donde los animales empezaron a ser vistos como cosas en lugar de como compañeros de viaje; donde se inició el proceso de desensibilización respecto al mundo no humano. Quizá fue aquí donde se concibió la idea de propiedad, de título y, por lo tanto, de derecho. Quizá fue aquí donde, una vez que el mundo no humano fue parcialmente desalienado, empezó el proceso de desalienación de otros seres humanos.

Y quizá desde lo alto de la montaña, donde ahora se encuentra el monasterio, los cazadores-recolectores hayan mirado con lástima a los agricultores con el conocimiento de superioridad que posee todo anarquista malhumorado que mira a un banquero mercantil.

El antropólogo estadounidense James C. Scott ha documentado cómo ven los cazadores-recolectores actuales a los agricultores.[116] En resumen, su opinión es que la agricultura es un trabajo duro y aburrido: no es un trabajo apropiado para los cazadores y debe evitarse en la medida de lo posible. La agricultura de arado les parece especialmente indeseable. Los europeos que colonizaron América del Norte tuvieron que encerrar a los nativos americanos en campos de concentración para obligarles a trabajar con el arado, de la misma manera en que los primeros estados mesopotámicos tuvieron que recurrir a mano de obra esclava y a coacciones para llevar adelante su industria del grano. Cuando la peste negra europea arrasó la población, dejando en consecuencia mucha tierra libre, se abandonó inmediatamente la agricultura de arado en favor del antiguo modelo de tala y quema.

Hoy en día, todos somos agricultores: cultivamos personas (míralas en sus altos corrales de planta abierta, produciendo beneficios), recursos y, aunque solo sea indirectamente, cerdos y pollos. Tememos la mirada altiva del cazador-recolector; en nuestro interior sabemos que el desprecio que nos tienen está justificado, y hemos hecho todo lo posible por reescribir la historia y hacer que parezca que los cazadores-recolectores abrazaron con gratitud la agricultura en cuanto tuvieron ocasión. Pero no es cierto. Scott ha señalado que las primeras evidencias de comunidades sedentarias provienen de hace unos 11.000 años. Y hemos encontrado evidencias de plantas y animales domesticados de más o menos la misma época. Sin embargo, no hubo ningún pueblo sedentario que dependiera de plantas domesticadas o de campos fijos hasta 7.000 años más tarde. Es decir que, durante 7.000 años, nuestro propio modelo de vida que tanto nos gusta suponer que debía parecer irresistiblemente atractivo a ojos de los pobres cavernícolas ignorantes encontró resistencia y fue ignorado, y de hecho los cazadores-recolectores actuales siguen haciendo exactamente eso. Los cazadores-recolectores modernos solo adoptarían nuestro estilo de vida si les obligara un látigo. Nuestro estilo de vida es el último recurso para las criaturas que realmente somos.

La agricultura, al igual que la heroína, es más fácil de adoptar que de dejar. Los excedentes provocan un aumento de población, y las poblaciones grandes matan a todos los animales y se comen todas las nueces y bayas a kilómetros a la redonda, haciendo que sea imposible regresar al antiguo estilo de vida. En cuanto te atrapan las fauces del monocultivo se acabó: tienes que seguir produciendo más y más. Y cuando empiezas a comerciar, la ley de la oferta y la demanda aumenta todavía más la presión; te ata más fuertemente a la rueda.

Hemos hecho que las semillas perdieran su capa dura y hemos alterado los instintos del ganado. Ahora serían igual de incapaces de sobrevivir en la naturaleza que nosotros. Tenemos que estar cerca de ellos para defenderlos. Ya podemos olvidarnos de pasar un año cazando marfil o buscando nuestra alma por la tundra de Derbyshire: tenemos que montar guardia en nuestras granjas, proteger nuestros cultivos y nuestro ganado de las vulnerabilidades que les hemos provocado. Y si los envidiosos del pueblo de al lado decidieran convertir sus rejas de arado en espadas, no tendríamos ningún lugar al que huir (cuando éramos cazadores-recolectores, el mundo entero era nuestro refugio) ni ningún recurso, físico o imaginativo, para sobrevivir en otro lugar que no fuera la granja. Aunque, de todos modos, tampoco podríamos llevarnos a todos esos bebés que nos ha dado el maíz. Quizá fue en Jericó donde nos quedamos sin opciones.

Menuda acusación contra este lugar tan tranquilo y cálido, con sus tiendas de baratijas y sus naranjos.

El sol se está poniendo en el desierto al oeste, las luces se están encendiendo en la ciudad y ya va siendo hora de subir a un autobús que traquetea mientras asciende la colina de regreso a Jerusalén, donde he alquilado alojamiento en una bodega de los cruzados.

Volvemos a pasar junto a los beduinos. Están cuidando de sus camellos, pastoreando sus cabras y cambiando una rueda de su camioneta Toyota. Puede que sean un ejemplo bastante comprometedor para su gente, pero no hay duda de que el Dios de la tradición judeocristiana los prefiere por encima de los agricultores de Jericó. Yahvé romantiza a los pastores itinerantes mucho más que Rousseau. Estos beduinos son los descendientes de Abel, cuyo nombre significa algo así como «aliento que se desvanece»: ahora estás aquí, pero puede que desaparezcas dentro de un momento, como si te quemara el sol que sale por encima de las montañas de Judea. No puedes tener delirios de grandeza si te llamas «aliento que se desvanece». Nunca se te ocurriría ponerte al frente de una empresa que cotiza en bolsa, ni tener un condominio con vistas a Central Park, ni un humidificador lleno hasta arriba. Pero verías las flores primaverales que tu hermano Caín (cuyo nombre proviene de alguna palabra relacionada con la adquisición y la posesión) pasa de largo mientras va conduciendo de camino a la sala de juntas o a la agencia inmobiliaria, y conocerías los nombres de los pájaros sin querer venderlos.

La historia de estos dos hermanos [117] codifica y expone el antiguo motivo del sedentario y el nómada, el agricultor y el pastor. Los pastores itinerantes de Oriente Próximo no son cazadores-recolectores del Paleolítico superior (esta parte de la Biblia se unió a la historia después de que el Neolítico estuviera bien consolidado), pero Abel estaba mucho más cerca de ser un cazador-recolector que su hermano. Caín era un «labrador de la tierra», como los que acabo de ver en Jericó, y Abel era un «cuidador de ovejas», pero sin la camioneta. Ambos trajeron sus ofrendas a Dios: Abel, las mayores porciones de los primogénitos de su rebaño, y Caín, el «fruto de la tierra». Pero esas dos ofrendas no fueron igualmente bien recibidas: «El Señor se fijó en Abel y en su ofrenda, pero no se fijó en Caín ni en su ofrenda».

¿Por qué Dios prefirió la ofrenda de Abel? No está muy claro. Se han sugerido muchas explicaciones elaboradas, pero en realidad ninguna acaba de encajar del todo. A mí me parece una simple preferencia personal por el carácter y el estilo de vida de Abel.

Caín se puso de malhumor y se enfadó porque las ofrendas de Abel tuvieron mejor acogida que las suyas. Se fueron juntos «al campo» y Caín, al igual que sus descendientes neoliberales, decidió acabar con la competencia. Mató a Abel. La primera violencia humana se produjo en el territorio neolítico por excelencia: el campo.

Dios dictó la sentencia que Caín más temía. Tendría que vender el condominio, abandonar sus opciones de compra de acciones y deambular para siempre por la tierra al igual que el hermano al que había matado. Se convertiría en una de las personas sin techo, acurrucadas bajo sus mantas, de las que tan a menudo había pasado de largo con suficiencia de camino a la oficina. Le cortarían las raíces.

Pero lo más extraño de la historia es que, si te fijas bien, la sentencia no llegó a cumplirse. Aunque parezca que sí. Caín se fue a la tierra de Nod, que literalmente significa «tierra de los errantes». Pero no se puso a errar por allí. Se «asentó» allí. Regresó directamente a las viejas y malas costumbres que le habían merecido la sentencia en primer lugar. Y no solo eso: construyó una ciudad, Enoc, a la que nombró en honor a su hijo mayor. Es un clásico ejemplo de la obsesión del Neolítico por el parentesco y el linaje: un intento de evitar la muerte cortejando la posteridad. La ciudad floreció, si es que una ciudad puede realmente florecer. La población aumentó, la industria se disparó (Tubalcaín fabricaba «todo tipo de herramientas de bronce y de hierro») y, sin duda, se comerció con esos productos, y se desarrolló una vibrante cultura metropolitana («Jubal, el cual fue padre de todos los que tocan la lira y la flauta», dice la Biblia haciendo caso omiso de todas esas flautas de hueso del Paleolítico superior).

¿Acaso Dios se olvidó de la sentencia? ¿Quedó Caín impune? No. Al final todos estamos condenados a conseguir lo que queremos. Caín quería la inmovilidad urbana, la ilusión de la seguridad: pólizas de pensiones, inversiones inteligentes, una casa grande con una puerta de garaje eléctrica y la variedad de opciones que hay en los centros comerciales. El pobre diablo consiguió todo lo que quería, y esa fue su sentencia. Podría haber tenido el vuelo del águila, la calidez del sol en el rostro, la risa de sus hijos educados en casa. Podría haber pasado hambre durante una semana, haber dado vueltas alrededor de una hoguera de madera de acacia, haberse convertido en gacela y haberse zambullido en los manantiales de Ein Gedi y haber sido alimentado por cuervos en las montañas de Moab.

Aunque no lo parezca, Abel Aliento Que se Desvanece, a pesar de (o más bien gracias a) su aliento desvanecedor, acabó ganando.

Pero todavía faltaba otra pieza en esta parte del rompecabezas judeocristiano (y, ahora, islámico).

El autobús está echando humo por toda la parte árabe de Jerusalén Este. La ciudad sagrada para los judíos, los cristianos y los musulmanes se extiende y resplandece debajo de nosotros, con la Cúpula de la Roca dorada en el centro espiritual. «El año que viene en Jerusalén», dicen los judíos cada año; los peregrinos cristianos jadean mientras suben por la vía Dolorosa medieval, convencidos de que se trata del mismo camino que recorrió Jesús hasta llegar al Calvario; y Mahoma llegó al Monte del Templo montado en su caballo alado, al-Buraq, estableciendo así una larga tradición de veneración musulmana por la ciudad. Pero al fin y al cabo se trata de una ciudad. No hay lugar a dudas; tiene hoteles de cinco estrellas, un sistema de alcantarillado y cajeros automáticos. Si Dios fuera coherente, ¿no debería haber dicho una oración de Pascua más parecida a «El año que viene en algún desierto desolado, donde puedas estar en comunión con la naturaleza y percibir cuál es realmente tu lugar en el orden natural»? Y, ¿no es embarazoso que, para los cristianos, la Nueva Jerusalén que se alza al final de los tiempos [118] sea también una ciudad: una ciudad brillante, centelleante, profundamente antinatural, toda ella hecha de cristal y espejos?

Todo lo contrario. La Pascua y la revelación de San Juan son historias de redención. Vienen a decir que si hasta las ciudades pueden ser redimidas hay esperanza para todos, aunque tengamos que esperar hasta el final de nuestras vidas o el fin del mundo. Desde el principio ha quedado bien claro que Dios tiene predilección por las personas que deambulan, y eso no ha cambiado. La identidad de los hebreos se forjó durante esos cuarenta años de polvo y ampollas en el Sinaí, y cuando por fin se instalaron en Jerusalén, ¿qué pusieron justo en el centro del lugar más sagrado de la ciudad santa? El Arca de la Alianza que utilizaban para llevar a Dios de un campamento a otro. Nunca quitaron los postes que permitían transportar al Dios beduino y móvil. Siguió siendo un santuario móvil para un pueblo itinerante. Las tiendas de piel de cabra negra son el hábitat natural del islam, y la institución del Hajj sirve para recordar a los musulmanes que moverse es algo muy digno. Y, por último, ese mismo judío, Jesús de Nazaret, considerado por los cristianos como el ser humano ideal, observó que si bien los zorros tienen madrigueras y los pájaros nidos, el Hijo del Hombre no tiene ningún sitio donde posar la cabeza. [119]

En resumen, según todas las religiones que surgieron por aquí, donde también se inició la agricultura, tu alma está en juego tanto si te dedicas a la agricultura real como a la metafórica.

* * *

Estoy generalizando demasiado. Estoy juzgando a todo un conjunto en base a su peor parte. Tengo tendencia a hacerlo.

Se me ocurren muchos lugares a los que ir para conseguir una mejor perspectiva, pero uno de los mejores es la casa de Fran y Kevin situada en una zona remota en mitad de Gales. Ellos dos no solo hablan del Neolítico, sino que lo viven. Crían pequeños muflones escurridizos, los ancestros de las ovejas modernas; han erigido menhires; fabrican y hornean sus propios cuencos de arcilla, tejen sus propias cestas, beben cerveza casera en vasos hechos con cuernos, fabrican sombreros de piel de zorro, curten las pieles con sesos para que sean suaves o con corteza de roble hervida si no es tan importante que queden suaves; y quieren ser enterrados en unas tumbas en la colina que serán visibles a kilómetros de distancia, «para que podamos vigilarlo todo». Y aunque viven en una granja medieval, han construido un pequeño asentamiento siguiendo el modelo neolítico británico: casas redondas con paredes hechas con un entramado de madera repleto de barro, con techos de brezo, una sola entrada baja y suelos de barro.

Todo eso no es ninguna pose. Van muy en serio. Viven así porque han decidido de manera detenida, estudiada y reflexiva que esta es la mejor forma de vivir como seres humanos. Y que no te quepa ninguna duda: son los seres humanos más espléndidos y vivos que conozco.

A pesar de las detalladas indicaciones de Fran, Tom y yo nos perdemos por poco y, cuando por fin avanzamos por el camino del bosque hasta la granja, el sol de mitad de invierno ya se acerca a la cima de la colina. Un lobo domesticado ladra a las ruedas de nuestro coche y, en cuanto entramos en la casa, Fran nos da un cuenco de carne de uro domesticado que ha estado hirviendo junto a una olla de cera de abeja, carbón y pegamento de resina de pino que se utiliza para fijar las cabezas de las hachas de sílex en los ejes de madera.

—Comernos esta vaca nos resulta difícil —dice Fran—. Siempre resulta difícil matar cosas que has querido. Los días previos a la matanza siempre estoy nervioso. No me extraña que los neolíticos decidieran centrar toda su atención en el festín posterior para anestesiar este dolor. Seguro que para ellos era mucho más difícil matar animales, ya que entonces tenían un vínculo más estrecho y eran mucho más difíciles de criar. Además, los animales también eran su póliza de seguro: la reserva que podía marcar la diferencia entre la vida y la muerte. Uno no rompe una póliza como esa tan a la ligera.

Para Fran y Kevin, la matanza y la carnicería son actividades comunitarias. El filete, los callos y la culpa tienen que compartirse. Su festín no es una fiesta de la muerte pantagruélica, sino un reconocimiento de que la matanza de un animal es un acto moralmente grave. Es algo que requiere una justificación laboriosa, y si muchas personas gozan de ello es más fácil de justificar. Estoy completamente de acuerdo. Solo comemos carne los días festivos, cuando mi agónico cálculo utilitario concluye que la cantidad neta de felicidad del mundo aumentará con la vida, la muerte y el consumo de un animal. Fran y Kevin son más prácticos. «Cazamos conejos para perdonar la vida a las ovejas durante todo el tiempo que sea posible». Y por supuesto, al igual que Tom y yo nos lo planteamos con la liebre, para ellos es un imperativo moral utilizar absolutamente todas las partes del animal: no solo la carne y las vísceras, sino también los huesos para hacer herramientas, las pieles para hacer ropa y los tendones para hacer hilo.

Tom y yo pasamos la noche en una de esas casas redondas. En cuestión de minutos hemos hundido cosas en el suelo con nuestras pisadas que reescribirán la historia de la humanidad y arruinarán las carreras académicas cuando sean excavadas dentro de unos 10.000 años.

La noche está despejada, pero hace un frío cortante («como un pellizco de lobo», dice Tom). Esta noche las constelaciones están ocupadas acosándose unas a otras. Encendemos un fuego de brezo, lo alimentamos con abedul y enrollamos la masa alrededor de palos para cocerla con las brasas.

X y su hijo han regresado; están acuclillados más cerca que nunca, mirando con codicia nuestras exuberantes chaquetas de plumón y nuestros gruesos mitones, desconcertados por las serpientes de masa quemada que se deslizan por nuestras bocas. Deben de estar acampados en el bosque, justo debajo de nuestro asentamiento: aquí no hay lugar para ellos.

Por primera vez puedo ver bien al chico. Es fibroso y distraído, no tiene ni una pizca del aplomo de su padre. El pelo largo y negro le cae sobre la cara. Solo el fuego y Tom consiguen retener su atención durante algún tiempo. Sus ojos no paran de dirigirse al fuego para reposar, como si fuera su casa, y a Tom, como si fuera una lección que le han asignado. Cuando los aparta de las llamas o de Tom, sus ojos se dirigen hacia todos lados, y aprieta los labios con fuerza. Su padre a veces lo mira largo y tendido, pero el niño nunca le devuelve la mirada.

A un kilómetro y medio de distancia, un ternero se atasca mientras intenta salir de su madre y, por el ritmo de sus bramidos, la vaca se está cansando. En una granja situada en la cima de una colina, detrás de nosotros, un perro tira de una cadena, desesperado por atrapar a un zorro. Un tejón se abre paso a través de los helechos, con la cabeza agachada como si fuera un quitanieves, apartando los tallos a la fuerza. Un satélite se desliza por la pierna de Orión.

Tom da las buenas noches medio dormido y entra en la cabaña con una rama encendida para iluminarse. Le oigo meterse dentro de su saco de dormir, y luego saca la rama por la puerta. Unos minutos después está roncando suavemente. Su cabeza se hunde con determinación en el brezo que insiste en utilizar como almohada y se le cae hacia atrás, deshaciendo la joroba adolescente que adopta durante el día.

Es difícil cuando un niño se va a la cama. Te hace sentir mayor, lo cual no es bueno. Es difícil mirar a través del fuego a X y compañía. Estoy desorientado. Si el Neolítico llegó a Gran Bretaña hace unos 6.000 años y X ya tenía conciencia de sí mismo en Derbyshire hace 40.000 años, los separan 34.000 años, un período de tiempo casi seis veces más largo que la distancia que me separa del inicio del Neolítico. En algún momento de esos 34.000 años, los humanos adquirieron el impulso del dominio y empezó una nueva era.

Ya estoy volviendo a difamar a toda una época entera. Tal vez no fue aquí donde adquirieron el impulso del dominio. El País de Gales neolítico, al igual que el Derbyshire del Paleolítico superior, era un lugar situado en los límites del mundo. Era difícil vivir aquí. Y todavía lo es. Para sobrevivir aquí había que cooperar con el mundo natural, no intentar esclavizarlo en vano. Había que ser un experto en todos los oficios, al igual que los antiguos cazadores-recolectores. Practicar el monocultivo significaba la muerte. Sospecho que las antiguas formas de relacionarse con el cielo, la tierra y los muertos sobrevivieron durante mucho tiempo por estos lares. La geografía no se presta a credos o dinastías sacerdotales.

A mí también me toca dormir, pero siempre me ha costado conciliar el sueño cuando hace tanto frío, pero no por el frío en sí, sino porque tienes que acurrucarte y taparte la cara con una manta, y eso es como estar muerto. No podemos encender una hoguera dentro de la cabaña. No hay ningún agujero para que salga el humo. Se iría filtrando con el tiempo a través de la paja, pero no antes de llenarnos los ojos y los pulmones. No me gusta que no haya un agujero para que salga el humo. Puedo ver las estrellas a través de la puerta abierta cuando saco la cabeza de debajo de la manta, pero no es lo mismo. Me gustaría mucho poder tumbarme de espaldas y ver al cazador celestial y a sus sabuesos arrasándolo todo por la noche. Según los nómadas siberianos, si cierras el agujero de humo de la yurta de alguien, en realidad lo estás excomulgando, lo estás aislando de cualquier presencia divina existente, lo estás encerrando en su celda para que lo viole su propia psique.

Son las tres de la mañana, supongo. (Hace años que no llevo encima ni un reloj ni un teléfono móvil). Los ronquidos de Tom no solo me ponen melancólico, sino que me vuelven loco. Será mejor que salga de la casita, y ya que estoy fuera podría cagar tranquilamente, vigilado solo por los búhos.

El esfuerzo de levantarse, calzarse y salir a la fría oscuridad es un acto de voluntad incomparable. Soy un hombre débil y tardo media hora en reunir las fuerzas necesarias para lograrlo.

Una vez fuera, me pregunto por qué me he acostado. Siempre igual. Nunca aprendo, y nunca me acuerdo. El gran escritor de la naturaleza «BB» escribió: «Cuánto se pierde el hombre de la vida por estar acostado». Me he perdido una cacería y tal vez una matanza en algún lugar cerca de las Pléyades, y una cacería y una matanza certera junto a la alambrada, donde la sangre parece negra a la luz de la luna. Me he perdido a las ovejas saliendo del campo de al lado y alineándose a la perfección como guardias alrededor del fuego, y el débil aliento de los abedules uniéndose para convertirse en una nube que hace toser a los tejones y que obliga a posarse a los búhos que vuelan a baja altitud.

Cuando los agricultores-cazadores neolíticos salían de sus cabañas para defecar, seguro que por un momento veían su situación y sus cuerpos de forma diferente. Aquella era la única actividad realmente solitaria. Todo lo demás (nacer, comer, mantener relaciones sexuales y morir) se hacía en comunidad. Y puesto que los pastores solitarios consideraban, en cierto modo, que las ovejas eran personas, el pastoreo también era una actividad comunitaria. Solamente estaban realmente solos cuando se ponían en cuclillas, y solo al girar la vista hacia las cabañas desde esa posición podían verlas por lo que eran y empezar a dar sentido a una sociología.

* * *

Solo nos quedamos allí un par de días a pesar de lo desmesurada que es la hospitalidad de Fran y de Kevin. No podemos ser turistas en el

Neolítico; visitar los proyectos de otras personas, sumergirnos en ellos durante un tiempo, hacernos una idea de todo y luego regresar algún día para tomar notas. Porque todo en esta época gira alrededor de la responsabilidad; responsabilidad para con un lugar, con los cultivos, con los animales y con los seres humanos. Las responsabilidades que empezaron por aquel entonces siguen siendo las que nos mantienen en esta misma rueda, ya sea de forma onerosa o no: alquileres, impuestos, matrimonios, cuentos para dormir. Pero la tierra es un recaudador de impuestos mucho más despiadado que un gobierno. No solo exige sudor, estiércol, dinero y tiempo, sino también fidelidad de pensamiento y pureza moral. Porque en la mente neolítica, y en la de la mayoría de los agricultores de la historia, se premia el vivir y pensar con rectitud, y se castigan los actos oscuros y los pensamientos retorcidos. Un acto adúltero o un asesinato no autorizado con un cuchillo de piedra podrían echar a perder toda la cosecha.

¿Quieres ser auténticamente neolítico? Si eres un ciudadano decente, probablemente ya lo seas. Y si no lo eres, arregla la valla del jardín, come chuletas de un cerdo cautivo, echa un vistazo a las escrituras de tu propiedad, hojea con sentimentalismo tus fotos familiares y preocúpate por la muerte.

Primavera

«Muerte, no seas orgullosa, aunque algunos te llamen
poderosa y terrible, porque no lo eres,
pues aquellos que crees haber aniquilado
no mueren, ¡pobre muerte!, ni a mí puedes matarme».

JOHN DONNE, «Muerte no seas orgullosa». [120]

Ha sido un invierno sin historias, principalmente porque creía haber entendido la historia del Neolítico, pero la historia que había adoptado sobre el Neolítico era política. Las grandes historias equivocadas siempre sofocan todas las demás y, dado que todas las historias políticas son equivocadas, toda la política disminuye el colorido, la complejidad y el valor de entretenimiento del mundo. Ninguna historia política puede contar nada que sea realmente cierto sobre ningún ser humano. Me siento hueco y sucio cuando participo en una disyuntiva política de cualquier tipo. Toda política difama a todos los seres humanos.

Mi padre muerto no estuvo presente en todo mi invierno neolítico. Era un recuerdo perdurable, por supuesto, siempre a mi lado; pero era más bien un conjunto de principios, o un par de ojos incorpóreos a los que, en última instancia, tendría que rendir cuentas, más que un cuerpo sentado en un sillón que huele a jabón de alquitrán de hulla y a tabaco de pipa.

Su ausencia debería haberme alertado de que no había explorado el Neolítico como era debido, y es que si los psiquiatras modernos hubieran examinado el Neolítico de principio a fin le habrían diagnosticado un trastorno de duelo complejo persistente. [121] Si crees que mi constante referencia a mi propio padre es empalagosa y poco saludable, significa que estás muy alejado de tus raíces prehistóricas. La escritora Julia Blackburn se comió las cenizas de su marido muerto con yogur. [122] Eso es lo que hacen los humanos normales.

He escrito mucho sobre mi padre en este libro. Pero apenas he mencionado a mi madre. Ella también murió, como es habitual, pero antes que mi padre (que era mayor), cosa que no suele ser tan habitual, en una gloriosa mañana de primavera con sus queridos narcisos floreciendo en el jardín, como suele ser habitual en este universo burlón y tentador que habla de resurrección justo cuando apaga la luz.

Era maestra de escuela, una excelente música y lingüista, y un espíritu muy libre. Así que, cuando murió, mi hermana y yo nos pusimos a cumplir sus últimas voluntades con la ayuda de un director de funeraria anodino y un abogado inestable. Después de que el médico viniera, murmurara algunos tópicos amables y rellenara el certificado de defunción, la desnudamos, sacamos su cuerpo, ya rígido, al jardín, lo colocamos en una mesa de caballetes que mi padre utilizaba para poner pegamento en el papel pintado, y afilé un flamante juego de cuchillos de trinchar que había comprado en el mercado.

—¿De verdad tenemos que hacerlo? —le pregunté a mi hermana.

—Es lo que ella hubiera querido —respondió. Siempre fue la más recta de los dos—. Tú primero, que eres veterinario.

El primer corte fue el más difícil. Decidí empezar por un muslo en lugar de un brazo (porque era lo que había utilizado para abrazarnos) o una cavidad corporal. A medida que el cuchillo entraba e iba reconociendo las capas (piel, grasa subcutánea —aunque no mucha—, fascia, músculo) pude abstraerme de lo que estaba haciendo. Ese músculo no era específicamente su músculo; era solamente un músculo. De hecho, en realidad no era su músculo. Nuestra madre se había ido, aunque ya discutiríamos en otro momento dónde. A partir de ese punto tampoco es que el proceso fuera muy alegre, pero mi hermana se unió con voluntad y, después de una hora de trabajo, terminamos de despellejar el cuerpo, desollar las extremidades y retirar las vísceras. Apilamos el músculo y los diversos órganos en el montón de compost, encendimos una hoguera con la ayuda de un montón de parafina, y muy pronto el callejón sin salida empezó a oler a la mayor barbacoa de toda su historia.

Eso resultó ser la parte fácil, pero desarticular el cuerpo fue una pesadilla. Aunque mi madre odiaba caminar (a menos que fuera por una galería de arte), sus ligamentos eran duros como el acero y, antes de conseguir dividirla y meterla en bolsas de basura para llevarla al panteón familiar, ya estábamos sudando.

Todo esto que acabo de explicar, por supuesto, es pura ficción. Seguro que al leerlo, te has sentido asqueado y has pensado que soy un desviado y que deberían encerrarme. Pero ¿por qué?

El Neolítico fue la época por excelencia de los antepasados.

En la primera fase del sedentarismo permanente de Jericó, por lo menos algunos de los muertos fueron enterrados bajo el suelo de las casas. Se caminaba, se cocinaba, se discutía, se enseñaba y se mantenían relaciones sexuales encima de tus predecesores. En nuestra cocina de Oxford tenemos fotos de nuestros padres y madres muertos. Incluso esos anémicos monumentos conmemorativos inhiben algunas de nuestras crueldades y groserías más extravagantes, e inspiran algunos de los escasos actos de nobleza que se producen dentro de nuestra casa. Sería realmente formidable poder apelar a los abuelos que yacen a pocos centímetros por debajo de sus calcetines cuando los niños se enfrascan en guerras internas.

En Jericó surgió un culto hacia los cráneos; moldeaban los rasgos de los familiares fallecidos en los cráneos limpios, les sustituían los ojos por caracolas y luego, sin duda, los exponían en su casa. Si hiciéramos eso, seguro que nuestros hijos mejorarían con sus deberes.

En la Gran Bretaña del Neolítico temprano había tumbas colectivas que albergaban muchas generaciones, a menudo construidas sobre las casas de los vivos o siguiendo los mismos planos, y también excavaciones (conocidas como recintos de fosos), que consistían en zanjas concéntricas en las que muchas veces se han encontrado grandes cantidades de huesos humanos y, a veces, de animales. Cuando morías, literalmente, según las palabras textuales de la Biblia, te reunías con tus antepasados; tus huesos se mezclaban con los suyos. Con el tiempo.

Lo que solía ocurrir en las tumbas es que se ponían los cuerpos de los muertos recientes encima de los cadáveres más antiguos para que se descompusieran, [123] o si no se los apilaba en un extremo de la cámara, de modo que al haber pasado del estado de los vivos al de los muertos, el viaje de transformación continuaba de forma gradual al son de gusanos, ratas y escarabajos. La tumba era un túnel, como una vagina de piedra, por el que pasaban los muertos de camino a su renacimiento. La autotransformación no termina con la muerte biológica.

Las tumbas, y en particular las tumbas de cámaras megalíticas del oeste de Gran Bretaña, solían ser lugares concurridos y sociales. Tenían patios delanteros y otros espacios para acomodar a los visitantes vivos, que normalmente hacían pícnics por allí. Eran puntos de encuentro, no solo para que los vivos pudieran reunirse para consolarse y mostrar y sentir solidaridad en su dolor compartido, sino también para que los vivos se reunieran con los muertos: para demostrar respeto y tener a los ancestros de su lado, para que los muertos les dieran indicaciones y para invitarles a seguir participando en la vida cotidiana. Sin duda, sus huesos eran acariciados, besados y entregados a los niños pequeños que nunca habían conocido a su abuelo muerto. [124] Hasta aquel momento.

Seguro que la muerte parecía mucho menos definitiva, dramática y aterradora si sabías que te visitarían y te abrazarían para siempre, y que serías incluso más relevante para tu familia en cuanto dejaras de respirar.

A veces, las propias tumbas eran centros de procesamiento donde se quitaba la carne de los cuerpos con cuchillos de sílex (que han dejado sus marcas en algunos de los huesos hasta el día de hoy). Pero a veces los cadáveres eran procesados en otro lugar (quizás en los recintos de fosos) y se los llevaba a las tumbas sin ningún resto de carne. Normalmente los huesos se reorganizaban una vez limpios. Los cráneos se colocaban a veces en los bordes de los pasillos y las cámaras, y en el túmulo de Lanhill, en Wiltshire, se han encontrado huesos largos apilados entre dos hileras de cráneos, con un esqueleto totalmente articulado que impedía el paso hacia la puerta, presumiblemente a la espera de un tratamiento que nunca llegó. Resulta evidente que trasladaban los huesos de un sitio a otro, dejando a veces algunos trozos atrás. En el túmulo largo de West Kennet, cerca de Avebury, faltan cráneos, fémures o tibias. Los huesos más pequeños de las manos y los pies debieron perderse al trasladar el resto de los huesos a otro lugar.

El paisaje de la Gran Bretaña del Neolítico temprano estaba generosamente sembrado de huesos humanos. «No es exagerado», escribe el arqueólogo Julian Thomas, «decir que en la Gran Bretaña del Neolítico temprano los restos de los muertos eran omnipresentes». Y no solo en las tumbas, en los recintos de fosos, en las zanjas junto a los túmulos largos, en las fosas aisladas, en las cuevas y en los ríos, sino en las bolsas, en las casas y, en caso de que los tuvieran, en los bolsillos. Yo llevo una ristra de kombolói griegos (las cuentas de la preocupación) en el bolsillo. Jugueteo con ellas constantemente. Si estoy caminando, o sentado en un café, las saco y las hago girar y repiquetear. Seguramente en el Neolítico hacían lo mismo pero con falanges humanas.

Pero los huesos humanos no eran solo juguetes. «Podríamos estar hablando», dice Thomas, «de una economía general de restos mortales».

Los huesos pequeños de las manos y los pies son duros, y más resistentes al fuego. Después de haber incinerado a mi padre (y espero, aunque lo dudo, que las calorías acumuladas durante toda una vida alimentándose a base de bistec y budín de riñón se hayan reutilizado para caldear la escuela primaria local), nos entregaron sus cenizas en una urna con esquinas de latón y descubrimos que había varios huesos de los dedos, ennegrecidos pero rígidos.

Mi padre siempre tuvo mucho aprecio a mi amigo Burt, que tiene cultivos en las Montañas Negras de Gales, y a su mujer, Meg, que es bruja. Así que cuando los vimos después de que muriera les dimos un par de huesos.

«Cuidadlos, ¿vale?», les dije. Y Burt, con una solemnidad que nunca había visto en él, me prometió que así lo haría y me abrazó, y luego Meg hizo lo propio, y pusieron los huesos en lo alto de una estantería, junto a una gaviota de peluche, donde los niños no pudieran alcanzarlos. Y allí siguen.

La familia de Burt y de Meg está más unida a nosotros que nunca; somos más cercanos que si fuéramos hermanos de sangre (otra relación fundamentada en un intercambio de sustancias biológicas), y cuando sus padres mueran, nos darán una parte de ellos para que los pongamos en la repisa de nuestra chimenea.

«Es extraño», dice Meg, «pero cuando estamos discutiendo, a veces miramos hacia la estantería y es como si tu padre resolviera la discusión».

Me temo que todo lo que te acabo de contar vuelve a ser falso. Pero eso es lo que hubiera ocurrido durante el Neolítico. Thomas compara la circulación de huesos en el Neolítico con la circulación de objetos en una economía de regalo. El intercambio de huesos creaba y consolidaba las relaciones, no solo entre los que daban y los que recibían, sino también, quizás, entre los vivos y los muertos. Los muertos seguían presidiendo la mesa; seguían negociando contratos, emparejando y juzgando.

Me parece sumamente lógico llevar los huesos de tus antepasados (si no sus cuerpos momificados) mientras haces tu vida, cosa que en el caso de las personas del Neolítico temprano probablemente consistía en caminar a través de kilómetros de campo tras los animales domésticos. Al fin y al cabo, ¿no es lo mismo que hacía yo al llevar las hojas, las piñas y las agujas de pino que mi padre había recogido pensando en mí? Los muertos quieren seguir hablando, ser oídos, influir. Si sus huesos no están en contacto con tu cuello cuando te acuestas, tal vez utilicen otros canales para comunicarse contigo. Tal vez el persistente olor a alquitrán de hulla sea un sustituto de los metacarpianos carbonizados que enterramos mansamente en un cementerio de Somerset. Los muertos nos ayudan a ser nosotros mismos, de la misma manera que nuestros padres en vida nos ayudaron a ser lo que somos, tanto con su ADN como con su ejemplo. Si uno se define (tal y como es el caso) por sus antepasados y por su propio viaje, no puede ser realmente él mismo si deambula mientras sus antepasados se quedan en casa. Aparte de todo esto, es una grave descortesía y falta de amabilidad dejar a tus padres en un agujero húmedo. Ofende las costumbres del mundo prehistórico, al igual que gran parte de nuestra conducta. X, aunque no piense en sus antepasados de la misma manera que estos pastores neolíticos, sin duda se indignaría incluso más al ver el cementerio municipal al otro lado de la ronda que al ver, oler y oír el matadero de Steve el Peedo. Ninguno de estos dos lugares es un buen ejemplo de cómo deberíamos tratar la vida y la muerte (si es que realmente son dos cosas distintas).

Sin embargo, es importante no ser anacrónico con la noción de persona. Thomas advierte sabiamente sobre el peligro de hacer directamente una regla de tres entre los cuerpos neolíticos y los individuos en un sentido contemporáneo.

[…] La noción de una persona metida dentro de una piel que contiene un alma o una mente es una noción occidental sorprendentemente moderna […] La arqueología, como práctica de la modernidad, materializa los cuerpos antiguos a través del modo de comprensión médico-científico. Pero tenemos que reconocer que esto se aleja bastante de las formas en que esos cuerpos fueron vividos […] Las concepciones occidentales [modernas] de la identidad personal y la integridad corporal probablemente no eran aplicables en aquella época.[125]

Efectivamente. Aunque en el Paleolítico superior tuvieran un sentido del yo muy desarrollado, se trataba de un yo cuya piel era permeable a todo el mundo, humano y no humano. Para poder indicar dónde estaba el «yo» se necesitaba un número infinito de intersecciones trazadas a partir de la posición de las rocas, las flores, los lobos, las esposas y las estrellas. En el Neolítico temprano, el número de intersecciones necesarias se redujo drásticamente a solamente los miembros de la comunidad humana y a los animales domesticados en torno a los cuales giraba la vida de la comunidad humana. (Se han encontrado cráneos de ganado mezclados con huesos humanos en varios túmulos alargados, lo cual, según Julian Thomas, sugiere «algún tipo de igualdad entre los restos humanos y los del ganado»). [126] Y a medida que avanzaba el Neolítico, el número y la variedad de las relaciones autodefinidas y autolocalizadas fue reduciéndose todavía más. [127]

El indicio más evidente sobre esta cuestión que podemos encontrar en el registro arqueológico británico es que los humanos pasaron de utilizar tumbas de túmulos alagados colectivas a tumbas discretas (algunas de ellas marcadas por montículos redondos individuales), un proceso muy gradual que Thomas cree que empezó a finales del cuarto milenio antes de Cristo. Los montículos redondos son característicos de la Edad de Bronce temprana (desde aproximadamente el comienzo del segundo milenio antes de Cristo), pero también hay montículos redondos neolíticos, [128] y algunos de los túmulos alargados posteriores se construyeron encima de fosas funerarias que contenían cuerpos articulados.

Los muertos del Neolítico tardío estaban mucho más enfática e individualmente muertos que los humanos que habían muerto anteriormente. Ser inhumado en un túmulo representaba un punto final mucho más categórico que terminar apilado y mezclado en un túmulo alargado. Y no solamente los muertos recientes del Neolítico tardío quedaron sumidos en la oscuridad, lejos de los vivos; también los antiguos muertos que yacían en las cámaras antiguas. En el oeste, donde las cámaras habían sido diseñadas para facilitar la conversación entre los vivos y los muertos, se empezó a bloquear con piedras y tierra la entrada a las cámaras, cosa que imposibilitaba aquella conversación, y normalmente eso iba acompañado de un intento de reunir los huesos dispersados o desarticulados. Los muertos ahora tenían su propio lugar. Y los vivos también. Solo que a partir de entonces tuvieron una dirección postal diferente.

El hecho de unificar los huesos permitió ubicar a los muertos de forma mucho más definitiva en el paisaje. Si durante el Neolítico temprano preguntabas a alguien dónde estaba su abuelo, puede que te respondiera: «Bueno, algunas de sus costillas están en el recinto de fosos, su fémur derecho lo tiene tu tía y el izquierdo tu tío, yo tengo su pelvis, algunos de los dedos de sus pies repiquetean en el fondo de la bolsa colgada junto al jabalí, a su bazo se lo comió un perro, uno de sus cúbitos está en el río, uno de sus húmeros está junto al maldito olmo, uno de sus huesos del talón está en un agujero junto al viejo roble, y el resto está en la cámara de una tumba donde nos juntamos los domingos por la tarde». Si hicieras la misma pregunta a alguien del Neolítico posterior, a modo de respuesta señalaría un túmulo con el dedo y diría «allí».

El paisaje del Neolítico temprano estaba poblado por muertos en general. En cambio, algunos puntos concretos del paisaje del Neolítico posterior estaban habitados por ciertos muertos en concreto.

Esto suena a una cuestión política, y es que realmente lo es. Es un asunto que ahonda en las raíces de la autopercepción. Si tus huesos permanecen juntos, está bien claro que existe un «tú» muerto, que no existiría si en cambio estuvieran dispersos por las colinas calizas del sur de Inglaterra. [129] Si cuando mueras serás discreto, tenderás a comportarte de manera discreta mientras vivas. Y si puedes señalar el lugar donde reposan tus antepasados, [130] estarás mucho más dispuesto a hablar del derecho que tienes sobre ese lugar y sus alrededores, y a considerar a los antepasados que están enterrados allí como la justificación de ese derecho. Este es el instinto que se desprende del famoso poema sentimental titulado «El soldado», escrito por Rupert Brooke:

«que allí donde me entierren habrá un rincón de tierra extraña / que será para siempre Inglaterra».

Pero en realidad los montículos redondos del Neolítico tardío y de la primera Edad de Bronce no eran tan solitarios. A veces enterraban más de un cuerpo en el mismo sitio; a veces esparcían restos incinerados por encima; a veces el túmulo original se convertía en los cimientos de un cementerio. Pero todo dependía, se remitía y se justificaba por el entierro original. Del mismo modo que la legitimidad de una declaración depende de la legitimidad de la posesión original. [131] La geografía de un cementerio del Neolítico tardío se parece mucho a un diagrama moderno que muestra las relaciones familiares. La autodefinición se convirtió en una cuestión de genealogía. ¿Recuerdas las interminables cronologías del Antiguo Testamento? A engendró a B, y B engendró a C, y C engendró a D. Ese fue el mantra del Neolítico tardío. Dado que sabían perfectamente quiénes eran sus ascendentes («Mira, ahí están mis antepasados: son esos bultos que hay en la ladera»), estaban convencidos de que tenían derecho sobre esa tierra. La tenencia irrumpió en Gran Bretaña y se consolidó en los sistemas de campo que persistieron por lo menos hasta la llegada de los romanos.

Los pueblos neolíticos anteriores tenían una relación mucho más fluida con la tierra. Tenían asentamientos, pero durante gran parte del año eran pastores itinerantes, y sus muertos estaban por todas partes. Seguro que hubo reivindicaciones territoriales, pero la mayor parte del paisaje tenía que dejarse en barbecho durante gran parte del año, y había pocas razones para que se pusieran agresivamente protectores con la mayoría de los lugares de interés para los rebaños. Gran parte de la tierra estaba densamente poblada por árboles, así que si un pastor quería despejar parte de un bosque para que su ganado pudiera pastar de manera más eficiente, normalmente podía hacerlo: había hachas de sílex y pedernales de sobra.

El hecho de caminar o no caminar resultó ser, de nuevo, una cuestión políticamente trascendental.

Quiero creer que a partir de la idea de la tenencia surgió una relación íntima, cariñosa y protectora con el trozo de tierra «poseído», una relación más cercana y amable que la que las personas itinerantes tenían con la tierra por la que deambulaban. Pero a mí no me lo parece. Aferrarse a cualquier cosa solo hace que quieras aferrarte más, y las personas que se aferran no suelen ser amables.

* * *

—Vaya, qué bien —dice Meg—. Muchas gracias.

Meg y Burt (quienes resulta que no tienen ningún metacarpo de mi padre expuesto en la estantería de su cocina) crían ovejas y vacas, cultivan árboles y cereales ancestrales y educan a sus hijos en las Montañas Negras de Gales. Dejaron de criar cerdos porque les gustaban demasiado, producen su propia electricidad y tejen sus propios calcetines. Se alimentan de verduras, animales atropellados y chorizo hecho a base de agentes del departamento de medio ambiente, alimentación y cuestiones rurales (DEFRA, por su sigla en inglés) secados al sol. Estamos sentados frente a su granja bebiendo cerveza casera, comiendo rábanos y observando por encima del río un castro de la Edad de Hierro donde Meg sube cada mañana. Están agotados. Es la época de parto de las ovejas, llevan toda la noche despiertos y todo el día dando vueltas, y huelen a líquido amniótico y a lubricante K-Y.

Ya nos hemos tomado unas cuantas pintas y llevo un rato despotricando sobre la adquisición y la relación entre el nacimiento de la agricultura y el nacimiento de la avaricia. Se lo toman todo bastante bien, pero cuando empiezo a hablar sobre la relación entre la noción del dominio y la agricultura se ponen como locos. Pero de una manera muy gentil. Simplemente se echan a reír a carcajadas descontroladamente.

—Estás de broma, ¿verdad? —balbucea Burt.

—No, lo está diciendo en serio —afirma Meg, y vuelven a estallar entre risas sin poder evitarlo. Me oigo volver a decir que los primeros granjeros y agricultores fueron los primeros nietzscheanos, unos ane-xionadores de territorio con botas militares cuyos idiomas habían olvidado tiempo atrás; se autoproclamaron barones y, poco después, se autoproclamaron dioses; eran despiadados, codiciosos, prepotentes y desinhibidos, incluso en cuanto a su propia transitoriedad, ya que creían en su propia inmortalidad, o por lo menos en la inmortalidad de sus dinastías.

—Escúchame bien —dice Meg, que de repente se ha puesto bien seria. Deja su vaso sobre la mesa, cosa que siempre augura problemas—. Estamos aterrorizados, ¿vale? Todos los agricultores lo estamos y siempre lo hemos estado. ¿Dominio? No seas ridículo. Cualquier cambio del tiempo puede hacernos perder toda la cebada. Si nos visita la fiebre aftosa, tendremos que ver cómo matan a tiros y queman en una fosa a múltiples generaciones de animales que la familia de Burt ha estado criando durante seis generaciones. Esa maldita montaña (señala el fuerte de la colina) podría derrumbarse encima de nosotros en cualquier momento. ¿Y te atreves a decirme que pensamos que lo tenemos todo bajo control? ¿Qué estamos convencidos de que dominamos este lugar en vez de que este lugar nos domina a nosotros?

Burt tiene la mirada fijada en sus botas.

—Eres un fascista, ¿lo sabías? Crees que todos formamos parte del gran rebaño de *Untermenschen* frustrados que se hunden cada vez más en el pantanoso terreno de la moralidad excepto tus queridos cazadores-recolectores de tu puta Edad de Oro, que lo entendían todo y vivían en perfecta armonía con todos y con todo.

Es un buen argumento. Siempre tiene buenos argumentos.

El debate sobre la importancia del Neolítico, al igual que la mayoría de los debates, está peligrosamente polarizado. La polarización es siempre un signo de pereza intelectual, y yo suelo polarizarme mucho más que la mayoría. La agricultura, a pequeña escala, puede ser una forma de promulgar, y no de destrozar, el espíritu de los cazadores-recolectores. Sin embargo, la agricultura a gran escala resulta casi siempre desastrosa, independientemente de la definición que tenga cada uno sobre lo que significa que algo es desastroso. Muchos de los problemas ecológicos, políticos y psicológicos de Inglaterra pueden achacarse a las vallas que dividieron las tierras comunitarias, [132] que las incorporaron a las grandes explotaciones privadas y que cortaron el cordón umbilical con la tierra que alimentaba a las bases rurales e inculcó la naturaleza salvaje en la psique inglesa. Me dispongo a admitirlo, pero Meg todavía no ha terminado.

—¿Por qué te crees que estamos aquí? ¿Por dinero? No me hagas reír. Ganaríamos más repartiendo periódicos. ¿Porque nos gusta el paisaje? Lo que para ti es un paisaje, para nosotros es la planta de una fábrica. Voy a explicarte por qué estamos aquí. —Da un largo trago a su cerveza y se sirve un poco de vodka de endrinas—. Estamos aquí, aunque me avergüence admitirlo, porque estamos enamorados de este lugar. Lo queremos a pesar de que amenace constantemente con arruinarnos y matarnos, o quizá precisamente por eso (psicoanalízalo todo lo que quieras). Puede que sea más bien por una cuestión de amor propio, lo reconozco. Pero lo cierto es que este lugar se nos ha metido dentro y que nosotros nos hemos metido dentro de este lugar, y ya no sé dónde termino yo y dónde empieza la colina.

Burt alza la vista de sus botas.

—Así que aquí estamos —dice.

Y, efectivamente, así es. La voz de Meg es la del Paleolítico superior, y allí al lado, apoyado en el tractor, sonriendo, asintiendo y olisqueando una placenta que los perros han pasado por alto, está X.

* * *

Son las cuatro de una cálida mañana de primavera. Acabo de despertarme. Estoy medio sentado, medio tumbado, apoyado sobre una bala de paja en el cobertizo de los partos de las ovejas, observando el paisaje accidentado de una colina escocesa. Una oveja, concebida y preñada en esa colina, me está tirando su dulce aliento a heno (el sol del verano pasado cristalizado) en la cara, pero no es eso lo que me ha despertado. Me ha despertado un gemido gutural que podría indicar que hay algún problema.

Y así es. La oveja debe llevar un tiempo esforzándose. Debería haberla oído y visto antes. Meto una mano en su interior y emito un gruñido. El primer cordero viene de la peor manera posible, de nalgas y con el cuerpo doblado. Solo noto su espalda. Tanto la cabeza como todas las patas apuntan hacia el interior del útero.

Sé lo que tengo que hacer, pero soy un inútil en este tipo de maniobras complicadas. Tengo unas manos demasiado grandes y torpes y, además, estoy peligrosamente impaciente. Me tambaleo durante un rato, intentando enderezar las extremidades traseras para poder sacar el cordero hacia atrás, pero hay muy poco espacio y me preocupa dañar el útero, o el cordero o ambos. Es hora de rendirse, así que, avergonzado y humillado, golpeo la puerta de la granja.

Janice, la mujer del granjero, baja sonriente, como si yo fuera el cartero trayéndole un paquete que esperaba con ansias a media mañana. No dice nada del estilo de «Usted es el maldito veterinario» o «¿No podría haber esperado hasta después del desayuno?». El cordero sale en diez minutos, seguido de otro. Pronto están dándose cabezazos contra la ubre hasta que finalmente consiguen agarrarse, y entonces Janice y yo nos sentamos en una bala de paja y los observamos.

—Es maravilloso, ¿verdad? —dice Janice—. Lo he visto miles de veces, pero siempre es especial. Siempre es como la primera vez. —Se levanta, se sacude el polvo y se marcha para preparar las gachas del desayuno.

Estoy en una granja comercial. Ese cordero tendrá un número, una hilera en un libro de contabilidad electrónico, y pronto emprenderá el camino hacia el matadero y hacia nuestras mesas. Janice saldará los impuestos y el IVA generados por su cuerpo.

Es posible que cuando pienso en el Neolítico solo vea el cadáver y el libro de contabilidad, y no tenga en cuenta lo maravilloso que resulta todo para Janice.

Gran parte de mi propia comprensión de la otredad proviene de los ojos de las ovejas escocesas y de las vacas de Derbyshire. La primera vez (y una de las únicas) que me sentí útil fue paleando mierda de vaca en una granja de Peak District cuando tenía diez años. Aquella actividad tenía un tipo de dignidad de la que carecían las clases de piano, los scouts, la aritmética e incluso la taxidermia amateur. Y no era porque sintiera que estaba contribuyendo a que los habitantes de Sheffield pudieran regar sus cereales de maíz con leche; ni siquiera se me pasó por la cabeza. Lo que comprendí mientras paleaba mierda de vaca era que los seres humanos adquieren importancia según sus relaciones, que las relaciones con las criaturas no humanas son vitales, y que limpiar los excrementos de algún ser es una buena forma de entablar relaciones.

* * *

A lo largo de los años he dormido a menudo entre animales de granja; en cobertizos para los partos de ovejas en primavera, o en establos sobre el heno junto a las vacas, o en los pastos. Todavía no he dormido nunca entre cerdos, aunque me gustaría.

La inquietud y la atención de las vacas siempre resultan fascinantes. Podría pasarme horas enteras absorto observándolas, le digo a Burt. Las vacas conocen la oscuridad, la luz y el campo mucho mejor que yo. Quiero conocer su campo (o cualquier otro lugar) tan bien como ellas. Si conociera cualquier lugar así de bien, aunque fuera solamente un trocito de hierba del tamaño del pañuelo con el que me estoy secando los pantalones que me he empapado por culpa de la cerveza que acabo de tirarme encima, sabría algo sobre la manera en que el mundo está hecho que por ahora no he conseguido percibir, y mucho menos comprender. Pero todavía hay más. A medida que voy bebiendo más y más de esa cerveza elaborada por Burt, tengo la sensación de que el campo necesita su débil atención de rumiante para seguir existiendo.

Me pongo en pie vacilante, alzo mi jarra de cerveza hacia el fuerte de la colina y recito las parodias de Ronald Knox sobre la filosofía del obispo Berkeley:

Hubo un joven que dijo: «A Dios
debe parecerle sumamente extraño
encontrarse con que este árbol
continúa existiendo
aunque no hay nadie en el patio interior».

Knox anotó la respuesta de Dios, así que también la vocifero:

«Joven, su asombro es extraño.
Siempre estoy en el patio interior
y es por eso que este árbol
continuará existiendo,
ya que está siendo observado. Atentamente, Dios». [133]

Así es como me siento respecto de las vacas y los campos a estas alturas de la tarde.

—Las vacas, Burt, son como Dios: vigilantes necesarias.

Puede que incluso lo diga en serio: es difícil saberlo. Sin su atención, Burt, mi querido, querido amigo, el campo se evaporaría. La idea de que el mundo necesita un observador no fue una innovación del siglo XVIII; es una idea antigua y omnipresente. Es solo una cortesía, mi viejo amigo. ¿Acaso no les dices a tus hijos que miren a su interlocutor quien, a su vez, les devolverá la mirada? Por supuesto que sí. Yo también. Pues bien, si el mundo humano y el no humano están repletos de personas, significa que te están observando y que necesitan que tú también las observes, o de lo contrario se alejarán.

Alan Garner, basándose en esta tradición, escribe en su novela *Boneland* [134] (y yo sigo con su razonamiento) que Alderley Edge tiene que ser observado constantemente por un vigilante consagrado:

«"Tengo que ser capaz de ver el Edge desde dondequiera que esté", dijo Colin, "para conservarlo. Si algo no se mira puede que se vaya o que cambie, o incluso que no haya existido nunca"».

«Así, pues», continúo yo, «dado que no hay nadie tan dedicado como Colin, y que los humanos han quemado y talado los árboles y se han comido toda la fauna, las vacas son las únicas observadoras que quedan. Si esa vaca apartara la mirada de la esquina del campo, se iría, y donde estarías entonces, ¿eh?»».

Burt rellena la jarra.

—Si esas fueran mis vacas, y las cuidara como sé que tú las cuidas, me sentiría responsable de que el campo perdurase: sentiría que estoy vigilando y manteniendo el mundo a través de las vacas. Y, aunque suene extraño, creo que los agricultores neolíticos justificaban así lo que, de forma burda e inacabada, se denomina «propiedad» de la tierra. ¿Qué te parece?

—Que estás como una cabra —dice Burt—. Y te estás esforzando demasiado. Deberías salir más. Termínate la jarra y bébete otra.

* * *

Meg no sabe dónde acaba ella y dónde empiezan la colina y las ovejas. Se trata de una especie de *advaita* galesa rústica: el no dualismo que persiguen los buscadores espirituales de todas las tradiciones, sobre todo de Oriente. Pero sí que hay ciertas divisiones: es muy buena poniendo límites entre ella y sus ovejas cuando las cargan al remolque y las conducen al matadero para ser degolladas. Y esa es la gran división entre el Paleolítico superior y el Neolítico, incluso en sus inicios.

Los neolíticos fueron los que aprendieron a poner límites. No hay líneas rectas en el mundo natural del que los humanos del Paleolítico superior formaban parte; no hay divisiones claras ni siquiera entre las especies. La oración que los hombres del Paleolítico superior dedicaban al animal matado o a punto de ser matado era: «Deja que lo haga, de manera excepcional, sin la reciprocidad habitual. Permíteme comerte sin ser comido, al menos por ahora. Sé que llegará mi hora, porque soy básicamente como tú». Los granjeros nunca dedican oraciones similares a sus propios animales. No podrían. Si lo hicieran, la ganadería sería psicológicamente insoportable. Tiene que haber un «ellos» y un «nosotros» con un estatus moral diferente. Eso fue lo que sentó las bases del Neolítico. Si se puede hablar con sentido de una revolución neolítica, esta consiste en el reconocimiento y la promulgación del nosotros y el ellos. Anteriormente ya existía la percepción del yo, pero entonces se reconfiguró radicalmente y se presentó principalmente en términos negativos: «¿Qué soy yo?», se preguntaron los humanos neolíticos. Y la respuesta fue: «No soy uno de ellos», cosa que preparó el terreno para muchos horrores.

No hay límites entre las cosas. De hecho, los límites en sí mismos no existen salvo que los creemos nosotros. Solo existen dentro de nuestras cabezas, en nuestros mundos mentales. Sin embargo, el Neolítico real e histórico está repleto de límites. Empezamos a moldear el mundo real a imagen y semejanza del que creamos en nuestra cabeza. Empezamos a destruir el mundo y a sustituirlo por modelos de nosotros mismos.

* * *

Los vencejos se abalanzan sobre las moscas que se elevan sobre el lago. Hay tantas libélulas que impiden ver claramente entre los juncos. Si tuviéramos unos buenos oídos, nos quedaríamos sordos por el crujido de la quitina entre sus mandíbulas de tijera. Tom y yo estamos en los Somerset Levels, no muy lejos de Glastonbury, en el Sweet Track, una antigua pasarela de madera neolítica recta de dos kilómetros entre una cresta y lo que, cuando se construyó en el 3807 a.C., era una isla. Originalmente se construyó con tablones de roble levantados por encima del pantano sobre estacas de roble, fresno y tilo clavadas en el suelo empapado. Estamos caminando por encima de un robusto sustituto moderno que durante unos metros sigue el antiguo trayecto.

Esta pasarela formaba parte de una red de pasarelas elevadas similares que daban acceso a las islas donde había juncos para hacer tejados y tejer, animales para cazar y plantas para arrancar. El pantano había dicho: «No se puede pasar», pero los humanos respondieron: «Ahora somos nosotros los que escribimos las reglas». Al escribir sobre el Neolítico, es imposible evitar el lenguaje de la violación, que es también el lenguaje del colonialismo y de las exploraciones con cascos coloniales. Penetraron en los pantanos. Clavaron estacas en la turba. Las islas fueron violadas, tomadas, sometidas, conquistadas.

Las violaron con un pene recto y erecto. Las representaciones de penes chamánicos erectos son casi las únicas líneas rectas que se observan en el arte del Paleolítico superior, que suele ser curvilíneo para representar la grupa de un bisonte o las caderas de una mujer. Las únicas otras líneas rectas habituales en el arte del Paleolítico superior se observan en los misteriosos símbolos en forma de escalera que se encuentran en las paredes de las cuevas, [135] pero allí se combinan para crear formas no lineales. Los cazadores-recolectores tienen artefactos rectos, pero generalmente perforan cavidades corporales.

El Sweet Track es el único elemento recto que hay por aquí. Estamos tan acostumbrados a las cosas rectas que ni nos damos cuenta de esa anomalía. Pero a X y a su hijo, que vienen detrás de nosotros, no se les escapa, y observan con severo asombro la línea recta de la pasarela, hipnotizados. Porque eso es lo que hacen las líneas rectas, incluso a nosotros. Se apoderan de tus ojos y de tu mente. Te restringen la visión: encogen la tierra. Observo a Tom y veo que le está ocurriendo precisamente eso. Está mirando al frente. Las tres dimensiones han quedado reducidas a una. Un gavilán acaba de matar a un verderón a nuestra izquierda. No se ha dado ni cuenta. Una golondrina calcula mal y roza la superficie del agua con la punta de un ala. Pero no ha ocurrido delante de él, así que no lo ha visto. Las líneas capturan los ojos y, por ende, los pensamientos.

El cautiverio es otro de los contextos en los que las líneas surgen por primera vez durante el Neolítico. En el Neolítico aparecieron las primeras vallas para contener a los animales: para que dejaran de ser ellos mismos, para limitar sus experiencias, para que estuvieran convenientemente disponibles. Las cercas cortan la tierra, le causan heridas, y son el motivo por el cual deja de ser un conjunto. La tierra indivisa no tenía nombre, era ella misma. Pero todas las parcelas tenían nombres humanos.

Cuando regresamos al coche, desplegamos un moderno mapa a gran escala para trazar la ruta del Sweet Track. Tom nunca había visto un mapa como aquel. Lo señala y pregunta:

—¿Qué son esas líneas?

Son las líneas que delimitan los campos.

—¿Por qué son tan rectas?

—Porque alguien decidió que tenían que serlo. Y lo mismo ocurre en un montón de mapas. Cuando lleguemos a casa, mira el mapa del norte de África. Alguien se sentó en una habitación y decidió que las fronteras tenían que ir ahí y ahí y ahí.

—Seguro que a los vencejos no les importa dónde están las fronteras cuando vienen volando desde África.

Y ciertamente no les importa. Pero las líneas humanas han modificado la vida de muchas aves.

Vamos a Glastonbury a comernos nuestros bocadillos sentados en un banco mientras observamos a los vencejos. Puede que sus cultivos estén llenos de insectos cosechados esa mañana en la charca de Sweet Track. Describen curvas y círculos y hacen piruetas parabólicas, porque así es como se mueven, pero entonces sus ojos se sienten atraídos, al igual que los de Tom, por una línea recta: la línea de los aleros donde anidan. Los ojos de los vencejos se han visto atraídos por estas líneas desde hace miles de años. Antes de que los humanos empezaran a construir casas, los vencejos ya anidaban en cuevas y acantilados, pero ahora se han vuelto tan adictos a las líneas rectas como nosotros.

No solo los humanos tomamos decisiones extrañas, sino que también propiciamos que otras criaturas lo hagan. Estos vencejos de Glastonbury podrían haber elegido criar a sus polluelos en un acantilado de Umbría, alimentándose a base de los montones de comida que flota desde los olivos, escuchando el viento cálido y los ruiseñores. Habría sido muy inteligente. Las bolitas de barro que utilizan para construir sus nidos se habrían adherido más firmemente a la roca que a los edificios que bloquean el viento de la urbanización de Glastonbury, y seguro que las arañas de allí saben mucho mejor. Aquí los insectos se asfixian con los gases del diésel y los pesticidas, y los polluelos tienen que escuchar Heart FM.

Hace muchos siglos que los humanos tienen edificios de bordes rectos. La aparición de estructuras rectilíneas [136] se correlaciona casi perfectamente con el surgimiento de la agricultura. Ahora bien, la correlación no es lo mismo que la causalidad, aunque hay argumentos de peso para afirmar que la agricultura, y la visión del mundo que encarna y promueve, enderezaron las curvas del Paleolítico superior.

El panorama general es claro: los cazadores-recolectores de toda Europa, el suroeste de Asia y el Próximo Oriente (e incluso de más territorios) solían vivir en edificios circulares. Pero con la llegada del sedentarismo y la agricultura surgieron las estructuras rectilíneas. Podemos observar claramente esta típica transición en el suroeste de Asia: durante el Neolítico Precerámico A (c. 10.000-8.800 a.C.), donde imperaba un estilo de vida itinerante, solo se construyeron viviendas circulares. Durante la siguiente fase, el Neolítico Precerámico B (c. 8.800-6.500 a.C.), en la que se observa la agricultura tal y como la conocemos hoy en día, las viviendas eran generalmente rectilíneas. A partir de entonces, al menos en lo que respecta a los edificios relacionados con la vida cotidiana, los edificios rectilíneos se convirtieron en la norma.

(Gran Bretaña e Irlanda, como tantas veces, son extremadamente extrañas arqueológicamente hablando. Cuando los agricultores llegaron a Gran Bretaña, construyeron casas largas rectilíneas. Pero luego rompieron aquella tendencia y regresaron a los edificios circulares. Sin embargo, esta es la dramática excepción que confirma la regla).

Las casas suelen exponer, a veces de manera brutal, la visión del mundo de quien las habita. La nuestra está abarrotada de niños peleones, calaveras, iconos, equipamiento de apicultura, instrumentos musicales y quirúrgicos, frascos de formol con ratones de campo, ojos y embriones tenuemente visibles por los sedimentos, como si fueran caricaturas demoníacas metidas en esas bolas de nieve que se agitan, libros sin clasificar e inclasificables, alcas disecadas con las alas en posiciones extrañas, rocas en las que un día vi un rostro y espero ser capaz de volver a verlo, semilleros esperanzadores y sin esperanza, y banderas de plegarias descoloridas, todo ello regado con sidra. Mi padre, con barba gris y vestido de pana, mira amorosamente desde una colina toscana a mi madre, que, juvenil y floreada en un prado cerca de Bath, sostiene la partitura de Rigoletto, y el olor a jabón de alquitrán de hulla va pasando imprevisiblemente de una habitación a otra. Podrías llegar a conocernos razonablemente bien si soportaras estar aquí una semana, y si tu sistema inmunológico y tus nervios pudieran aguantarlo.

Pero si realmente hubiéramos tenido voz y voto sobre la forma y la ubicación de nuestra casa, sabrías cosas mucho más fundamentales sobre nosotros; cosas que quizá ni nosotros mismos sepamos.

Puede que algunas de las decisiones que tomamos parezcan funcionales. Pero eso no suele ser todo. Las casas circulares, por ejemplo, resisten los vientos fuertes bastante mejor que las rectilíneas, por lo que, si una casa angular quiere sobrevivir en algún lugar azotado por fuertes vientos, tiene que alinearse con cuidado. [137] Pero otra manera de verlo es que las casas circulares (y, por extensión, sus habitantes) pertenecen a un sistema que incluye los vientos, y en cambio las casas angulares, no. La propia palabra «angular» ya es muy elocuente. Es como si las casas rectilíneas se metieran a codazos en el mundo natural, como si apartaran otras cosas del camino mientras deciden qué posición quieren adoptar. Decidir la orientación fundamental de tu espacio vital y, por lo tanto, de tu vida, es una declaración de independencia de las fuerzas de la naturaleza.

Las casas circulares son difíciles de ampliar, mientras que en las estructuras rectilíneas resulta muy sencillo añadir una habitación. Las casas rectilíneas están ahí para quedarse, porque esta es mi maldita casa en mi maldita tierra, y no vamos a irnos a ninguna parte, y nuestra casa tendrá todavía más terreno y será todavía más grande y mejor porque somos esa clase de personas: nos dirigimos hacia el éxito, aunque en realidad no nos movamos nunca.

Una casa circular es un espacio intrínsecamente democrático. En el centro está el fuego, más que una persona, y el fuego central reparte su calor y su luz a todos por igual porque así funcionan las leyes físicas de la radiación. Un espacio circular tiene que ser compartido con los demás, ya que es posible desplazarse libremente. Es difícil tener secretos en una casa circular de una sola habitación.

Las estructuras rectilíneas, en cambio, son muy diferentes. Esta es tu habitación y esta es la mía; la mía es más grande y está más ricamente amueblada que la tuya, y en mi habitación hago cosas que tú no sabes. Allí acumulo cosas, mis tesoros, y en el calor de mis tórridas noches solitarias hago planes para empobrecerte y suplantarte.

Las casas pueden modelar el cosmos de los propietarios. En nuestro caso eso es exactamente lo que ocurre, y es algo que me aterra. El cazador-recolector tiene un cielo inmenso que se extiende hacia la tierra por todos lados, al igual que las paredes de una yurta mongola o de una casa redonda natufiense. Una casa de campo está centrada en la misión y, por lo tanto, en sí misma, y está diseñada para vigilar los pastos o el almacén de grano, apuntando física y metafóricamente hacia las cosas importantes de la vida, que resultan ser propiedad del agricultor, por lo menos teóricamente. Las granjas y las casas, al igual que las líneas, tienen una visión muy estrecha y limitan el mundo habitado. [138]

Pero estoy ignorando un tipo de edificio crucial: los edificios para los muertos y los dioses. Por regla general (que tiene algunas excepciones, como por ejemplo las tumbas de paso), desde el Neolítico hasta la Alta Edad Media, las personas que comían, dormían, hacían sus necesidades, maquinaban y criaban a sus hijos en edificios rectilíneos utilizaban estructuras circulares (tumbas circulares y círculos de piedra) para señalar lo no cotidiano, y los edificios rectilíneos solían estar rodeados de recintos circulares, como para indicar que la metanarrativa imperante difería de la que dictaba la conducta cotidiana. [139]

¿Qué significa todo esto? Los académicos han dedicado horas de su vida profesional a discutir sobre el significado de los círculos de piedra y otros monumentos megalíticos, pero la mayoría concuerda en que los círculos de piedra y los templos tienen que ver de alguna manera con los muertos, y que son lugares de poder. Decir algo más ya sería jugar con fuego. Las piedras de un círculo de piedra podrían representar ancestros concretos, aunque también podría ser que el círculo representara a toda la comunidad de los muertos.

El arqueólogo francés Jacques Cauvin, especializado en la prehistoria de Oriente Próximo, sugiere (de forma muy convincente desde mi punto de vista) que, universalmente, los círculos representan lo trascendental y el todo, y que, en consecuencia, suelen ser una representación de la feminidad, la fertilidad y la comprensión intuitiva. Las formas rectilíneas, en cambio, simbolizan el mundo aparente, inmediato y concreto, el mundo de lo masculino. En caso de que tuviera razón, entonces los círculos de piedra serían lugares en los que se podía acceder a un tipo de conocimiento directo e intuitivo: un conocimiento que los antepasados poseían y que podían canalizar hacia los vivos. También significaría que habrían sido lugares importantes para mediar por la fertilidad. La muerte y la fertilidad estaban sin duda inextricablemente unidas en la mente de los primeros agricultores. Sabían que si no enterraban las semillas, al igual que enterraban a sus abuelos, no surgiría ninguna nueva vida. Seguro que las oraciones por la cosecha ocupaban una posición destacada en la lista de peticiones a los poderosos antepasados.

Esta teoría, al igual que la mayoría de los intentos por entender la prehistoria, no es más que mera especulación. Pero si observamos más de cerca el monumento del Neolítico posterior de Stonehenge, quizá podremos comprenderlo mejor.

Para muchos de nosotros, Stonehenge representa el Neolítico. Creemos conocerlo bien: se trata de unos bloques de color gris elefante agazapados en la llanura de Salisbury, asediados por autobuses turísticos o rodeados por druidas con túnicas blancas. Pero es una construcción muy, muy extraña. No hay nada parecido en ningún otro lugar. Ciertamente, no es un proyecto de construcción neolítica estándar. Sin embargo, al igual que ocurre en el mundo académico, y al igual que ocurre en todos los aspectos de la vida, los valores atípicos suelen ser los más elocuentes.

Es un craso error intentar generalizar demasiado, y es un error criminalmente ingenuo generalizar demasiado tomando como base las evidencias sumamente atípicas de la Gran Bretaña neolítica, aunque puede que Stonehenge sea inusual simplemente por el hecho de que es mucho más explícito sobre la relación entre los vivos y los muertos que otros monumentos.

El monumento en el que pensamos cuando nos referimos a Stonehenge (enormes pilares y dinteles revestidos, mortificados con técnicas de carpintería doméstica, y piedras azules más pequeñas traídas desde Pembrokeshire a casi doscientos cincuenta kilómetros de distancia), que fue utilizado como cementerio desde el tercer milenio a.C., es solo una pequeña parte de un enorme complejo. [140] Tiene un contrapunto de madera muy cerca hecho originalmente de pilares de madera, probablemente sin techo, y ahora conocido convenientemente (aunque no imaginativamente) como Woodhenge.** A pocos metros de Woodhenge se encuentra una aldea neolítica, Durrington Walls, que tenía su propio círculo de madera y probablemente albergó a los constructores de Stonehenge.

** [N. de la T.] «Stonehenge» significa «soporte de piedra», y «Woodhenge» quiere decir «soporte de madera».

Hoy en día Stonehenge suele estar lleno de turistas que comen helados y hablan de muérdago y de sacrificios humanos durante todo el año. Pero cuando esta construcción estaba en uso, los humanos solo la frecuentaban ocasionalmente, sobre todo durante los solsticios de invierno y de verano.

Solo los muertos se alojaban en Stonehenge. En cambio, los vivos se alojaban en Durrington Walls, cosa que comportaba grandes costes e inconvenientes, y allí organizaban grandes festines y, sin duda, bebían y fornicaban copiosamente. Se han encontrado cantidades falstaffianas de huesos de cerdo. El ambiente debía haber sido parecido al del Festival de Glastonbury, pero una cosa es conducir desde Fulham hasta Glastonbury para pasar el fin de semana en tu Range Rover con control de velocidad de crucero, y otra muy distinta es ir caminando con toda la familia extendida, llevando a cuestas a los miembros más pequeños y conduciendo tu rebaño de cerdos desde Yorkshire hasta Wiltshire. Eso es lo que hicieron algunos. [141]

Probablemente venían a perder el miedo a la muerte [142] y a reclutar a los muertos para sus causas. Se han sugerido otros propósitos, como la curación y la unificación de comunidades dispares. Todo es posible. Sin duda, los cojos y los ciegos pedían ayuda a los poderosos antepasados, e incluso aunque el objetivo no fuera unificarse, seguro que era algo que ocurría inevitablemente durante esas grandes reuniones. [143]

El complejo de Woodhenge-Stonehenge debe verse como un todo, y quizá la mejor manera de hacerlo sea como un parque temático metafísico que muestra la yuxtaposición de la vida y la muerte.

Woodhenge representaba la transitoriedad. Hubo otros círculos de madera que se quemaron deliberadamente o que se desenterraron y se retiraron para conseguir que su transitoriedad fuera más evidente de lo que denotaba la decadencia natural. [144] El propósito de Woodhenge debía ser representar la vida actual de los juerguistas, y lo hacía, por lo menos en parte, marchitándose. Ahora estás erguido como estos pilares, decía Woodhenge, pero si te miras más de cerca (tus pies, si eres un hombre de mediana edad, o tus venas varicosas si eres una mujer), verás los signos de la putrefacción, de la misma manera que si miras más de cerca los pilares verás que están repletos de agujeros de escarabajos.

Pero los peregrinos-revolucionarios no se quedaban en Woodhenge reflexionando sobre su mortalidad. Caminaban. Bajando por el río Avon desde Woodhenge hay una avenida.[145] Durante gran parte del recorrido es recta y conduce directamente a Stonehenge.

¿Cómo es la muerte? Stonehenge y Woodhenge respondieron juntos a esa pregunta, y San Pablo dio la misma respuesta 1.300 años después:[146] lo perecedero se convertirá en imperecedero, lo podrido en algo inamoviblemente sólido.

La vida y la muerte, al igual que Woodhenge y Stonehenge, están unidas por una línea recta. Y en ese parque temático los humanos podían caminar por esa línea: podían practicar el viaje que todos tendremos que acabar emprendiendo, y así conseguir que resultara un poco menos terrorífico. Si los peregrinos caminaban metafóricamente entre ambos reinos, no tendrían tanto miedo al tener que hacerlo de verdad.[147] La tierra hacía comprensible la conexión entre la vida y la muerte: los pies de los peregrinos podían sentir la conexión. La tierra, a diferencia de la muerte, no era un reino de misterio incipiente: no era un lugar de oscuridad y humo que los poetas solo podían insinuar vagamente. Al haber recorrido el camino, los peregrinos, a diferencia de San Pablo, no lo veían a través de un cristal oscuro.[148] Lo veían con claridad y seguridad. Todo estaba allí, en la tierra. Ya habían recorrido antes aquel trayecto. Y puede que el legado de esa confianza se hiciera patente cuando los romanos invadieron el territorio y quedaron intimidados al encontrarse con un pueblo que parecía no tener miedo de la muerte.[149]

No le tenían miedo porque sabían que no era el fin. Veían que al enterrar semillas brotaban nuevas vidas. Sabían que la oscuridad no podía ganar.[150]

La avenida Woodhenge-Stonehenge fue el manifiesto de un nuevo imperialismo intelectual y espiritual. Los humanos no solo eran capaces de quemar bosques y vallar la naturaleza; también comprendían la mecánica metafísica de la vida y la muerte. No solo gobernaban sobre las ovejas, sino sobre la eternidad. Era una gran reivindicación. [151]

Hay otras dos líneas neolíticas a tener en cuenta en Stonehenge. En primer lugar, los muros, aunque a nosotros no nos parezcan muros porque tienen grandes huecos. Pero los muertos no podían pasar a través de esos huecos. Esas poderosas piedras de sarsen fueron puestas ahí para mantener a los muertos en su lugar. Stonehenge es una prisión. La longitud de la avenida y la amplitud del río lo separan del bullicio de Durrington Walls.

En los buenos tiempos del Neolítico temprano, encerrar a los muertos en un único lugar hubiera sido un apartheid insufrible. Entonces sabían que los vivos y los muertos se necesitaban mutuamente. Tal y como hemos visto, los huesos de los muertos estaban por todas partes, sus voces formaban parte de todas las conversaciones y, a menudo, los muertos tenían el voto de desempate en las decisiones importantes. Si no podías oler el jabón de alquitrán de hulla o ver a un cazador-recolector y a su hijo por el rabillo del ojo, el mundo no funcionaba correctamente.

La segunda línea es la propia línea del tiempo, dibujada a finales del Neolítico al trazar líneas de descendencia. Si alguien quería reclamar un campo porque sus antepasados lo habían cultivado, tenía que asegurarse de poder establecer una relación directa y lineal con el pasado. Esas relaciones se celebraban rindiendo culto a los ancestros en Stonehenge.

Esa fue una manera totalmente nueva de ver el tiempo. Hasta entonces, el tiempo había sido cíclico. Las estaciones iban y venían, y los ancestros siempre estaban ahí para ayudarlos a pasar las estaciones. Pero eso hizo posible la noción antes impensable de progreso, que a su vez generó todo un nuevo culto al estatus y a la denigración.

* * *

Tom y yo estamos deambulando por la calurosa Sierra Nevada española sin reloj, sin objetivo, sin plan y sin mapa, y nos llega a la nariz el aroma a tierra cocida y a vegetación guisada que viene desde África, al otro lado del mar, y que nos recuerda de dónde provienen realmente los humanos. A veces el viento cambia de dirección y el tañido de los cencerros de las ovejas desbarata la fantasía, pero prácticamente no hay más que águilas a lo lejos, el sonido de las olas lejanas, y el pedregal que cayó de la ladera hace 40.000 años y que podría haber sido perturbado por última vez por los anchos pies de un grupo de cazadores neandertales, o el miércoles pasado por un pastor que corría para llegar a casa a tiempo para ver el partido del Manchester United.

Los primeros y únicos campos que hubo aquí arriba fueron los campos de los muertos, que no pertenecían a nadie vivo, igual que los antiguos recintos con huesos de la Inglaterra neolítica. Por lo tanto, eran lugares neutrales y seguros para negociar y festejar. [152] La muerte nos hará a todos iguales. Este hecho debería transformar nuestra política y, en verdad, durante un tiempo, determinó la política neolítica. Los muertos han descubierto, como acabaremos descubriéndolo todos, que el estatus y las posesiones son ridículos. En el territorio de los muertos, los vivos tienen que jugar con las reglas igualitarias de los muertos. Es probable que los recintos de fosos y otros terrenos mortuorios similares se utilizaran para deliberar en comunidad y resolver disputas. Era una buena práctica psicológica. Todos nos comportamos mejor cuando estamos en un cementerio; nos sentimos vigilados y juzgados por nuestros antepasados, y la vanidad de la ambición humana es ineludible. Las fosas comunes son el único lugar apropiado para parlamentar o realizar una conferencia internacional.

Estamos a bastante altitud. Hay menos oxígeno. A Tom le resulta más fácil avanzar que a mí. Como un perro sin correa, camina cinco veces más lejos que yo, buscando saltamontes en los puntiagudos arbustos de hojas enceradas, vertiendo agua en el cráneo de un cuervo para medir el tamaño de su cerebro, utilizando el brillante lomo negro de un escarabajo para reflejar la luz y proyectarla en la rama de un roble, silbando en un agujero con la esperanza de que una serpiente le devuelva el silbido.

Pero esta noche volveremos a un pueblo de montaña encalado del que los católicos expulsaron brutalmente a los moros, comeremos lonchas de carne cortada de una pata de cerdo seca colgada del techo, y nos sentaremos junto a un fuego constreñido por unas paredes de piedra y obligado a respirar por una tráquea de ladrillo.

«La li-li-li, li-li».

Verano

«Aquí la domesticación de los animales y la cría de ganado
habían abierto manantiales de riqueza desconocidos hasta
entonces, creando relaciones sociales enteramente nuevas».

Friedrich Engels,
El origen de la familia, la propiedad privada y el Estado. [153]

Imagínate que te encuentras una bonita cría de loba.

A los niños les gusta, así que decides quedártela.

Te das cuenta de que cuando crezca del todo será demasiado
grande para la casa y necesitará dar largos y agotadores paseos para los
que nunca tendrás tiempo. La solución obvia es matarla de hambre
para que no pueda desarrollarse bien y romperle las patas.

Todo esto da muy buenos resultados. Al curarse, las patas adquieren una interesante forma arqueada. Eso te da otra idea.

Su nariz, que era rechoncha y bonita cuando era una cría, se ha
ido alargando a medida que crecía. Ahora tiene cara de lobo, lo cual
resulta un poco siniestro. Así que la llevas al garaje, subes el volumen
de la música para ahogar los gemidos, tomas un martillo de carpintero y le golpeas la cara.

Hay mucha sangre y jaleo, pero enseguida se cura y el resultado es
fantástico. Tiene una cara aplastada muy atractiva. No puede respirar
muy bien, por supuesto. Resopla mucho, pero te acostumbras, y además eso tiene otras ventajas, ya que ahora cuando la sacas a pasear no
quiere ir tan lejos ni tan deprisa.

Lo que tienes en realidad es, por supuesto, un carlino. X y su hijo vieron uno durante una aburrida tarde de verano mientras caminaban detrás de Tom y de mí por el camino de sirga de Oxford. Pensé que iban a atravesar la chaqueta de marca Barbour del propietario con una lanza con punta de sílex. No comprendían que los huesos y la cara rotos eran solo una cuestión de genética y que la culpa del dueño era, bueno, más bien colectiva.

Yo también tengo parte de culpa. No como muchos animales, e intento que los que como hayan vivido felices; pero soy muy despreocupado, por lo que seguro que en los últimos meses me he comido algún pollo con una pechuga tan grande y unas piernas tan débiles que no podía mantenerse en pie (tampoco habría podido ir a ninguna parte ni aunque hubiera podido caminar), carne de vaca azul belga, que tiene una mutación genética que causa una proliferación masiva de fibras musculares con las consiguientes dificultades que ello conlleva para los partos (que suelen hacerse por cesárea) a la hora de intentar expulsar un ternero con un trasero tan grande,[154] y carne de una oveja que debería haber tenido el útero de su madre para ella sola, pero que tuvo que compartirlo en nombre del beneficio con otras dos hermanas, causando mucho dolor a la madre (y, sin duda, también a los fetos) durante el parto.[155]

También he bebido leche. Una vaca lechera moderna en una unidad convencional puede producir 30 litros de leche al día con un 4 % de grasa, un 3.21 % de proteína y un 4.81 % de lactosa.[156] Eso es 1,2 kg de grasa, 1 kg de proteína y 1,5 kg de lactosa. Esas cantidades no se pueden producir solo a base de hierba, ni con ninguna vaca que coma alimentos normales a un ritmo normal. Para ello, hay que alimentar a las vacas con comida que fermente más deprisa y que pase más rápidamente por el rumen, dejando espacio para el siguiente bocado. Pero esto tiene un coste: las vacas son menos fértiles e inmunes y tienen mayor riesgo de sufrir acidosis ruminal y cojera. Se pasan toda su vida productiva al filo de la navaja metabólica. Y, a cambio, obtenemos una leche insulsa que más que un beneficio dietético es un lastre, una mayor resistencia a los antibióticos con el riesgo mortal que eso conlleva y, además, una mayor contaminación de purines en los ríos.

Control, diseño, arrogancia, costes ocultos y acumulados. Y todavía a día de hoy se siguen incrementando. Eso es el Neolítico.

Sin embargo, todavía quedan muchos agricultores del Neolítico temprano. Sus muertos reinantes están por todas partes (no solo bajo el túmulo familiar local) pidiéndoles que rindan cuentas éticamente. Tienen una responsabilidad para con el pasado y con el legado que han recibido. Su responsabilidad, dicen, es para con todo el mundo, no solamente con sus propios sucesores genéticos: no solo con las personas que acabarán junto a ellos en el túmulo familiar. Van deambulando por el mundo, en sentido figurado si no literal, aunque cada noche acaban regresando a la granja rectilínea (que no tienen intención de ampliar). Pregúntales qué son y te dirán que forman parte de un ecosistema. Un ecosistema que no solo consiste en compostar, en reciclar excrementos animales y humanos, en conservar invertebrados, en instalar cajas para murciélagos y en tener ovejas, sino también en recaudar fondos con el concurso de la escuela primaria, en participar en la cooperativa que gestiona la librería y la cafetería locales, y en preparar la cena a los dementes.

Pero son una especie en peligro de extinción. El Neolítico tardío los está llevando a la quiebra.

Fui a conocer a un agricultor del Neolítico tardío. Lo llamaremos Giles. Es amigo de un amigo de un amigo, y me recibió sin contratiempos pero con cautela cuando fui a su inmensa granja de Lincolnshire. Se oía el zumbido de los motores, no el de las abejas. Su pequeño y suave apretón de manos era la única cosa pequeña que había ahí. Iba elegantemente vestido, con una deslumbrante camisa blanca y unos pantalones de color maíz.

Me hizo pasar a la oficina de la granja, que estaba repleta de certificados enmarcados y fotos de máquinas, y me indicó que me sentara en una silla.

—Bueno, ¿qué quiere saber? Adelante.

Lo que realmente quería saber no es algo que se pueda averiguar preguntando a bocajarro, así que le dije, vagamente, que estaba interesado en obtener un poco de información básica sobre la granja: cuánto producían, cuáles eran sus retos y aspiraciones y (con más atrevimiento) por qué hacían lo que hacían. Al oírme se relajó. Sabía exactamente cómo responder a mis preguntas.

—Trigo —dijo—. Cultivamos trigo. Muchísimo. Más de seiscientas hectáreas. Todo muy científico. El año pasado produjimos trece toneladas por hectárea, es decir, unas cinco toneladas y cuarto por casi media hectárea en dinero real. Tengo unas 700 plantas de trigo por metro cuadrado, lo cual no está nada mal, aunque está feo que lo diga yo. ¿Y que por qué lo hacemos? Pues alguien tiene que alimentar al mundo, ¿no? Cada día cuatro mil quinientos millones de personas comen trigo. Solo estamos aportando nuestro granito de arena.

—Entonces —le pregunté, mirando por la ventana los campos lisos como tortitas—, ¿eres el dueño de todo esto?

—Sí —respondió satisfecho, recostándose en su silla y mirando también por la montaña—. Sí que lo soy.

Me llevó a dar una vuelta por la granja en un vehículo nuevo con asientos de cuero con calefacción.

—No voy a disculparme por eso —dijo cuando le comenté lo de los asientos—. Es importante estar cómodo cuando pasas tanto tiempo al aire libre. Y mis muchachos tienen las mismas comodidades que yo. Solo les doy lo mejor. También tienen entretenimiento en sus cabinas: el mejor sistema que el dinero puede comprar. Estar ahí fuera puede llegar a ser muy tedioso.

Le pregunté cuántos trabajadores tenía.

—Dos —me dijo—. Y son de lo mejor que hay.

Dos hombres en más de seiscientas hectáreas. Es una densidad de población bastante similar a la de la última Edad de Hielo.

El trayecto duró un buen rato. Todos los campos me parecieron iguales: trigo maduro, cada tallo de la misma altura, cada espiga encorvada por los beneficios. Pero para Giles no eran todos iguales. Aquel campo estaba plantado con una cepa diferente que necesitaba un poco menos de nitrógeno que el campo vecino.

—Nos hemos gastado un dineral en analizar la tierra. Hay que hacerlo bien.

Había oído hablar del empobrecimiento del suelo oriental. Años atrás, la rotación de cultivos, los periodos de barbecho (una variante de la antigua idea del jubileo de dar a la tierra y a sus habitantes un descanso y libertad de vez en cuando [157]) y el estiércol de los animales de pastoreo mantenían la tierra en buen estado, lo que significaba, entre otras cosas, que tenía una microbiología vibrante y una consistencia que impedía que la tierra fuera arrastrada o soplada hacia el Mar del Norte. En cambio, ahora se dice que ya no nos quedan muchas cosechas.

—Tontería —dijo Giles—. Todo eso son tonterías liberales y alarmistas. Mis nietos y mis bisnietos cultivarán estas tierras y se ganarán bien la vida; no te preocupes. —Me miró significativamente por encima de la caja de cambios automática—. El Señor no abandonará esta tierra ni a mi familia. Fue Él quien nos hizo dueños de estas tierras, no cambiará ahora de opinión. Hemos cuidado la tierra y Él hará lo mismo, y también cuidará de nosotros.

Resultó que Giles era un cristiano evangélico conservador de la vieja escuela. La iglesia anglicana local, al igual que el movimiento verde, le parecían demasiado liberales.

—Le restan importancia al pecado. No nos dicen lo que realmente somos. Y me temo que la mayoría están destinados a una eternidad llena de tormentos. [158]

Sus hijos, que en aquel momento se encontraban en un internado, compartían sus convicciones, afirmó con orgullo, y por eso estaba tan seguro de que el Señor seguiría favoreciendo sus finanzas durante generaciones. Parece ser que el momento culminante del año para sus hijos fue cuando acudieron a un campamento cristiano dirigido a alumnos de internados, donde les enseñaron que los humanos eran intrínsecamente malos y que era más importante evangelizar que ser amable.

Me temo que esa es la visión cínica que me he formado a partir de un folleto que Giles me ha dado al salir, junto con una hoja informativa sobre la volatilidad de los precios del cereal.

La mayoría de los agricultores que conozco, ya sean del Neolítico temprano o tardío, son religiosos, y los que afirman más insistentemente que no lo son, también son los que afirman más insistentemente que son espirituales. [159] Los agricultores neolíticos eran ciertamente religiosos y (si es que acaso hay alguna diferencia) también eran espirituales. En este libro he sugerido que la religión neolítica surgió de la necesidad de los agricultores de limpiarse las manos manchadas con la sangre de sus primos no humanos con alma. En cuanto la nueva religión neolítica prendió, sus llamas fueron avivadas por los vientos de la terrible contingencia.

La vida de los cazadores-recolectores era relativamente segura. En caso de que los caribúes no vinieran, podían trasladarse a otro lugar y alimentarse a base de salmón. Pero la agricultura cambió las cosas: los humanos pusieron todos los huevos en una misma cesta. Si el grano fallaba, se quedaban sin nada.

Los cazadores-recolectores se enfrentaban a muchas más contingencias, pero ninguna de ellas ponía su vida en peligro. Además, podían negociar directamente con esas contingencias: podían rogar a los caribúes que volvieran o al rayo que se contuviera. Los agricultores tenían menos contingencias: necesitaban sol, lluvia, que no lloviera durante la cosecha y que no hubiera enfermedades, pero cualquiera de ellas podía echarlo todo a perder. ¿A quién podían dirigir sus peticiones? Solamente a un dios (o a varios) que estuviera allá arriba (en el mundo no visible), que les mandara o retuviera todas las bendiciones que necesitaban. En cuanto se estableció que las oraciones iban en dirección vertical, [160] inevitablemente surgieron jerarquías sacerdotales que regularon el flujo de la intercesión, y el estatus social y el poder empezaron a estar vinculados con el acceso a los sacerdotes.

Hoy en día sigue siendo todo bastante similar para muchos agricultores. Meg tiene razón: los agricultores viven constantemente aterrorizados por lo que pueda ocurrir. Para la mayoría de nosotros, vivir con ese miedo constante supondría estar tristes de manera perpetua y patológica. El pronóstico del tiempo podría significar la ruina en vez de un paseo pasado por agua hasta llegar a la parada del autobús. Si un hombre trajeado de Whitehall tiene un mal día, o un comprador del supermercado considera que las chirivías no son simétricas, podrían perder su negocio y su casa.

El agricultor con cara roja y traje de tweed que pasa el plato de la colecta los domingos por la mañana reza con mucha más vehemencia que el resto de nosotros. Tiene que hacerlo. Si eres esclavo de un pedazo de tierra, también tienes que convertirte en esclavo de una deidad.

Al parecer, estas son las reglas:

Pocas contingencias pero graves + perspicacia = Dioses en el cielo

Muchas contingencias pero negociables + perspicacia = Animismo o algo similar

[Pocos imprevistos pero graves o muchos imprevistos y graves] + ninguna perspicacia o [perspicacia + mucha valentía] = Humanismo moderno

* * *

Estoy tumbado de espaldas en un prado de hierba alta. Hierba, no pasto, porque aquí hay muchas especies de hierbas, y muchas especies de plantas que no son pasto: quizás unas 150 especies de hierbas y flores en total, [161] sinuosas, sigilosas, punzantes, cada una de sus cabezas balanceándose al ritmo de una melodía diferente con la brisa del mar. Puedo contar por lo menos ocho especies de insectos encima de mi pecho, y hay docenas más zumbando alrededor de mi cabeza.

Identificar los distintos cantos de los pájaros no es mi fuerte, pero incluso yo consigo distinguir unos quince.

Durante el invierno que pasé en Gales, Fran intentó convencerme de que la biodiversidad había aumentado gracias a que los neolíticos despejaron el terreno. Me la creí a medias. Es cierto que la Gran Bretaña del Mesolítico estaba cubierta por bosques densos y que el suelo de este tipo de bosques suele ser bastante estéril porque le llega poca luz. Así que puedo entender que el hecho de talar o quemar árboles creara otros nichos.

Este prado, que forma parte de la granja de Yorkshire de mi amiga Kirsty, es un ejemplo excelente del argumento de Fran. Pero también es un ejemplo excelente de que el verdadero problema es lo que el Neolítico propició. Podría oír lo que ha propiciado si saltara por encima de la valla que da a la granja de al lado. O, mejor dicho, no lo oiría. Todo está en silencio. Reina completamente la paz: es la paz de la tumba, porque es una tumba. Los insectos han sido envenenados. No queda ninguno para alimentar a los pájaros. El único cultivo es el trigo rociado con herbicidas y pesticidas.

Los prados tradicionales, cuyas semillas se sembraron cuando los humanos empezaron a gestionar la tierra, mejoraron el mundo natural. La biodiversidad indica una buena salud ecológica y, siguiendo con esta regla de tres, durante un tiempo los humanos hicieron que el mundo fuera más saludable. El problema es que nunca sabemos cuándo parar. Quizá sea el síndrome neolítico lo que nos impide hacerlo.

Otra cuestión importante es por qué empezamos a adoptar ese estilo de vida. Hemos observado la reticencia que tienen los cazadores-recolectores a dejar su estilo de vida para dedicarse a la agricultura. ¿Por qué no dijeron que no y continuaron haciendo exactamente lo mismo que habían hecho hasta entonces? Ya he mencionado las comunidades de cazadores-recolectores de Norteamérica que, puesto que habían pasado cíclicamente por sistemas políticos y sociológicos, ya tenían una idea de lo que suponía el gobierno y la autoridad. ¿Por qué no optaron por la libertad y la comodidad de no tener que pagar impuestos? [162]

Seguro que fue debido a varios motivos. Es bastante fácil entender por qué los natufienses que se asentaron en Jericó y las regiones cercanas quisieron, literalmente, echar raíces después de los traumas de los años anteriores. Esos años no fueron agradables ni representativos del estilo de vida de los cazadores-recolectores, pero transcurrió suficiente tiempo como para que los recuerdos del antiguo modo de vida se desvanecieran. Las inusuales condiciones climáticas provocadas por el Dryas Reciente difamaron la caza y la recolección, agriándolas en el folclore del Oriente Próximo, y otorgaron una aureola al sedentarismo que realmente no merecía.

Una vez conocí a un anciano indio que había llegado a Inglaterra cuando era adolescente. La casa de su familia en Punjab fue quemada hasta los cimientos por una turba durante los alborotos de la Partición. Su manera de expresar su gratitud a Inglaterra era siendo más inglés que los propios ingleses. Nunca lo vi vestido con algo que no fuera un traje oscuro o una chaqueta de tweed. En lugar de cómodas camisas sin cuello, siempre llevaba un cuello almidonado y una corbata de regimiento falsa. Leía a líderes petulantes y lúgubres en *The Times* cuando podría haber estado leyendo los libros sagrados del Upanishad. Comía pescado y patatas fritas en lugar de los curris vegetarianos celestiales de su juventud, y murió de un ataque al corazón. Cuando contemplaba el cielo lluvioso de Yorkshire, él solo veía el sol. No perdía la oportunidad de tachar la cultura india de primitiva y alabar la cortesía de los ingleses, y hacía oídos sordos a la implacable condescendencia y al racismo de sus vecinos. Nunca quiso volver a la India. Pero al cabo de un tiempo no podría haber vuelto ni aunque hubiera querido. Es un vivo ejemplo de lo que les ocurrió a los primeros humanos que se asentaron permanentemente en Jericó.

Mis padres se criaron durante la Segunda Guerra Mundial, cuando la comida escaseaba. Después de la guerra, se puso a disposición del gran público un tipo de comida asquerosa pero novedosa:

los alimentos procesados, que deberían darnos arcadas. Estaban tan agradecidos por aquella nueva abundancia, por muy maligna que fuera, que durante el resto de sus vidas fueron adictos a los alimentos procesados, prefiriéndolos por encima de los frescos. Ellos también son un ejemplo del sedentarismo permanente temprano que surgió en el valle del Jordán.

No pretendo juzgar a mis padres ni a ese anciano indio o a esos primeros agricultores de Oriente Próximo. Sus decisiones individuales no solo me parecen comprensibles, sino incluso racionales. Sin duda, yo habría hecho lo mismo que ellos. La revolución neolítica retumba en el interior de todos nosotros.

En cuanto la primera generación se afianzó, la suerte ya estuvo echada. Se necesita un conjunto de habilidades mucho mayor para ser cazador-recolector que para ser agricultor, al igual que se necesita un conjunto de habilidades mucho mayor para ser agricultor que para trabajar en una cadena de montaje poniendo el mismo tornillo en cada coche. Las habilidades necesarias para la supervivencia de los cazadores-recolectores, y ya no digamos para su prosperidad, se perdieron enseguida.

Los agricultores se reprodujeron rápidamente: los cazadores-recolectores se vieron superados a nivel demográfico,[163] y las especies que necesitaban para sobrevivir fueron exterminadas para aliviar el tedio de una dieta a base de cereales y cabras. Los agricultores empezaron a dictar las reglas para todos los humanos, no solo para ellos mismos. Un grupo africano moderno que antes se dedicaba a la recolección explicó que tuvieron que pasarse a la ganadería en contra de su voluntad porque el ganado acabó convirtiéndose en la moneda de cambio de la zona. Incluso la dote de las novias tenía que pagarse en ganado. Sin ganado no había mujeres, y sin mujeres no había futuro.[164] Y así es como ha sido desde los inicios del sedentarismo. Los cazadores-recolectores del valle del Jordán se encontraron en una posición difícil.

Estos son los motivos que podemos encontrar en los libros de arqueología y antropología, pero también hubo otros. Perdimos muy rápidamente no solo la capacidad de ser libres, sino también el deseo de serlo. Ese deseo se ha extinguido casi por completo en la actualidad. Si se nos diera a elegir entre la esclavitud con aire acondicionado y un salario fijo o una anarquía feliz pero sin dinero en un cobertizo con vistas a la montaña, casi todos optaríamos por la esclavitud sin dudarlo.

En cierta manera sabemos que es una mala elección, y odiamos que nos lo recuerden. Caín no solamente sabe que es menos feliz que Abel, sino también que Abel es superior a él. Cuando Abel pasea a su lobo con una correa y se cruza con Caín mientras va de camino a la oficina, Caín percibe la aristocracia natural de Abel y eso lo enfurece. Y es por eso que Caín intenta destruir a Abel metiéndolo a él y a su familia en un campo de concentración, exigiéndole un carnet de identidad y un pasaporte para evitar la itinerancia que tanto teme y envidia, y lanzando gases lacrimógenos en las manifestaciones del movimiento Occupy.

* * *

El simbolismo se ha apoderado de nosotros. Nos hemos simbolizado hasta morir; hemos abolido todas las cosas reales y solamente valoramos las representaciones que hemos hecho de ellas. Esa fase terminal llegó mucho después del Neolítico y, en la parte final de este libro, visitaremos la Universidad de Oxford y comeremos, beberemos y hablaremos con gente que pasa muchas horas al día fingiendo que las representaciones son la realidad, o incluso mejor que la realidad. En el Neolítico la cosa no era tan grave. Sin embargo, las ovejas dejaron de ser plenamente ovejas y se convirtieron en comida, o en beneficios, o en un problema de gestión, o en un motivo de autocomplacencia; fueran cuales fueren sus méritos, ya no volvieron a ser ovejas.

Pero yo me creo inmune a todo esto, por supuesto.

No soy agricultor, pero he jugado a serlo a lo largo de los años, y actualmente participo en varios proyectos agrícolas comunitarios.

Uno es una granja urbana en la que tenemos ovejas, pollitos, a veces cerdos y mucha vegetación. Otro es un espacio en el que cultivamos hortalizas en una vieja comuna tolstoiana en la que cada uno decide cuántas calabazas, calabacines, guisantes o patatas vale el sudor que haya derramado esa tarde. Y otro es una granja encaramada en lo alto de la ronda que mira hacia las torres de ensueño donde se gestan todas esas abstracciones que destrozan y niegan la tierra. Allí tenemos un montón de vacas que acabarán siendo hamburguesas y algunas cabras, porque nos gustan las cabras. De vez en cuando voy a una de esas granjas y ausculto el pecho de una oveja, echo un vistazo a alguna pata, retuerzo el pescuezo a algún pájaro, desentierro patatas, recoloco un túnel de polietileno, arreglo algo roto, dicto sentencia de muerte y bebo té.

Ahora estoy en la granja de ganado. Estamos a mitad del verano y la hierba está alta. Todos los días trasladamos a las vacas hacia una franja de pastoreo nueva y movemos la valla eléctrica para delimitar la nueva zona de pastoreo. Mi tarea de hoy consiste en cortar un nuevo pasillo para la valla con mi guadaña para que la hierba no toque el cable y perdamos corriente.

Es una tarea muy neolítica. Las hoces para cortar hierba (los cereales no son más que hierba, por supuesto) son las herramientas clásicas y características del Neolítico; el objetivo de mi tarea consiste en controlar el espacio vital de otra especie trazando una línea recta muerta a través de un entorno salvaje, y luego, gracias a la tecnología, impediré que otra especie pueda ocupar el lugar del mundo que le plazca y la obligaré a ocupar el lugar del mundo que yo decida.

Me encanta. Es uno de los placeres más sensuales que existen. Primero desenvaino la guadaña de su vaina de lona y compruebo el filo con el pulgar. Lleno de agua la funda de la piedra de afilar, me la cuelgo del cinturón y sumerjo la piedra de afilar. Paso la piedra por encima y por debajo de la hoja. ¡Zing! ¡Zing! Zing! Esto es lo más parecido a una pelea de espadachines que he visto en mi vida. Así era como los piratas seguramente empezaban su día.

A continuación, trazo la línea con el ojo de mi mente. Hoy comenzaré en ese arbusto de moras que está justo al límite del campo y subiré en línea recta hasta el espino. Hace calor y el cielo está azul, y es media tarde, y estoy en camiseta y pantalones cortos. Sería mejor que me pusiera a cortar a primera hora de la mañana, cuando la hierba todavía está húmeda por el rocío, pero hoy me ha resultado imposible arrancar antes. Tengo una gran jarra de sidra y doy un trago antes de empezar. Voy a sudarla más deprisa de lo que puedo beberla. Los cosechadores del oeste del país solían recibir parte de su remuneración en forma de sidra; [165] un fabricante de Somerset la llama «lubricante agrícola». [166]

Recojo la guadaña. A diferencia de las guadañas inglesas comunes que te arrancan la piel de las manos y te hacen crujir los discos de la espalda como si fueran monedas dentro de una máquina tragaperras, es ligera, está perfectamente equilibrada y se adapta a mí como si fuera una extensión de mi brazo. Es austriaca, por lo que está diseñada para cortar heno en los pastos alpinos al son de los cencerros. La guadaña se encarga de la mayor parte del trabajo; solo tengo que balancearla sobre el suelo, girando el torso sobre las caderas como la torreta de un tanque, con una ligera presión del brazo derecho. Si aprendes a hacerlo bien, puedes pasarte el día entero trabajando. Normalmente segar era considerado un trabajo ligero, una tarea de mujeres, niños y ancianos. También se puede avanzar deprisa si eres bueno. Un segador competente siempre tiene las de ganar contra una desbrozadora de gasolina.

Observo la hierba que cortaré con mi primer golpe. Siguiendo la costumbre, me pregunto qué fuerzas habrán decidido que esa hierba tenga que ser cortada hoy y, de repente, me doy cuenta de que la respuesta, o por lo menos en parte, es que la decisión ha sido mía.

Nunca sabes muy bien cómo va a estar el césped. Ayer corté una franja, más o menos a la misma hora, pero hoy podría ir todo completamente diferente. Respiro profundamente y empiezo a subir por la colina. ¡Chas! ¡Chas! Chas! Es hermoso ver cómo los tallos se derrumban cuando la hoja, una medialuna de acero al carbono, corta la pálida y tierna parte inferior de la hierba cerca del suelo. Hoy puedo incluso oír el crujido del silicio en los tallos: ayer tuve la sensación de estar cortando malvaviscos.

Estoy dejando sin hogar a miles de insectos. Interrumpo el ritmo cuando un conejo pasa corriendo entre mis piernas, y hago una pausa para beber sidra, pero no me detengo por nada más. Golpeo la hierba mientras exhalo, y vuelvo a inspirar: ¡Chas! ¡Chas! ¡Chas! La respiración, la sidra, el sol y la savia están funcionando, llevo haciendo esto toda la vida y no voy a detenerme nunca, y mis botas son verdes y forman parte del campo, y la cabeza de X me mira desde el espino y señala con la cabeza la jarra de sidra. «¡Bebe!», le grito, y él se abre paso entre la hierba, me mira fijamente con sus ojos marrones enrojecidos por el humo, me enseña los dientes a modo de saludo y veo que le cuelgan trozos de carne entre los huecos, y da un trago halitoso, y después otro.

Mi padre me saluda desde lo alto de la colina. Está sentado encima de un tronco, como siempre solía hacer. Lleva los pantalones que se compró en el Brocklehurst de Bakewell, las viejas y rígidas botas que intentó regalarme, y una camisa de cuadros lavada, por algún motivo, con jabón de alquitrán de hulla. Ahora que sé que está aquí, se pone a mirar a la distancia, intentando entender, tal y como hacía siempre, cómo la lejanía puede estar conectada con el aquí y el ahora. Me gustaría que bajara a tomar un poco de sidra. Averiguaría quién es X, lo bombardearía con preguntas como hacía siempre con los amigos que venían a las fiestas o que llevábamos en el coche. Les sonsacaba a todos la historia de su vida en tan solo unos minutos, y cuando cada uno seguía por su camino, los niños llegaban a la conclusión de que era muy raro y los adultos se sentían importantes.

¡Chas! ¡Chas! Las moscas se ahogan en el sudor que se desprende de mi cuerpo. Noto el golpeteo de sus patas. Más sidra, y para X también, pero mi padre debe haber encontrado una buena brisa allí arriba y parece un dios del panteón olímpico (si es que alguno de los

Inmortales alguna vez ha llevado un sombrero de ala ancha de tweed).

La hierba cortada va cayendo ordenadamente. Mientras yace en el campo ya está en camino de transformarse en heno, y los insectos sin hogar ya se han reubicado. Sin embargo, los que se han ido hacia mi izquierda no deberían ponerse muy cómodos; mañana a esta hora estarán fermentándose en el rumen. Los que se han ido hacia mi derecha están en el lado seguro de la valla, por lo menos durante un tiempo hasta que acaben corriendo la misma suerte.

¡Chas! ¡Chas! ¡Bebe! ¡Bebe! Ya casi estamos. X ha vuelto al espino repleto de gorriones que se pelean para estar más cerca de él.

Cinco golpes más: ¡Chas! ¡Chas! ¡Chas! ¡Chas! ¡Chas! Seguidamente me tumbo boca arriba y contemplo las columnas estriadas de una catedral de hierba elevándose hacia el cielo azul, un cuervo carroñero preguntándose si estoy a punto de morir, y los niños que acaban de llegar y gritan: «¡Papá! Papá».

Están todos allí. Tom separado de los demás, como es habitual: dando vueltas, girando piedras, subiéndose a los árboles, gorroneando. Cualquier policía decente, al ver cómo se mueve, lo esposaría y lo llevaría a comisaría por comportamiento sospechoso. Ahora está observando el espino y se pregunta por qué hay tantos gorriones allí de repente.

Mi padre, después de mirarlos a todos de manera melancólica y benévola, los encuentra demasiado ruidosos para sus oídos más bien sordos, y baja cojeando con cuidado por la colina para examinar un abrevadero.

Todavía queda mucha sidra, a pesar de la ayuda de X, y este calor tardará en desaparecer. Sugiero pasar la noche aquí. Bueno, por qué no, aceptan después de que les prometa una hoguera y que luego alguien nos traerá sacos de dormir.

Así que eso es lo que hacemos: comemos riñones ensartados en palos, escupiendo las venas y las arterias; las vacas, con sus ojos como faros, se acercan al fuego tanto como la valla se lo permite; las últimas estrategias fratricidas se desestiman porque los niños no pueden ejecutarlas con la hoguera de por medio; un zorro se acerca a observarnos; Jonny vomita en el seto; Rachel, toda mística, saca hojas que están retorciéndose en la hoguera; Jamie está hipnotizado e inescrutable; por una vez, Tom es el centro de atención y está carbonizando palos para poder clavarlos mejor.

Cuando la luz de la hoguera se debilita alzan la cabeza y, cuanto más se asustan, más estrellas empiezan a nombrar. No conocen muchos de los nombres reales de las constelaciones, así que se los inventan: ranas, árboles, peces, pájaros, erizos, flores, ciervos. Todos los seres vivos: parece ser que no hay zapatos ni tractores en el cielo nocturno. Y todas las constelaciones están unidas por una historia: el pájaro atrapa al pez; el ciervo se come la flor; el erizo baila con la rana; pero entonces lo estropeo todo en nombre de la educación diciéndoles que allí, justo por encima de la copa del árbol, está la Vía Láctea, nuestro hogar, compuesta por 500.000 millones de estrellas (escribo el número con carbón en un tronco: 500.000.000.000), y creo que ese borrón nebuloso de allí es Andrómeda, la única galaxia aparte de la nuestra que podemos ver a simple vista, que está compuesta por un billón de estrellas, y que está a dos millones de años luz, así que esa luz, Rachel, es la más antigua que puedes ver: empezó su viaje hacia esta granja antes de que tu ancestro, el *Homo ergaster*, comenzara a merodear por la sabana africana. Entonces tomo impulso y hablo poéticamente sobre sistemas solares enteros devorados por agujeros negros violentos, sobre electrones que van saltando como si fueran pulgas entre los distintos niveles de energía, sobre filamentos de gas de millones de kilómetros de largo que recorren los cielos como velos rasgados de novias despechadas, sobre los corazones de las estrellas moribundas que siguen latiendo y arrojando luz en la oscuridad incluso a pesar de tener el cuerpo destrozado, y sobre la energía que se expande silenciosamente y fluye entre galaxias. Pero todos han desconectado de mi explicación y han vuelto a centrarse en tirarse malvaviscos y hacerse agujeros en las botas de agua con el fuego.

«Hace quince mil millones de años no había nada», [167] escribe el físico Chet Raymo. «Entonces Dios se rio. Una semilla de energía infinitamente densa y caliente surgió de la nada y se convirtió instantáneamente en materia. Según el pensamiento cosmológico actual, esa primera carcajada duró una milmillonésima de milmillonésima de segundo y, cuando acabó, el universo ya estaba en marcha.»

No es un mal mito, pero he oído cosas mejores y seguramente más útiles. Seguramente X y su hijo (que acaba de llegar) y mi padre (que sigue sentado en el tronco) saben lo que ocurrió realmente.

Supongo que los neolíticos también nombraron las estrellas, aunque no me parecería justo echarles la culpa. Si la versión judeocristiana fuera cierta, fue Dios quien les dijo que tenían que nombrar a todos los animales [168] y, hasta donde ellos sabían (y, de hecho, hasta donde nosotros sabemos), las constelaciones son animales. Tampoco culpo a mis hijos por intentar nombrarlas motivados por miedo. Los nombres son mejores que los números. Por lo menos los nombres denotan una relación. Podemos establecer una relación con las ranas y las estrellas y los erizos y las nebulosas espirales. El número que he escrito en el tronco no significa nada.

Mañana llegamos a la mitad del verano. Ese momento resultaba crucial para los neolíticos, [169] así que lo celebraremos, tal y como esperan muchos de mis amigos, acercándonos a unos menhires, bebiendo demasiado vino de mora en vasos de cuero comprados en eBay, tocando algunas melodías medievales con nuestros silbatos, violines y mandolinas, e intentando acostarnos sobre la tierra inclinada. Pero esa celebración siempre me produce justamente el efecto contrario. Me siento más cerca de Simon Cowell que de los ocupantes originales de las calaveras que reposan en los túmulos alargados, y me muero de ganas de llegar a casa y volver a ponerme a mirar vídeos en YouTube.

Es importante saberlo, ya que he empezado a pensar que el Neolítico es comprensible. Y no es que sea comprensible simplemente por el hecho de que todo lo es, sino que es comprensible porque, aunque muchas maneras de pensar modernas empezaron a forjarse por aquel entonces, durante los últimos 10.000 años más o menos, me han afectado horriblemente. Por aquel entonces, los humanos notaban el mundo moviéndose bajo sus pies. Pero yo, no. Ellos podían alegrarse de que aquel fuera el día más luminoso del año; en cambio, para mí es solo un recordatorio de que a partir de ahora cada vez habrá menos luz.

* * *

Bueno, fuimos a las piedras y nos quedamos allí bajo la lluvia junto con un montón de gente vestida con camisetas psicodélicas de colores, pero no sentí nada ni tampoco ocurrió nada, así que me fui a casa con la intención de alimentarme durante una semana a base de gachas y pan plano. Eso fue lo que hice, y eso me recordó que la mayoría de las comidas del Neolítico debían de ser muy aburridas. Este tipo de aburrimiento culinario te afecta. He pasado largas temporadas con beduinos en el Sinaí y en el desierto blanco egipcio, y su dieta es bastante parecida a la de los humanos del Neolítico; pan plano cocido sobre una olla del revés. Me volvía loco. Pero por lo menos ellos tenían mermelada y atún en lata.

A lo largo de nuestra vida como especie hemos comido alrededor de 80.000 especies animales y vegetales diferentes.[170] Sin embargo, actualmente solo tres especies (el trigo, el arroz y el maíz) componen la base de la alimentación de tres cuartas partes de la población mundial.[171] ¿Escogimos ser aburridos o nos obligaron a serlo? Las dos cosas. A veces nos vimos obligados a serlo, pero otras no. Ciertamente, a medida que las jerarquías fueron creciendo y consolidándose (basadas primero en el parentesco, con el visto bueno incuestionable de los ancestros reinantes, y más tarde en la dinastía política, más que en la biológica) los regímenes desalentaron, a menudo de forma sangrienta, toda idea de elección. Un ciudadano que optaba con entusiasmo por los higos en lugar de por el trigo, podría optar con el mismo entusiasmo por un nuevo gobernante en lugar de por el vigente. «¿Cómo se puede gobernar un país que tiene doscientas cuarenta y seis variedades de queso?», preguntó Charles de Gaulle. Si la pasión por el queso es lo bastante fuerte, entonces no se puede gobernar, y por eso todos los totalitarismos modernos, ya sean neoliberales o comunistas, odian los pequeños productores y adoran los monopolios. Podemos observar esta tendencia desde el Neolítico tardío hacia adelante. Hoy en día, más de tres cuartas partes del comercio mundial de cereales están controladas por cuatro empresas, [172] y así es como les gusta que sea a nuestros gobernantes. Aunque los políticos no reciban ningún pago de los monopolios, les resulta mucho más fácil hacer negocios con unas pocas empresas que con muchas, sobre todo si han ido a la escuela con los directores generales de esas pocas empresas.

El aumento de la población humana durante el Neolítico culminó en las masas críticas para la formación del Estado. Con el auge de la población, también aumentó la expansión del pensamiento abstracto y la jerarquía. Los motivos que explican la coincidencia de estas tendencias son complejos, pero lo cierto es que no auguraban nada bueno para los seres humanos individuales en el escalafón de la sociedad neolítica.

La población y la jerarquía están relacionadas causalmente, al igual que la abstracción y la jerarquía. La aceleración de la abstracción está claramente reflejada en el arte neolítico. El arte neolítico temprano de Iberia y la Bretaña es muy fácil de comprender: un arco es un arco es un arco. Pero a medida que el Neolítico va avanzando, el arte se vuelve mucho más difícil de interpretar. Se convierte, en otras palabras, en el dominio de los expertos, de los conocedores de los secretos que desvelan el significado. Esa dicotomía entre el «ellos» y el «nosotros» se plasma en el arte. A veces, creaban arte que fuera difícil de entender expresamente para mantenerlo alejado del pueblo llano, pero no cabe duda de que había algunos avances metafísicos genuinos que exigían una exposición más sofisticada y, por lo tanto, una interpretación. Si a esto le sumamos el aumento de la población (gran parte de la cual no era ni sacerdote ni gobernante), y le añadimos el miedo que supone saber que si la cosecha de ese año va mal tus hijos morirán, tenemos todas las condiciones necesarias para que surja una dictadura tóxica.

Tampoco sería de extrañar que se produjera un aumento de la violencia por culpa de estas condiciones, tanto entre los miembros de una misma comunidad como entre distintas comunidades. Si tu cosecha iba mal pero la de la aldea de al lado no, lo más habitual era tomar una lanza y un saco y marchar hacia el pueblo vecino.

Y según el consenso académico, eso fue exactamente lo que ocurrió. Sin embargo, hay un disidente de alto nivel, Steven Pinker, que apoya la idea de que las cosas han ido mejorando gradualmente (una idea que volveremos a encontrarnos en la parte final de este libro) y, en consecuencia, que el Neolítico fue un período menos violento que el Paleolítico superior. La caída del hombre, para él, fue una caída hacia arriba.

Según Pinker, antes de que aparecieran las sociedades estáticas, los cazadores-recolectores mataban al 15 % de la población, pero cuando nos asentamos nos volvimos menos homicidas.[173] Ese argumento se apoya en evidencias arqueológicas muy débiles. Es cierto que los cazadores-recolectores del Paleolítico superior presentan una alta incidencia de lesiones óseas, pero la mayoría de estas lesiones no pueden atribuirse inequívocamente a otros seres humanos. De hecho, hay una miríada de explicaciones mucho más probables, como por ejemplo caídas y cornadas de uro. Para contrarrestar la ortodoxia de que los cazadores-recolectores son relativamente pacíficos, cita ejemplos de cazadores-recolectores modernos violentos. Pero extrapolar el comportamiento de los cazadores-recolectores modernos a los de la prehistoria es bastante cuestionable,[174] y además hay que tener en cuenta que se basa en ejemplos de cazadores-recolectores cuya sociología, economía y psicología han sido perturbadas por los estados.

Pinker también señala que existe una terrible violencia interespecie entre chimpancés y bonobos. Al parecer, cree que cuanto más nos alejemos de ellos, más pacíficos deberíamos ser. Es un argumento un poco extraño. Cuando durante el Paleolítico superior adoptamos el comportamiento moderno ya estábamos, en términos de estructura fisiológica y psicológica básica, tan alejados de los chimpancés como lo estamos ahora. Lo que cambió a lo largo de los milenios siguientes fueron las circunstancias en las que se materializó nuestra tendencia residual a la violencia. En el Paleolítico superior, al igual que en la mayoría de las comunidades de cazadores-recolectores posteriores, había muchas menos razones (porque había mucha menos gente) para embarcarse en la costosa y peligrosa empresa de intentar matar a otros seres humanos. Había mucha tierra para recorrer, muchos peces en el mar y caribúes en la tundra. Si alguien te molestaba, lo más fácil era simplemente pasar de largo. Por aquel entonces era fácil seguir adelante, no como más tarde.

El aumento de la abstracción durante el Neolítico también formaba parte de esta ecuación. Es más difícil matar a una persona real que a la idea de una persona. Todos los dictadores asesinos lo saben: es por eso que convierten a Moshe Cohen y a su esposa Hannah en judíos genéricos o, mejor aún, en «parásitos», y que transmutan sus rostros individuales en narices semíticas caricaturizadas, ya que así es mucho más fácil convencer a la turba de que queme su casa. Si se demuestra que la idea abstracta de «solicitante de asilo que recibe ayudas sociales» se trata, de hecho, de Abdul Mohammed, padre cariñoso e hijo devoto, al que le gusta jugar al ajedrez y tocar el ukelele, será mucho más difícil conseguir que lo aten y lo arrastren hasta un avión de vuelta a Siria.

El aumento de población también tiene un papel determinante en esta cuestión: resulta más difícil distinguir a los individuos cuando hay muchos. Y la creciente mercantilización de los seres humanos provoca los mismos efectos. A medida que los beneficios se hacen más importantes, los individuos se valoran cada vez más no por lo que son, sino por lo que pueden llegar a hacer. Y si no pueden llegar a hacerlo, bueno… Es la vieja, vieja y nueva, nueva historia de siempre. [175]

A medida que la población va aumentando, la sociedad se vuelve más compleja y surge la necesidad (percibida) de establecer una regulación. Se abre un abismo entre los reguladores y los regulados. Si el mercado se encarga de toda la regulación, los ricos están en la cima y los pobres en la base.

La información más útil sobre la violencia antigua que puede proporcionarnos la antropología contemporánea es sobre las consecuencias resultantes de nuestra alienación de lo salvaje. Todos somos criaturas salvajes, aunque vivamos en Manhattan y solo comamos comida para microondas en un bote de plástico, pero nos hemos acostumbrado hasta cierto punto a nuestra vida moderna entre rejas. Sin embargo, el zoo urbano resulta muy duro psicológicamente hablando para las primeras generaciones. Las enfermedades mentales, el suicidio y la violencia abundan entre los cazadores-recolectores que abandonan la caza y la recolección. «El espíritu humano tiene una lealtad primitiva para con la naturaleza», dice el escritor Jay Griffiths. «El primer mandamiento consiste en vivir siendo leal al ángel salvaje», y cuando se incumple ese mandamiento, el castigo es terrible e inmediato. En primer lugar, implica el exilio a una «tierra baldía de la mente», desertificada, sin presas para cazar ni peces para pescar, y a partir de allí los antiguos cazadores se lanzan a cazarse a sí mismos y a otros humanos. En África, Australia y el Ártico, los indígenas contaron a Griffiths [176] que la única solución al problema de la violencia y otros comportamientos antisociales era «la tierra», refiriéndose al significado opuesto que los nacionalistas otorgan a esta palabra: se referían al derecho natural de todas las personas salvajes (es decir, de todas las personas) sobre toda la tierra salvaje. El pueblo yolngu de Australia llama a la tierra «medicina mental»: el músico inuit Jimmy Echo le dijo a Griffiths que «la violencia proviene de estar alejado de la naturaleza».

No necesito que me lo diga ningún libro ni ningún artículo. Nuestra vida familiar es una prueba de ello. Si llevas a los niños a cualquier lugar con un poco de verde, verás que enseguida enfundan los cuchillos y dejan de ser tan mezquinos. Y no se trata simplemente de que estén distraídos o de que estén quemando energía. Si llevas a los mismos niños en el mismo estado de excitación fratricida a alguna actividad lúdica en un espacio interior, la guerra civil continuará. Sería de esperar que se sintieran inhibidos por los elementos de la civilización urbana, como por ejemplo el personal uniformado de los museos o el camarero de bigote severo de nuestra taberna griega local, pero no. Los árboles les imponen unas exigencias morales que ningún policía puede igualar.

Sin embargo, hay un elemento corruptor clave que no surgió durante el Neolítico, un arma de destrucción espiritual masiva; el lenguaje escrito. El lenguaje escrito consolida el dominio de las dinastías: permite plasmar de manera inalterable las sucesiones, las deudas y las obligaciones formales, permitiendo así que prevalezcan contra la justicia, la misericordia y la evolución natural. Es la apoteosis de la abstracción: el fallo provisional del divorcio de los humanos del mundo natural y concreto (la Ilustración, como veremos, fue la sentencia de divorcio definitiva). El hecho de poner algo por escrito le otorga una autoridad totalmente falsa, una autoridad que supera la autoridad de la experiencia. Si el mundo ya ha sido plasmado en una tablilla de arcilla con caracteres, ¿de qué nos sirve salir al bosque para verificar que dice la verdad? Ni siquiera le damos la oportunidad al bosque de poder contradecir lo que está escrito. Y, ¡gloria bendita!, ¡la persona que ha escrito esos caracteres, que ha creado todo ese mundo, eres tú! [177]

El primer sistema de escritura fue el sumerio. [178] Era pictográfico, por lo que todavía mostraba deferencia por el mundo que existía fuera de la cabeza de los humanos, aunque muy pronto las imágenes quedaron desbancadas por las líneas (sí, otra vez las líneas) del cuneiforme sumerio [179] y por las puñaladas agresivas y rapaces en la arcilla natural de los estiletes hechos y empuñados por la mano del hombre, con las que Mesopotamia reconstruyó el mundo a su propia imagen. Las culturas puramente orales exigían cierta relación entre el narrador y el oyente y entre el narrador y la fuente. Para poder contar una historia, los narradores orales tienen que sumergirse en la experiencia en estado salvaje, afinar el oído para captar el tono en que quiere representar la historia si es que está de humor, pedir permiso a la fuente para tomar la historia, comprometerse a no utilizarla de ninguna forma que contradiga la intención de la fuente, hacer reverencias y caminar hacia atrás alejándose de lo salvaje, de la misma manera que los judíos jasídicos caminan hacia atrás cuando se alejan del Muro de las Lamentaciones en Jerusalén para no faltar el respeto a la presencia que allí se encuentra, contar la historia fielmente alrededor de las hogueras, y obligar a los oyentes, bajo pena de muerte social, a que repitan la historia.

Pero cuando se escribe es diferente: alguien se sienta en una habitación para trazar líneas eternas y vinculantes a partir de los pensamientos de su cabeza, líneas que no derivan de otra autoridad que la de su propia cabeza, líneas que limitan la acción y la orientación futuras de los demás con la misma seguridad que la línea de una valla impide a las ovejas pastar por donde quieren. Inscribir una lista de deudas o detallar un tratado es contar una historia, igual que lo es relatar que esa roca es la garra de un sapo gigante o que tu padre recogía hojas talismánicas, fumaba en una asquerosa pipa y seguía dejando un rastro de olor a jabón de alquitrán de hulla mucho después de que hubiésemos incinerado su cuerpo.

Hubo otra etapa importante y catastrófica en la progresiva hegemonía del lenguaje escrito. No se produjo durante el Neolítico, pero fue entonces cuando se sembraron las semillas. Me refiero a la llegada de la escritura alfabética (fonética). Los pictogramas hacían referencia al mundo no humano, por lo que esbozaban árboles o bueyes para transmitir significado. Hasta entonces y durante todo el Neolítico, a pesar de todas las acusaciones que he hecho contra este período, el mundo no humano hablaba y escuchaba, aunque su acento fue volviéndose cada vez más difícil de comprender para los humanos, y sus historias fueron cada vez más ignoradas, menospreciadas y suplantadas. No fue hasta la llegada del alfabeto que se dio por sentado que el mundo natural era mudo. Antes de la llegada del alfabeto, el mundo natural cantaba, rimaba y pronunciaba. Pero con la aparición del alfabeto enmudeció. [180] Y podemos hacer lo que nos apetezca con las bestias mudas, ¿no?

* * *

Volvemos a estar en Gales con Burt y Meg. Meg dice que me ha perdonado por mi sermón primaveral sobre el dominio, pero yo no estoy tan seguro. Sin embargo, aquí somos felices, como siempre que estamos con ellos, y nos hemos dedicado a pastorear ovejas, alimentar burros, jugar con la turbina hidroeléctrica, nadar en su río, buscar los huesos de los sacerdotes de la Edad de Hierro, resolver un rompecabezas anatómico con el esqueleto de una tortuga, mapear letrinas de tejones, hervir un poco de hierba Bennet para la diarrea de los niños y un poco de uña de caballo para la úlcera de la pierna de un vecino. En este momento estamos sentados dentro de la casa comiendo chuletas de cordero y espinacas. («Esas espinacas deben tener el mayor contenido de hierro del mundo», dice Meg. «Las he fertilizado con mi propia sangre menstrual»).

Burt mira por la ventana, deja su plato, abre la puerta de golpe y sale corriendo hacia el valle. Salimos todos a tropel detrás de él.

—Ya ha empezado —grita—. ¡Deprisa!

El viento sopla las hojas de un roble, y Burt está intentando atraparlas antes de que toquen el suelo. Según nos dice, eso da buena suerte.

Jonny se niega a participar en el juego.

—Las hojas están destinadas a caer —dice solemnemente—. Ha llegado el momento de que estén en el suelo.

«La li-li-li, li-li».

Otoño

«Un hombre rico tenía un campo fértil que producía buenas cosechas. Se dijo a sí mismo: «¿Qué debo hacer? No tengo espacio para almacenar toda mi cosecha». Entonces pensó: «Ya sé. Derruiré mis graneros y los reconstruiré más grandes. Así tendré suficiente espacio para almacenar todo mi trigo y mis otros bienes. Luego me pondré cómodo y me diré a mí mismo: "Amigo mío, tienes comida almacenada para muchos años. ¡Relájate! ¡Come y bebe y diviértete!"». Pero Dios le dijo: «¡Necio!».

Lucas 12: 16-20.

—Este año no vamos a tomarnos esta magnífica noche con calma —dijo mi encantadora amiga Liz, que se dedica a hacer esculturas con la madera que arrastra el mar hacia la costa, zapatillas de fieltro y cuentos de hadas en una pequeña finca con vistas a las islas Hébridas Exteriores—. Vamos a hacer mucho ruido, a beber mucho vino, a comer mucho de lo que nos ha dado el verano, y a empezar el otoño con gratitud y dolor de cabeza.

Así que eso es exactamente lo que hacemos. Nos amontonamos todos en el coche y conducimos hacia el norte, haciendo parada en un hotel de la autopista cerca de Glasgow que tiene tarifas especiales para los representantes de baldosas de suelo adúlteros, y una máquina para limpiar zapatos que parece un erizo que da vueltas, y a la hora del almuerzo del día siguiente nos dejamos caer por la pequeña carretera hasta la cañada de Liz. Ya nos duele la cabeza, cortesía del syrah de garrafón del hotel, pero todo lo demás va tal y como se nos había prometido: hay una oveja dando vueltas sobre el fuego, ensalada de brotes verdes, danzas al son del violín, el sonido del acordeón y el bodhrán, grabaciones de ragas indios y cantos de ballena para llenar los silencios entre melodías, barriles de vino de ruibarbo, canciones obscenas y sublimes, unos largos en el mar para refrescarnos y prepararnos para el siguiente reel, un cuervo posado sobre un árbol enfurruñado en protesta por nuestro comportamiento, y el rumor de los delfines.

Todo es maravilloso. Pero, querida Liz, tengo un problema. No debería ser así. La oscuridad va tiñendo la luz; no es que la luz se apague de repente. Toda la idea del equinoccio y el solsticio depende de mediciones, cálculos y divisiones que realmente no existen. Las bayas no brotan de la noche a la mañana en otoño para sustituir las pesadas cabezas de grano derribadas por la hoz. No deberíamos acercarnos a los megalitos con la esperanza de que ocurriera algo: [181] deberíamos esperar que ocurrieran cosas constantemente. La oscuridad, incluso en el norte de Escocia, es solamente una falta de luz relativa, y cuando llega la oscuridad más profunda, el fuego, enviado originalmente desde el cielo en forma de rayo, mantiene el día iluminado. Dado que el fuego vino del cielo, podríamos decir que en realidad el cielo del verano nunca se apaga: solo se traslada a la hoguera.

Cortamos en varios trozos tu hermoso pastel verde que representa el verano cubierto de flores de mazapán y nos lo comemos ceremoniosamente. Entiendo por qué lo has hecho, y eres valiente, buena y generosa, pero destruir algo tan bello y caro, ya sea comiéndolo o rompiéndolo, me recuerda tristemente a la costumbre del Neolítico de destruir objetos de cerámica (encarnada en el moderno acto griego de romper platos) como demostración de riqueza y estatus.

En el mundo de los cazadores-recolectores, la oscuridad llegaba con cuentagotas; ningún día era mucho más corto o largo que los contiguos; cada estación del año daba lo suficiente y de muchas maneras diferentes, y cada día celebraban el hecho de tener bastante, no de haber llenado el granero.

En el Occidente moderno celebramos que hemos llenado los graneros con las fiestas de la cosecha. Nos encantan. Es bueno que seamos agradecidos, incluso aunque no sepamos explicar muy coherentemente a quién estamos agradecidos. Simplemente nos parece apropiado celebrar fiestas de la cosecha. Eso me hace reflexionar.

«Hemos arado los campos y hemos esparcido las buenas semillas por la tierra», cantan los niños cuando llega la hora de almacenar. (Bueno, en realidad, no, pero no nos centremos en esto ahora). Ese himno es más bien autocomplaciente. Nosotros hemos tomado las decisiones agrícolas correctas, nosotros hemos puesto el injerto y por eso vamos a tener la barriga llena este invierno, y vamos a organizar una gran fiesta con baile en el salón municipal la semana que viene.

En la siguiente frase se entrevé un poco de humildad: «Pero los alimenta y los riega», informamos a Dios, «tu mano todopoderosa». Pero no cuela. Dios es simplemente un socio en el proyecto que hemos concebido y, en la economía tradicional, Él y sus sacerdotes deberían tener derecho a una pequeña parte por sus esfuerzos, pongamos un 10 %, un diezmo. También tenemos que darnos una palmadita en la espalda por haber seguido al Dios verdadero y por haberlo apaciguado de una manera que evidentemente ha funcionado. Esa actitud es muy neolítica y muy poco paleolítica. Los humanos del Paleolítico superior daban las gracias constantemente a los animales o a las plantas que les estaban dando su vida. Y, a diferencia de los humanos del Neolítico, no podían ser redirigidos servilmente hacia el representante de Dios en la Tierra que había ordenado que se sembraran las semillas, de cuya beneficencia dependían, y que estaba sentado en un banco acolchado con su mejor traje, listo para recibir con una sonrisa amistosa tus respetos al salir de la iglesia.

* * *

—Ahora ya podemos morir felices en el frío —dijo Liz alegremente mientras nos despedíamos con un abrazo.

Parece como si la tierra se muriera cuando se retira el sol; otros inviernos he puesto la mano y el oído en el suelo, intentando convencerme de que todavía quedaba un pulso residual, y al no notar ni oír nada, he sentido la oscuridad creciendo en mi interior.

Este pensamiento es totalmente neolítico: sin sol, no hay vida; sin cultivos sobre la tierra no hay vida, por eso esperamos con tanto anhelo el solsticio de invierno, [182] pues es cuando el sol volverá a estar de nuestro lado. Muros y vallas, un mundo binario, inimaginable para los cazadores-recolectores, [183] pero en el que la mayoría de nosotros vivimos desde entonces: sol/no sol, luz/oscuridad, muerto/vivo, encendido/apagado, Dios/no Dios, creyente/no creyente, blanco/negro, nosotros/ellos, limpio/no limpio, festín/hambruna. Sin embargo, los humanos del Neolítico no estaban tan mal como nosotros. Sabían que, hasta cierto punto, incluso la muerte era productiva; que la cosecha del año siguiente se estaba gestando en la fría oscuridad, que el invierno estaba vivo. Pero yo he olvidado incluso eso.

* * *

Hay dos bandejas dando vueltas delante de la casa grande. En una de ellas hay pequeños canapés cubiertos de salmón ahumado y espolvoreados con caviar. En la otra hay rollitos de salchichas de Frankfurt del supermercado de la esquina. Los canapés se ofrecen con deferencia a los jinetes con capas rojas y negras, y los rollitos de salchichas de Frankfurt se reparten de malas maneras entre los hombres que los seguirán a pie o en coche, y a los hombres vestidos de verde con cara arrugada que seguirán la cacería en sus *quads*, transportando terriers en jaulas en la parte trasera. A los jinetes se les ofrece brandy de cereza en copas de vino (de cristal tallado para la dueña de los sabuesos), y a los demás, jerez para cocinar en vasos de papel.

Este es uno de los encuentros más populares del año. Desde la terraza de la casa palladiana se pueden ver miles de hectáreas del tipo de campo que consigue empañar los ojos de los expatriados ingleses: una colcha de retazos verdes de campos donde pasturan las vacas que son la base del rosbif de la vieja Inglaterra; setos de espino negro recortados; colinas que dan refugio a lo poco que queda de los bosques; un paisaje ondulante, apacible y subestimado. Toda esa tierra fue robada a los campesinos en el siglo XVIII, por supuesto, cosa que provocó que llegara a las ciudades una marea de mano de obra barata y desesperada. Pero no estropeemos este glorioso día soleado con ese tipo de pensamientos. Ciertamente todo es glorioso, desde los flancos moteados de los sabuesos que rondan por ahí hasta los muslos enfundados en pantalones de montar de las esposas de los corredores de bolsa.

Todo el mundo está de acuerdo en que la dueña de los sabuesos está en espléndida forma esta mañana. Se curtió en un despacho de abogados fiscalistas en las Islas Caimán, y luego los utilizó para atacar a sus rivales de negocios y a los inspectores de hacienda demasiado entusiastas, antes de volver cubierta de gloria a Londres y a los condados para apoderarse de un viudo sorprendido (que no tuvo ninguna oportunidad en cuanto ella lo ubicó en el punto de mira), una casa de campo de nueva construcción aunque de dudoso gusto, un documento en su caja fuerte que le otorga inmunidad judicial, y treinta parejas de sabuesos de caza con un historial familiar que se remonta doscientos años atrás. Ahora está sentada en su silla de montar como si estuviera sentada en su silla de la sala de juntas, con una copa en la mano, agradeciendo a sus anfitriones su hospitalidad, haciendo bromas de mal gusto, rozando la fina línea de la decencia, y deseando a todo el mundo (excepto al zorro, ¡ja, ja!) una buena cacería.

El menudo y curtido cazador ha estado siguiendo la conversación obedientemente, mientras controlaba a los sabuesos con la mirada.

Los conoce como si fueran sus propios hijos. ¿Darter cojea de la pata trasera izquierda? ¿Seguro que Chanter no comió demasiada carne de vaca anoche en la perrera? No quiero que hoy se quede atrás. Necesitaremos su nariz para poder seguir el rastro: el ambiente está muy seco. Es demasiado profesional como para dar ningún indicio de lo que está pensando a la dueña de los sabuesos. Su padre también era cazador. Aprendió a montar antes de caminar. Sueña con zorros, y tiene una esposa pelirroja que hace sopa con los caballos que mueren durante la cacería si la carne está lo bastante fresca. Si le preguntas si le gustan los zorros, sonríe, se pasa los dedos por la barbilla y dice: «Bueno, es complicado», y ciertamente lo es.

Hoy se adentrará primero al bosque de Brandy, que puede verse desde la terraza. Allí hay muchos zorros escondidos entre las raíces de las hayas. Fue en ese bosque donde el padre del cazador, mientras animaba a sus sabuesos a perseguir a un gran zorro gris, cabalgó directo hacia una rama baja y se rompió el cuello. El cazador intenta no tomárselo como algo personal, pero hay quien dice que cuando está dentro del bosque de Brandy aprieta la mandíbula con más fuerza y redobla los esfuerzos para matar.

Tom y yo hemos llegado aquí a pie porque hemos pasado la noche en casa de un amigo que vive cerca, y de repente se me ha ocurrido que deberíamos ir a ver a qué viene tanta fascinación por las cacerías. Nuestra idea es seguir a los sabuesos lo mejor que podamos, y luego tal vez pedir que nos lleven de vuelta a casa en uno de esos remolques para caballos.

El cazador se levanta la gorra para saludar a la dueña y a los anfitriones y hace sonar su cuerno. Los sabuesos alzan la cabeza, se estremecen al anticipar lo que les espera, y salen al trote tras el cazador. Se oye el rumor de manos quitando gorras, apretando cinchas y tomando riendas, y seguidamente se oye el ruido de los cascos.

Y es entonces cuando, junto a una de las mesas de caballetes, estirando la mano por detrás de uno de los últimos caballos para tomar un rollito de salchicha de Frankfurt, veo un brazo muy extraño. Está cubierto por el largo y áspero pelaje de un ciervo rojo. La mano al final de ese brazo es casi negra, tiene las uñas muy mordidas y la fuerza de un tornillo de banco hidráulico. Sin embargo, agarra el rollito de salchicha con la misma delicadeza con la que se alimentan las polillas.

Entonces el caballo se pone en marcha y veo la cara de la persona con la boca llena de rollitos de salchicha de Frankfurt, pues se ha metido unos cuantos. Al igual que la mano, es muy oscura. Pero no se ve mucho porque queda oculta tras una barba negra con algunos mechones grises cortada de manera desigual, y bajo un gorro redondo hecho de lo que parece ser piel de nutria, calado hasta las cejas y anillado con plumas negras de cuervo. Tiene una nariz larga y recta que le gotea. Mientras lo observo, se mete otro rollito de salchicha en la boca, se presiona una de sus fosas nasales con el pulgar y sopla con fuerza por la otra, rociando la mesa. Todavía quedan algunos canapés: agarra uno, lo huele y lo aplasta con el pie. Lleva una parka de piel de ciervo que le cae por debajo de la cintura. Tiene las piernas cubiertas por unos pantalones bombachos que quizás estén hechos con la piel de un animal mortinato afeitada y curtida con cerebro, y lleva unas botas de piel de tejón con las rayas de la cara que le bajan hasta los dedos de los pies. Si se riera, cosa que creo que hace a menudo, seguro que emitiría un ruido de una solemnidad aplastante.

Es prácticamente una cabeza más bajo que yo, pero tiene tanta fuerza que parece tener la misma altura y anchura que un viejo roble. Es una fuerza centrípeta que lo atrae todo hacia él: miradas, mesas, ideas y rollitos de salchichas de Frankfurt. Es como un agujero negro con barba. Y es por eso que, durante un rato, no me fijo en la otra figura que hay junto a la mesa, vestida también con pieles, pero más joven, más pálida y bastante lánguida. A este chico no le interesa la comida: está absorto en algo que hay detrás de mí. Consigo cerrar los ojos, apartar la mirada de su padre (estoy seguro de que ese hombre barbudo es su padre) y girar la cabeza para ver qué es lo que tiene tan fascinado al hijo. Y allí, justo detrás de mí, está Tom, mirando la mesa como si quisiera agujerearla con los ojos.

—¿Tom? —digo—. Tom. ¿Qué estás mirando?

Y Tom sacude la cabeza como si fuera un perro saliendo de un estanque, me mira rápidamente y contesta:

—Nada.

Como quieras.

Desde los campos que se extienden más abajo de la casa se oyen los gemidos de un sabueso y los gritos entusiastas del cazador: «Vamos, Chanter, encuéntralo, encuéntralo». Y los otros sabuesos, que saben el buen olfato que tiene Chanter, lo rodean. «Busca», insta el cazador. «Busca». Y de repente, haciendo tanto ruido como cuando el mar golpea contra las rocas, empiezan a subir por la colina. Los recelos que el cazador tenía sobre las condiciones climáticas eran infundados. No paran de ladrar mientras siguen el rastro con la nariz sin tener que agacharse siquiera, y entonces Chanter se queda atrás y deja que los sabuesos más jóvenes lideren la carga. Seguramente no se trata de un viejo rastro que ha dejado un zorro por la mañana temprano al volver a casa después de pasarse la noche cazando. Seguramente han sorprendido a este zorro durmiendo bajo un seto. Así es. ¡Ahí está! A solo un campo de distancia del sabueso que lidera la manada, corriendo enérgicamente con la cola levantada bien recta detrás de él, confiado en su velocidad, sin molestarse en hacer nada inteligente, y dirigiéndose directamente hacia el viejo fuerte de los zorros en el bosque de Brandy.

«¡Venga, venga!», grita el cazador. «¡Venga, venga!». Y los sabuesos, que saben lo que eso significa, redoblan el paso y el volumen. Detrás del cazador, el capitán de campo intenta contener a los jinetes más lanzados.

—Dejad espacio a los sabuesos, por favor —grita. Pero no sirve de nada.

Las fosas nasales de los caballos y de los jinetes se dilatan; los jinetes se encasquetan bien los sombreros y sacan la petaca para dar un último trago vigorizante; las patas costosas y temblorosas de los caballos se preparan para salir disparadas; los jinetes clavan espuelas en los vientres y golpean los cuartos traseros de los caballos con las fustas y salen disparados, llenándose de barro los abrigos de terciopelo.

El hombre roble se gira para ver el espectáculo con la boca llena. Deja caer los brazos. Se inclina hacia delante para mirar, se echa el gorro para atrás, y tuerce las cejas con un gesto de furiosa incredulidad. Golpea el hombro del chico y le señala el campo con los puños cerrados.

El zorro todavía está a cierta distancia, pero se va acortando cada vez más. Se le empieza a doblar la cola; las patas le pesan por la tierra que lleva pegada.

El cazador está un campo por detrás de los sabuesos. Un montero anima a los rezagados («Ve y ayuda, ve y ayudaaa»), y la presencia de un seto alto ha provocado que varios jinetes salieran despedidos por encima de los cuellos de sus caballos y cayeran encima del maravilloso suelo de las Tierras Medias inglesas. Esta noche habrá menos clavículas intactas en las mesas de los *tories* de Leicestershire. Los *quads* avanzan rugiendo por una pequeña carretera en dirección al bosque, y se oyen aullidos provenientes de las jaulas.

El zorro intenta atravesar un seto. Casi lo consigue, pero es demasiado estrecho. Corre a lo largo de la zanja de la parte inferior del seto hasta que se encuentra con una valla. Intenta saltarla, pero roza la parte superior y luego se cae hacia atrás. Está cansado. Está perdiendo ventaja. Vuelve a intentar saltar la valla y esta vez lo consigue. Detrás de él, Darter está demasiado excitado como para aullar y, además, tampoco le hace falta: ahora todos ven al zorro. Ya queda poco. Ni siquiera hará falta sacar a los terriers de las jaulas ni agarrar las palas. Los sabuesos atraparán al zorro en una zona despejada, tal y como dicen las viejas canciones.

Pero espera: todavía no ha terminado todo. El sabueso que lidera la manada parece desconcertado, y también los demás sabuesos que están a su alrededor. Incluso Chanter, que ha vuelto a ponerse en alerta, no entiende nada. El cazador se acerca. Se rasca la cabeza. ¿Podría ser que el zorro se hubiese metido en un sumidero? ¿En una gran madriguera de conejos? Seguramente, no. Se baja del caballo y, con las riendas en la mano, se acerca para observar la zanja. No hay nada que ver. Vuelve a montar, toca el cuerno y manda a sus sabuesos que describan círculos cada vez más amplios alrededor del punto donde ha visto al zorro por última vez. Nada. Qué extraño. Tal vez algún idiota haya esparcido estiércol en esta zona por la mañana y ahora los perros no puedan seguir el rastro, pero no parece que sea el caso. Tanto correr para luego perderlo justo en el último minuto. Típico del bosque de Brandy. Nunca sigue las reglas del juego. Odia este lugar y todo lo que hay en él.

Y entonces, justo cuando está a punto de renunciar a este zorro y ponerse a buscar otro, se oye un grito desde uno de los *quads*.

—Ahí va, John. Junto al granero.

Así es. Está a casi medio kilómetro de distancia. Nadie entiende cómo ha llegado hasta allí, pero eso no lo salvará. Se escabulle lentamente, más lejos que nunca del bosque, arrastrando su barriga de pelo blanco por el suelo, con la cabeza baja y la lengua fuera.

—Vamos, preciosos —dice el cazador—. Vamos. Vamos a terminar el trabajo.

Y, poniéndose de pie encima de los estribos, hace una seña a los monteros para que mantengan a los jinetes atrás, y conduce a los sabuesos en dirección al granero. El zorro se dirige a la tierra llena de hayas donde los humanos nunca encontrarán su guarida, donde las palas no podrán penetrar, y donde sus vecinos los tejones conseguirán que los terriers se lo piensen dos veces antes de ponerse a escarbar. Y los sabuesos: bueno, los sabuesos están ahí por el rastro, y el orgullo, y la camaradería, y para cumplir su antiguo sueño, del que nunca acaban de despertarse, de estar cazando renos.

El zorro nunca llegará a tiempo hasta las hayas. Lo matarán antes los medio lobos pardos que lo confunden con otro animal.

Entonces el hombre roble entra en acción. Su gran cuerpo parece quedar en segundo plano. Agarra a su hijo por el brazo y, de repente, arrancan a correr juntos hacia el bosque. Al entrar en acción, parece detener la acción que hay más adelante. Los sabuesos (según insiste mi memoria) se giran atraídos por el hombre roble, igual que mi mirada y mis pensamientos y los rollitos de salchicha de Frankfurt. Solo él y su hijo siguen adelante, corriendo a buen ritmo. Adelantan al cazador, adelantan al líder de la manada, y llegan hasta el zorro. Y entonces el hombre roble se agacha y agarra al zorro y sigue corriendo con el animal acunado entre sus brazos.

Al llegar al límite del bosque, él y su hijo se giran y nos miran. El hombre roble levanta una mano. Supongo que está saludando. El hijo hace lo mismo y, por el rabillo del ojo, que es por donde se ve todo lo que vale la pena ver, veo que Tom también tiene el brazo levantado.

La pareja y el zorro jadeante se adentran juntos en el bosque. El cazador reúne a sus sabuesos. Toca su cuerno, aunque no lo oímos. Pero sí que oímos otra cosa: «La li-li-li, li-li».

Estoy medio esperando a que haya un desenlace un poco dramático: tal vez el cazador, siguiendo al zorro con el rastro más potente de los anales de la caza, muera por culpa de la misma rama que mató a su padre. Pero no es lo que sucede. Acaba siendo un día normal y corriente, sin muertes, después de una gran recepción en la terraza palladiana. A veces los zorros desaparecen. No es tan extraño.

La dueña se va a una cena benéfica con algunos amigos estratégicamente importantes, varios de los jinetes se van al hospital, los hombres de los *quads* se van al pub para liberar la frustración a base de dardos y cerveza, y el cazador, después de darse un baño, se sienta ante la chimenea de su casa, junto a la cual están las perreras, mirando los troncos chisporroteantes con la misma sonrisa que dibuja cuando le preguntan si le gustan los zorros.

* * *

Volvemos a estar en Derbyshire, en la granja de Sarah, donde conocimos a X y a su hijo, donde Tom adquirió la costumbre de ofrecer comida a cambio de comida en un altar en medio del bosque, donde había sólidas ráfagas de olor a alquitrán de hulla entre algunos de los espinos negros; donde pasé hambre y vi el resplandor; donde la urraca hacía tictac y la liebre yacía desvergonzada a la luz de la luna; desde donde partimos para cazar caribúes que llevan 40.000 años muertos.

El resto de la familia se ha ido de compras a Bakewell, dejándonos a Tom y a mí sentados en nuestro antiguo campamento en el bosque, observando el valle.

Tom tiene un día muy hablador.

—Si pudiera cultivarla —dice, haciendo un movimiento con el brazo que abarca toda la colina—, pondría ovejas en la cima; ahora está desperdiciada. Y vallaría el estanque (porque está lleno de plomo) y haría llegar agua limpia a los abrevaderos que hay justo debajo de esos árboles.

¿En serio, Tom?

Me pregunto qué más harías si tus decisiones se basaran en otros sentidos además de en la vista. Me pregunto si el olor de la colina te haría cambiar de opinión, o si al dormir allí arriba descubrirías que la colina tiene su propia opinión sobre las ovejas o los abrevaderos. Me pregunto qué pasaría si dejaras que la colina hiciera planes contigo, en lugar de hacer planes tú con ella.

—¿Te gustaría cultivar aquí? —le pregunto.

—Sería divertido. Duro, pero divertido. Y si nuestra familia hubiera estado aquí desde siempre, sentiría el deber de hacerlo. Y además querría hacerlo. ¿Tú no?

No respondo porque tengo demasiado que decir.

Lo miro. Tiene un aplomo asombroso, mucho, muchísimo más del que yo tenía a su edad. Sabe quién es. Está a punto de entrar en la estación invernal de la edad adulta. Hay que hacer algo.

Antes de que sea demasiado tarde hay que sacudir este aplomo y sustituirlo por algo duradero. «Cuando trabajo con jóvenes problemáticos, intento volverlos todavía más problemáticos»,[184] dice Martin Shaw. Eso es todavía más importante en el caso de los jóvenes que no son problemáticos.

* * *

—Cuéntame una historia —me pide Tom.

—Tengo dos —le digo—. La primera está en mi bolsillo. —Saco una noticia arrugada de uno de los resúmenes diarios que reciben los abogados en activo.

Según *The Lawyer*, los mayores bufetes de abogados del Reino Unido están apretujando cada vez más a su personal y a sus empleados que generan ingresos en las oficinas, y el espacio asignado a cada persona se ha reducido más de un tercio durante los últimos años. La media de espacio por metro cuadrado ha disminuido un 33 % para el personal, un 32 % para los empleados que generan ingresos y un 9,6 % para los socios. [185]

—Fascinante —dice Tom—. Espero que la otra sea mejor. —La verdad es que no.

Había una vez un hombre y una mujer muy ricos que recibieron (la historia no explica muy bien de parte de quién) una enorme finca para vivir. Se extendía en todas las direcciones hasta donde alcanzaba la vista. Era tan grande que nunca habían llegado hasta sus límites, ni tampoco nadie que conocieran. Era una finca muy hermosa. Mirasen donde miraren, las vistas eran increíbles. Había bosques, montañas, ríos, lagos y valles, y estaba llena de animales amistosos. Los ríos estaban repletos de peces, los árboles parloteaban con los pájaros (y de hecho también parloteaban entre ellos, pero mucho más despacio), y había grandes manadas de ciervos, y reses y cerdos salvajes. Aunque había tantos animales, el hombre y la mujer se sabían los nombres de cada uno de ellos, y si llamaban a un ciervo por su nombre, este se acercaba y les acariciaba la mano.

Había comida en abundancia durante todo el año: bayas, flores, setas e incluso, aunque no tenían un sabor tan interesante como las otras cosas, las cabezas de unos grandes tallos de hierba que crecían en los límites del bosque. Y, por supuesto, también animales. Si un ciervo o un pez sabía que había llegado su hora, les decía al hombre y a la mujer: «Cómeme y disfrútame», y el hombre y la mujer, con lágrimas en los ojos, daban las gracias al animal y aceptaban su regalo.

El hombre y la mujer estaban sanos y en forma, pues el clima y la comida eran buenos, y el hecho de deambular por la tierra los mantenía fuertes y flexibles. Iban de una casa a la otra, dejando que el viento y los ratones borraran su rastro, y así cada noche se alojaban en un sitio nuevo.

Pero un día (nadie sabe muy bien cómo ocurrió) el hombre le dijo a la mujer: «Estoy harto de salir todos los días y tener que recolectar comida. ¿Y por qué tenemos que esperar a que un animal decida que va a morir para tener carne? Deberíamos talar parte del bosque, erigir un muro alrededor de la parte que hemos talado, construir una casa dentro del muro, plantar algunas de las hierbas de cabeza grande dentro de los muros, y llevar también algunos de los animales dentro para matarlos cuando queramos».

La mujer pensó que era una idea terrible y así lo manifestó, pero el hombre no quiso cambiar de opinión. Así que eso fue lo que hicieron.

Cuando golpearon a los árboles con sus hachas de piedra, estos gimieron, los pájaros se indignaron y los ciervos vinieron a preguntar qué estaba pasando. Pero aunque la mujer lloraba y oía los gemidos de los árboles en sueños, el hombre ni se inmutó. Mientras recogía piedras para construir el muro se había torcido la espalda, por lo que estaba más malhumorado que nunca. El muro era alto. Eso significaba que desde su casa (que se ensució rápidamente) no podían ver las montañas ni los árboles: lo único que veían era el muro.

A los animales no les gustaba la idea de vivir detrás del muro, así que se negaron a ir por su propio pie. Fue por eso que el hombre los atrapó y los arrastró hacia dentro, pero gritaron tan fuerte que incluso el hombre los oyó luego en sus sueños. A estos animales no les pusieron nombre: eran simplemente «eso».[186] Dado que los animales no podían pastar por donde quisieran, la pareja tuvo que cultivar y recoger forraje para alimentarlos, y también limpiar sus excrementos. La pareja acabó aburriéndose de las cabezas de hierba. Molerlas requería mucho esfuerzo, y la mujer se lesionó la espalda de tanto hacerlo; además, se puso enferma debido a una horrible fiebre que le contagiaron los ciervos y que no conseguía quitarse de encima.

El hombre y la mujer tuvieron muchos hijos, que a su vez tuvieron muchos hijos.

Al cabo de unos años, el hombre le dijo a su mujer: «Me pregunto si nos habremos equivocado. ¿Y si retomamos la vida que llevábamos antes?». La mujer parecía triste. Sabía que sus hijos y sus nietos habían matado a la mayoría de los animales del bosque que había al otro lado del muro, que no sabían distinguir las setas comestibles de las venenosas, y que los animales que todavía quedaban desconfiaban de ellos y no tenían intención de ofrecerles su vida.

«No podemos», le respondió ella. «Aunque me encantaría. Pero al menos podemos intentar pedir perdón por lo que hemos hecho».

Así que salieron a lo que quedaba del bosque, ennegrecido y lleno de matorrales, buscando alguna criatura que aceptara sus disculpas. Pero no encontraron ninguna.

Y eso, concluyeron, era un problema mucho mayor que alimentarse con una dieta a base de cabezas de hierba, que sufrir la fiebre de los ciervos, que estar sumergidos hasta las rodillas en excrementos, que las espaldas lesionadas y que tener tantas bocas que alimentar.

La Ilustración

«Si se vende gradualmente una red de mentiras bien empaquetada a las masas durante generaciones, la verdad parecerá completamente absurda, y sus defensores, locos de atar».

DRESDEN JAMES [187]

«El marco materialista general de las ciencias en este momento no está equivocado. Simplemente solo es correcto a medias. Sabemos que la mente es materia. [Un gran número de historias] sugieren […] que la materia también es mente, que esta mente es fundamental para el cosmos, no una propiedad tangencial, accidental o recién emergente de la materia».

JEFFREY J. KRIPAL,
The Flip: Who You Really Are and Why It Matters. [188]

«Hay un mulla-mullung. Es blanco y está loco. Lo miro y no veo ningún Ancestro, ningún Mamingata; no hay nada en su carne, no tiene Sueño". "¡No tiene Sueño!"».

ALAN GARNER, *Strandloper.* [189]

«Todo esto lo dice Platón, todo está en Platón: cielos, ¿qué les enseñan en la escuela hoy en día?».

C. S. LEWIS, *La última batalla.* [190]

Pensaba que sabía lo que eran los animales. Comen, se mueven y, a menudo, si los miras, te devuelven la mirada. Tienen objetivos propios, y parecen ser mucho más disciplinados y enérgicos a la hora de perseguirlos que la mayoría de los humanos que conozco. Muchos de ellos viven en lugares envidiables y emocionantes: en las copas de árboles, en acantilados, en cuevas, en el mar abierto o en el aire más allá de mi vista.

Pensaba que sería bastante fácil hacer una descripción básica de un perro, aunque fuera imposible hacer una descripción completa de los perros en general o de cualquier perro en particular, de la misma manera que es imposible dar una descripción completa de cualquier cosa interesante o importante. Los perros empiezan en el hocico y terminan en la punta de la cola. Están cubiertos de pelo, tiene cuatro patas, dos ojos, les gusta perseguir gatos y conejos, y comen prácticamente de todo, aunque la carne les gusta especialmente. Pueden ser fieros o cariñosos.

Sin embargo, un día descubrí que no existen los perros ni ningún otro animal. Concretamente, mi primer día como estudiante de veterinaria.

Todos los nuevos estudiantes se pusieron sus batas blancas recién estrenadas y entraron nerviosos a la sala de disecciones. El olor a formaldehído era muy fuerte. Pero enseguida dejamos de notarlo: se convirtió en nuestro nuevo oxígeno.

Había muchas mesas de metal. En cada una de ellas había lo que yo creía que era un perro: un galgo, de hecho. A cada «perro» se le asignaron seis personas. Estos perros estaban aquí porque no habían corrido lo bastante deprisa. Eran ideales para la disección porque, aunque fueran demasiado lentos para ser rentables, eran delgados y musculosos. Apenas había nada de grasa cubriendo sus músculos. Y durante aquel primer trimestre eso fue precisamente lo que estudiamos.

Empezamos aquel mismo día con el hombro, y continuamos durante un tiempo. Aprendimos los nombres en latín de los músculos, sus puntos de origen e inserción y su acción mecánica. Todavía a día de hoy conozco los hombros a la perfección. Pero para cuando llegamos a la cadera ya estaba cansado.

Sin embargo no importaba, ya que los hombros y las caderas no tenían ningún tipo de conexión. Estaban separados por dos grandes cavidades corporales. Las preguntas típicas de examen hacían referencia únicamente o al hombro o a la cadera, y siempre que supieras lo bastante como para responder cinco de las ocho preguntas, no pasaba nada si ni siquiera sabías que los perros tenían cuartos traseros.

Así que cortamos los perros en hombros y caderas y lenguas y pulmones y cerebros y vejigas hasta que no quedó nada de la forma del perro. Matamos a todos los perros con nuestros bisturís, tanto los vivos como los muertos.

Pero la situación se fue volviendo cada vez peor. Cada quince días, preso de un terrible presagio, subía a regañadientes por una antigua escalera hasta una hermosa sala con vistas al río Cam, me sentaba en un sofá y durante una hora insoportable quedaba cruelmente patente mi ignorancia sobre las reacciones químicas del interior de las células.

«Caballeros», ya que todos éramos hombres, «quiero que escriban la fórmula estructural del compuesto que se produce cuando el ciclo de Krebs avanza dos etapas desde el cis-aconitato». Entonces empezaba a hurgar en los recovecos de mi mente y esbozaba algo en mi cuaderno, y el supervisor, a menudo vestido con americana y pajarita negra, se acercaba con las manos en la espalda, miraba mi triste esfuerzo, resoplaba despectivamente y decía: «¡No, señor! Inténtelo de nuevo, señor». Y así lo hacía, dolorosa e inútilmente, hasta que al final, más por querer ir a cenar que por piedad, el supervisor gritaba la respuesta y dejaba que me escapase a hurtadillas en la noche.

Aquel supervisor no ocultaba su desprecio por los anatomistas. «Yo me dedico a los orígenes. Con fundamentos. Un hígado es solo una fábrica en la que casualmente trabajan mis empleados. ¿A quién le importa si tiene tres lóbulos o trescientos?». Se consideraba más bien un genetista molecular. «Las rodillas son tal y como son solo porque mis genes dicen que tienen que ser así». No era solamente que no existieran los perros: era que ni siquiera existían los hombros ni las caderas. Solo existían las moléculas que componen los genes.

La cosa tampoco mejoró cuando empezamos a ver animales vivos y a aprender a tratar sus problemas. Porque ningún animal tenía nunca ningún problema, jamás. Puede que hubiera un problema con un hombro o un riñón o una ruta metabólica o un cromosoma o un gen. Nunca tratábamos a los animales: tratábamos los problemas y las rutas y los genes. Los animales no existían.

Casi al principio de este libro admitía no haber visto nunca un árbol. Ahora, casi al final de este mismo libro, admito no haber visto nunca un perro, por lo menos desde que soy adulto. Es una auténtica pena.

* * *

Me pongo la soga al cuello, la anudo y tiro de ella con fuerza.

X y su hijo, sentados en la cama, parecen alarmados. X se levanta para detenerme, luego parece recordar que eso iría en contra de las reglas y vuelve a sentarse. Los he visto casi constantemente desde que volví a Oxford, y son tan cercanos y solícitos como pueden serlo dos cazadores muertos.

Me bajo el cuello de la camisa por encima de la corbata, me pongo la chaqueta, grito que no volveré tarde a casa y me subo a la bicicleta para recorrer el trayecto de cinco minutos que hay hasta el sitio donde me han invitado a cenar.

Esta noche cenaré en un gran *college* con el Catedrático Black. Me dijo que mi proyecto era inútil: que nadie podía conseguir acercarse a la mente de los prehistóricos. Y ahora me ha invitado a comer venado *en croûte* y a beber un burdeos añejo para que admita delante de sus amigos que él tenía razón.

Llego tarde. Apoyo mi bicicleta contra una pared coronada por un santo martirizado, uno de los protectores de este lugar, y corro a través de los claustros hasta llegar a la sala para veteranos. Creo haber descubierto lo que tienen en común todas las personas de ahí dentro; el punto de vista. Todo el mundo parece creer exactamente lo mismo en todas las cuestiones, y pensar que todo es muy simple.

El Catedrático ha reunido a un pequeño comité para evaluar la exhibición que ha traído desde la Edad de Piedra: un erudito Shakesperiano de barba cuidada, con reputación internacional y acento de Edimburgo diseñado para hablar de la textura de los bollos y la suciedad de los tapetes, y un pequeño Fisiólogo marchito con un traje arrugado que se pasa la vida bailando un vals triste con las moléculas de los neurotransmisores de las ratas. El Catedrático es un *cockney* de pura cepa aseado y de especialidad indefinida, tal vez política o política social o algún subtipo de economía: «No intentes encasillarme», me dijo cuándo le conocí. «¡Voy a comerme el mundo!».

La cena empieza de manera bastante inofensiva.

—Bueno —dice el Catedrático, ofreciéndome una copa de jerez—. ¿Qué tal el mamut y las patatas fritas?

El Shakesperiano y el Fisiólogo están bien informados sobre mi historia y se inclinan expectantes por escuchar mi respuesta.

—No es nada en comparación con lo que nos espera esta noche —contesto, deseoso de demostrar que puedo decir banalidades tan bien como cualquiera.

—Bueno, eso es lo que yo llamo «progreso» —se ríe el Catedrático—. Me dijiste que los cavernícolas vivían en el mejor mundo posible.

No me dejaré arrastrar tan fácilmente. Sé que tengo que ganarme el pan con mis palabras, pero primero necesito calentar la voz.

—No tenían nada parecido a eso colgado en sus paredes —digo, señalando un cuadro paisajista de finales del siglo XVIII que muestra cascadas, árboles frondosos y un zagal recostado.

—Qué suerte la suya —comenta el Shakespeariano—. Es una tontería romántica. Prefiero mil veces las pinturas de las cuevas de Lascaux.

En ese momento suena el misericordioso gong que anuncia la cena y subimos por las escaleras, pasando por delante de más tonterías románticas, hasta llegar al salón iluminado con velas donde los estudiantes, hambrientos después de haberse pasado una onerosa jornada mandando solicitudes para trabajar como gestor de fondos de inversión, están de pie esperándonos, vestidos de negro como si fueran cuervos con cortes de pelo caros.

Un universitario vestido con una toga más larga bendice la mesa en latín, agradeciendo al Dios de los hebreos, a su posterior encarnación anarcosindicalista con rastas y a los benefactores de la universidad (muchos de ellos traficantes de esclavos) por el festín que van a servir los camareros. Entonces nos sentamos.

—Pareces distraído —dice el Shakespeariano.

—Lo estoy —respondo—. Estoy pensando sobre lo que has dicho acerca del cuadro.

—Ha sido un comentario de pasada —dice—. No dejes que te arruine este maravilloso vino.

Tanto si ha sido un comentario de pasada como si no, no puede ser desechado tan a la ligera. Es muy significativo.

—¿Qué problema tiene ese cuadro? —le pregunto.

—Es tan aburrido —suspira el Shakespeariano—. No ocurre nada. Y el único ser humano que aparece está dormido.

Ahí está, esa es la actitud principal que los humanos han mostrado con respecto al mundo no humano desde el Neolítico, tanto en el arte visual como en el escrito. Salvo en contadas excepciones, la naturaleza ha sido considerada un escenario donde representar los dramas humanos (que son lo único que realmente importa), un telón de fondo para los asuntos humanos. A veces representa la morada de las deidades a las que hay que aplacar. A veces es el medio que permite a las deidades o al Destino incorpóreo interactuar con los humanos en forma de olas, rayos, terremotos, pájaros proféticos o vísceras de pájaros proféticos o ballenas gigantescas que se tragan profetas; pero en este caso, lo que importa es el destino final del humano, o cómo puede esquivarlo.

Por lo general, la naturaleza simplemente es ignorada. Homero no describe mucho el paisaje ni presta atención a los pájaros. La pasión de los antiguos griegos por comprender el mundo natural está fundamentada en su amor por el orden y el sistema, más que en su amor por las flores y las ranas, y también, desde ya, en el sentido de comunión del Paleolítico superior con la naturaleza.

Aristóteles, por supuesto, era un naturalista perspicaz y diligente, [191] pero aunque sería injusto juzgarlo por sus apuntes de clase (no nos han llegado más documentos), sus preocupaciones parecen ser totalmente antropocéntricas; parece decir que tenemos que conocer la naturaleza porque forma parte del currículo filosófico, que debemos tener los pájaros y las abejas en nuestro currículum para poder obtener el certificado de eudaimónico cualificado. También tenemos que agradecerle el inicio de la denigración sistemática del mundo no humano, ya que identificó tres tipos de almas [192] y los jerarquizó de manera inequívoca. Las plantas tienen un alma «vegetal»; los animales tienen un alma vegetal y una «sensible»; y los humanos tienen un alma vegetal, una sensible y una «racional». No hace falta que me ponga a explicar las características de cada uno de esos tipos; basta con decir que este sistema encarna la jerarquía del ser, un concepto que no está presente en la mayor parte del pensamiento de los cazadores-recolectores, pero que está implícito en la subyugación neolítica de los animales y las plantas, codificado en el mandato del Génesis de someter la tierra (y que no queda mitigado por la insistencia del Génesis en que esta subyugación es en realidad una orden de asumir una carga de administración a menudo aplastante), y que acaba derivando en Steve el Peedo y un Big Mac con patatas fritas.

El intento de Aristóteles de dedicarse a la zoología científica fue, en cualquier caso, un fiasco. Que nosotros sepamos, nadie se basó en su obra durante unos 1.500 años. De Heródoto en adelante tenemos bestiarios de criaturas extravagantes utilizadas como vehículos para plantear cuestiones morales o meras historias divertidas.

Los romanos, sorprendentemente, parecían más interesados en el mundo natural en sí mismo. Lucrecio y Plinio el Viejo harían las delicias de cualquier sociedad moderna de historia natural, [193] y basta con comparar los exuberantes paisajes que dibujaba Virgilio en la *Eneida* [194] con la aparente ceguera de Homero ante todo lo que no fuera la importancia estratégica de la tierra. Pero luego tenemos que esperar hasta mediados del siglo XVII para encontrar una verdadera admiración por la naturaleza. El Renacimiento y la Edad Media reservaban sus elogios para «las tierras cultivadas y productivas; los prados, cultivos, jardines, huertos y estanques, no para la naturaleza en estado salvaje. Se despreciaba la naturaleza indómita», [195] que el cristianismo occidental asociaba con las «bestias salvajes».

Las pasiones animales eran las enemigas de la piedad verdadera. Había que luchar contra ellas y, para muchos, eso también significaba que había que luchar contra la naturaleza.

El clérigo y científico inglés Thomas Burnet resumió en 1681 el consenso imperante y estableció las bases del debate con los románticos, que estallaría durante el siglo XVIII. El paisaje natural era peligroso y corrupto: [196] su irregularidad era prueba del descontento de Dios con el mundo caído, un mundo «del que se ha perdido gran parte de la perfección original de Dios, la suavidad y la simetría». De todos modos, los buenos cristianos (occidentales) tenían mejores cosas que hacer que observar los pájaros. Este mundo no era su verdadero hogar: su destino estaba en el cielo, así que era mejor que se centrasen en intentar llegar hasta ahí. Volvemos a encontrar líneas: el camino recto y estrecho conduce hacia la salvación; los caminos sinuosos, como los que crean los ríos y los tejones, conducen hacia la destrucción. El desorden es el arma que utiliza el diablo para atrapar a los incautos. El propio diablo es como un león rugiente que merodea en busca de almas que devorar; [197] los bosques están llenos de lobos y tentaciones sexuales; el tiempo cósmico se mueve en línea recta desde la creación, pasando por el Calvario, hasta el apocalipsis; y nuestras vidas humanas van desde el nacimiento hasta la muerte y (si nos hemos mantenido alejados de los bosques) la salvación. Al promulgar su doctrina del pecado original, Agustín (que odiaba el cuerpo) dictaminó que el proceso natural del nacimiento fue lo que trajo el pecado al mundo, y la iglesia occidental le creyó. Cuando la Reforma protestante predicó el valor supremo de la vida interior del individuo (y la consecuente inconsecuencia de los bosques y páramos salvajes), la naturaleza perdió finalmente la batalla para ganarse el corazón de Occidente.

El romanticismo manifestaba su amor por la naturaleza con odas y sonetos floridos, pero a menudo ese amor era puro onanismo. A finales del siglo XVIII y principios del XIX estuvo en auge el negocio de las lentes de bolsillo de colores, unos objetos que los intrépidos caminantes (que llevaban consigo sus propios microclimas urbanos bajo las sombrillas y los gruesos ropajes de lana) utilizaban para mirar las colinas. O también podían dar la espalda a las colinas [198] y contemplarlas a través de un espejo de Claude, que enmarcaba el paisaje con nitidez, como si fuera uno de los cuadros que tenían en los salones de sus casas. En realidad, no estaban interesados en el paisaje en sí: estaban interesados en la sensación que el paisaje podía ayudarles a tener. Solo podían soportar un pastiche ordenado, cuidado y controlado. Muchos de los lobos del romanticismo fueron castrados.

La negación del mundo natural no era solo un meme religioso. John Locke, en su *Ensayo sobre el entendimiento humano* (1690), instó a sus lectores a despreciar «todas aquellas áreas del mundo natural que no tienen relación con la conducta social y ética del hombre» y, en 1775, Samuel Johnson, de quien esperaba mucho más, vertió su legendario desprecio sobre quienes hablaban con elocuencia sobre el paisaje natural de Francia. Menuda tontería dijo: «Una brizna de hierba es siempre una brizna de hierba, independientemente del país de donde sea». [199] Nadie que realmente haya visto dos briznas de hierba diría algo tan estúpido. [200]

Podríamos discutir sobre quién fue el primer pintor paisajista de verdad, [201] y sobre si las cosas eran diferentes fuera de Europa, [202] pero la posición general sobre las artes visuales en Europa está bien clara: desde el Neolítico hasta los románticos europeos (y normalmente también después) la naturaleza fue, si no activamente mala, simplemente un telón de fondo para el gran espectáculo de la humanidad.

Sin embargo, existieron algunas voces disidentes importantes. Pero no provenían de los gentiles naturalistas ocasionales, sino de algunas de las grandes religiones del mundo. En esta categoría incluiré también el chamanismo, pero no solamente el chamanismo de los cazadores-recolectores, sino también el de las mujeres sabias con sus gatos y sus pociones que habitaban en los límites de la mayoría de las comunidades de todas las épocas (y normalmente encima de las hogueras y en el fondo de los estanques). Los verdaderos cazadores-recolectores siguieron siendo una parte estadísticamente importante de la población mundial hasta hace poco, y se ha exagerado la influencia de su némesis, el Estado nación. James C. Scott estima que, hasta alrededor del año 1600 de la era cristiana, gran parte de la población mundial no había visto nunca a un recaudador de impuestos de manera rutinaria [203] o que ellos podían ser fiscalmente invisibles. Los cazadores-recolectores sabían que formaban parte del mundo natural, ya que dependían y estaban sujetos a él, y además determinaba su forma y mentalidad. Sabían que cada cosa tenía alma igual que ellos, que cada cosa hablaba, escuchaba, deseaba y daba atención y afecto, tenía su propia historia y formaba parte de una red que lo unía todo con todo.

Y lo mismo hicieron muchos en las religiones establecidas, aunque, de nuevo, a veces en los límites. El hinduismo y el budismo siempre han considerado que las fronteras entre los seres son ilusorias, y cuando el budismo se introdujo en el Tíbet (una región prototípica de límites) adoptó y adaptó el antiguo animismo. En las religiones monoteístas abrahámicas la naturaleza lo tuvo más difícil, pero siempre consiguió refugiarse en la noción de que la creación tiene el sello de aprobación del creador.

El judaísmo era, y sigue siendo, la religión más recelosa. Teme cualquier confusión entre el Creador y la creación, y siempre ha considerado que es fundamental para su misión respetar los límites. Afirma que los límites se establecieron durante la creación. Ya hemos hablado de ellos: luz/día, criaturas terrestres/criaturas marinas, limpio/sin limpiar, y así sucesivamente. Tampoco ayudó el hecho de que el judaísmo rabínico fuera esencialmente una industria urbana, a pesar de que muchas de las grandes fiestas religiosas se organizan en torno al año agrícola y de que durante el Sucot se insta a los judíos a vivir al aire libre en refugios transitorios desde donde puedan ver las estrellas para recordar su origen como pueblo itinerante. Parte de la gran ruptura de Israel con su pasado talmúdico fue el nacimiento de una nueva raza de judíos al aire libre, judíos que cuidaban de los naranjos y hacían senderismo y luchaban en el desierto. Pero para muchos de los judíos del mundo, es difícil deshacerse de los viejos hábitos. El escritor judío británico Howard Jacobson comenta sobre un protagonista judío en una de sus novelas que «en el caso altamente improbable de que se le pidiera que nombrara la cosa menos judía que se le ocurriera [le] habría sido difícil decidir entre la naturaleza […] y el fútbol». [204]

En el judaísmo, la cuestión del misticismo de la naturaleza se dejó en manos de los cabalistas (al igual que en el islam se dejó en manos de los sufíes), y con ellos adoptó una forma clásicamente oriental: la disolución entre las fronteras del yo y la unión extática con el Otro, incluyendo el mundo no humano. Se empaparon de la otredad hasta que sus propios límites se deterioraron.

El cristianismo era, y es, bastante diferente. Hay una división significativa entre Oriente y Occidente. Occidente, tal y como ya he comentado, es hostil a la naturaleza como consecuencia de un énfasis excesivo en la trascendencia de Dios y en el más allá en contraposición a esta vida, y de un desprecio sistemático por la materia. Esto se expresa a menudo despreciando el sexo (una actividad bestial) y olvidando que San Pablo habló de la redención de toda la creación, [205] no solamente de los humanos.

La Iglesia oriental, a pesar de sus ascéticas casas de poder en el desierto y de su aprecio por el monacato, es de la opinión de que la materia importa, y nunca se ha avergonzado de dar cabida a la inmanencia de Dios junto con su trascendencia. Para los ortodoxos, Dios también infunde las hojas y los armiños. La oración matutina canónica de los ortodoxos griegos invoca al Espíritu Santo como «dador de vida, presente en todos los lugares y que llena todas las cosas». «Todas las cosas» incluye también las gaviotas, las ballenas y los hongos. «Todos los lugares» incluye también páramos, selvas tropicales, partículas subatómicas y mitocondrias. Los druidas tenían sus arboledas sagradas, pero según los ortodoxos no hay ninguna arboleda que no sea sagrada. A los ortodoxos no les sorprende que Salomón hablara la lengua de los pájaros, piensan que San Francisco era más ortodoxo que católico, y consideran como propios los santos celtas que rezaban sumergidos hasta el cuello en agua helada; pero no lo hacían como penitencia, sino para sentirse unidos con el agua, y luego las nutrias los secaban y los calentaban cuando salían del mar. Si se medita lo suficiente sobre la trascendencia, dice Constantinopla, acabará convirtiéndose en inmanencia. Y viceversa.

Y eso, más o menos, es lo que digo mientras tomo la sopa.

El Shakespeariano está completamente de acuerdo con mi esbozo histórico, señalando que la palpable compenetración que Shakespeare tenía con el terreno no cultivado era, al igual que todo lo demás en él, precoz. El Catedrático comenta ácidamente que si le hubiera avisado que tenía intención de utilizar falacias del hombre de paja habría advertido al mayordomo que tuviera cuidado con las velas, y el Fisiólogo parece incómodo y juega con su panecillo.

—Veo que tienes mucho que decir sobre un cuadro malo —continúa el Catedrático—. Pero ¿qué tiene que ver todo esto con tu proyecto? Pensaba que tu objetivo era descubrir cómo era ser cazador-recolector de la Edad de Piedra y un sedentario del Neolítico. ¿A qué viene todo este galimatías teológico?

Buena pregunta. Les cuento que quiero saber qué clase de criatura soy y, por ende, saber qué necesito hacer para prosperar. Y conseguirlo requiere investigar sobre mis orígenes, que resultan ser los mismos que los suyos, Catedrático. Y según he descubierto, soy un tipo de criatura (y tú también) que forma parte del mundo natural, no solo por una cuestión de ascendencia genética, sino por un hecho continuo, definitorio y cotidiano, por muy elegante que sea nuestro vino y por muchas sílabas que tengan nuestras palabras.

El Catedrático se golpea el pecho y se rasca las axilas teatralmente.

Apelo al silencioso Fisiólogo, que está jugueteando con un trozo de mantequilla por su plato.

—Esto es simplemente lo mismo que dijo Darwin, ¿no? Nuestros primos son amebas, cosa que me parece halagadora y emocionante. Es una idea muy trillada.

—Bueno —dice el Catedrático—, entonces, ¿a qué viene tanto alboroto? Es, en efecto, una idea muy trillada. Somos animales. Nuestros instintos dominantes están diseñados para ayudarnos a sobrevivir y engordar, como buenos simios cazadores y recolectores que somos. Eso podría decírselo cualquiera de estos estudiantes —dice, señalándolos con la cabeza—. Cuando vayan a la ciudad que, tristemente, es lo que la mayoría de ellos acabará haciendo, se encontrarán con una manada de chimpancés machos agresivos, muchos de ellos hembras, dedicados a establecer su territorio, a adquirir alimentos metafóricos, y a tener orgasmos reales y metafóricos. Así, pues, ¿dónde está la gran noticia? ¿Por qué molestarte en arrastrar a tus pobres hijos y a ti mismo hasta una cueva?

—Porque no me fío de los libros —le respondo—. Y, en cualquier caso, cuando haces y sientes las cosas, adquieres un conocimiento totalmente diferente.

Llega la carne de venado, cosa que me da un respiro, pero no una escapatoria.

—Todavía no has explicado por qué te has puesto en plan sobrenatural con nosotros —me recuerda despiadadamente el Catedrático en cuanto todo el mundo se ha puesto salsa.

—No he dicho absolutamente nada sobre lo sobrenatural —me oigo decir—. Las experiencias que tú has decidido llamar «sobrenaturales» son completamente naturales. Llevamos viéndolas desde los inicios de nuestra historia como humanos con un comportamiento moderno y, si nos molestásemos en mirar, también las veríamos en cada momento de nuestra vida ordinaria. Si esas experiencias no nos hicieron humanos, por lo menos desempeñaron un papel importante a la hora de determinar qué tipo de animal somos.

—Espera, espera —me interrumpe el Shakespeariano, con la boca llena—. ¿De qué tipo de cosas naturales y sobrenaturales estamos hablando?

Suspiro, y empiezo una lista: las acciones que nuestra mente puede hacer a distancia, incluyendo la teledetección y algo a lo que llamamos «clarividencia»; las experiencias extracorpóreas y las experiencias cercanas a la muerte; la presencia de una mente en los no humanos y la posibilidad de conectar con ella; la transgresión de lo que convencionalmente entendemos que son las reglas del tiempo y de otras dimensiones, incluyendo la precognición y la visualización de dimensiones espaciales normalmente invisibles; la persistencia de la personalidad (sea lo que fuere eso) después de la muerte física…

Me detengo. El Catedrático me mira atónito. El misericordioso camarero vuelve a pasar, esta vez para rellenarme el vaso de burdeos.

El Catedrático casi se queda sin palabras. Bebe un poco de vino para tomar fuerzas y balbucea que apenas sabe por dónde empezar. El Shakesperiano se reclina en su silla y me mira, lacónicamente divertido. El Fisiólogo está diseccionando el ciervo con extraordinaria habilidad y minucioso detalle.

El Catedrático da otro trago, se limpia la boca con la servilleta y se inclina hacia delante con confianza.

—Pensaba —dice—, que querías aventurarte en la Ilustración. Que querías intentar seriamente hacer algo serio. No hay nada malo en divertirse, por supuesto, pero de verdad…

—Me encantaría escuchar —interviene el cortés Shakesperiano—, por qué crees que este tipo de experiencias que, aunque sin duda fueron muy formativas para nuestros antepasados peludos —decir eso le hace mucha gracia—, son reales.

—Pues porque he experimentado en mis propias carnes muchas de esas experiencias —respondo tan elegantemente como puedo—. Y estoy seguro de que tú también.

—¿De verdad? —dice el Shakesperiano—. Cuéntenoslo todo —me anima mientras le hace una seña al camarero para que me ayude a continuar.

Y así lo hago. No sé muy bien por qué, salvo que si alguien te invita a cenar, estás a sus órdenes.

Así que se lo cuento todo mientras comemos *crumble* de ruibarbo: el espíritu del zorro; cómo contemplé desde las alturas mi propia cabeza calva en el hospital; la radio de mi padre muerto encendiéndose (y el mensaje radiofónico que Michael Shermer recibió de parte de su padre muerto el día de su boda, por si acaso); el olor a jabón de alquitrán de hulla siguiéndome por todas partes; lo de volar dentro del cuerpo de un cuervo sobre el páramo de Derbyshire; los dos cavernícolas observándome mientras me ponía una corbata; los gruñidos y los murmullos de la colina, y el muro de niebla. Y cuando volvemos a la sala común, puesto que el daño ya está hecho, también les hablo sobre algunas de las cosas que la mayoría de nosotros hemos heredado: el hecho de saber que alguien nos está mirando aunque estemos de espaldas; los perros que saben que sus dueños están de camino a casa aunque estén a cientos de kilómetros de distancia y hayan cambiado de planes en el último momento; los *déjà vu*; la telepatía telefónica; la sensación de que el verdadero sentido del mundo está al alcance de la mano, pero no del todo, y de que Platón lo entendió mucho mejor que Aristóteles; el amor, la intuición, los sentimientos inexplicables de la camaradería. Seguro que con esto bastará por ahora, ¿no?

—Bueno —dice el Catedrático, sentado en un sillón junto al fuego en la sala común para veteranos, mirándome a través de su vaso de oporto, sin saber si reírse o preocuparse—, menudas experiencias has vivido, ¿verdad? Espero que no te importe que te lo pregunte (estaba bastante seguro de que me molestaría), pero ¿cómo puedes justificar tu permanencia en esta universidad? Eso que acabas de explicar, y que es evidente que crees, va completa y absolutamente en contra del espíritu científico de este lugar. Espero por Dios que no intentes infectar a ningún estudiante con estos cuentos de hadas de la Edad Oscura.

—Cálmate —intercede el Shakespeariano—. Ya sabes, hay más cosas en el cielo y la tierra. Por no hablar de la libertad de expresión.

—No me vengas con esas ahora —truena el Catedrático poseído por el oporto—. Hay cosas que simplemente no son ciertas. Si alguien me dijera que puede llevarme a un sitio donde, en base diez, dos más dos son cinco, ¿iría con él a comprobarlo? No, ni hablar. Le diría que… bueno, no estoy seguro de qué le diría —concluye, y vuelve a sumirse en su pesado silencio.

El Shakespeariano se despide.

—Ha sido una velada muy instructiva —me dice mientras me estrecha la mano.

Ahora yo también puedo irme. Le doy las «buenas noches» al Fisiólogo, que apenas ha dicho ni una sola palabra en toda la velada, y le agradezco al Catedrático su hospitalidad.

—De nada —gruñe sin mirarme y sin levantarse—. Creo que ya sabes dónde está la salida.

Está lloviendo. Quito el candado a la bicicleta y, cuando me dispongo a salir, veo que el Fisiólogo se acerca corriendo hacia mí con la toga ondeando al viento.

—¿Tienes un momento? —me pregunta—. Quiero decirte una cosa.

—Por supuesto —respondo, y me bajo de la bicicleta.

Está avergonzado. Se mira los zapatos de la misma manera que hace un rato estaba mirando su plato y finalmente estalla.

—Solo quería decir que parte de lo que has dicho me ha resultado muy familiar. Hace unos cinco años estaba sentado en mi casa cuando, de repente, empecé a notar un dolor aplastante en el pecho. Nunca había sentido nada parecido ni he vuelto a sentirlo desde entonces. Se me pasó al cabo de unos cinco minutos, pero diez minutos después sonó el teléfono. Era mi hermana, y me dijo que mi madre acababa de desmayarse y morir mientras estaba en su casa. Sospechaba que había sido un ataque al corazón, y así nos lo confirmaron posteriormente. Mi madre nunca había tenido problemas de corazón ni de ningún otro tipo. Estaba como una rosa. La última vez que hablé con ella había sido justo la semana anterior, y estuvo contándome entusiasmada sus planes para ir a París.

No sé qué decir, así que le doy el pésame.

—Debería haberlo dicho antes —confiesa—. Siento no haberlo hecho. Pero ya ves cómo son las cosas.

Le digo que no lo culpo, y le pregunto si esa experiencia lo cambió a él o su trabajo.

—Para serte sincero, no —responde—. Uno intenta quitarse esas cosas de la cabeza, ¿no? Y tampoco es que vaya a cambiar nada. Trabajo continuamente con cerebros. Veo lo que ocurre con el comportamiento cuando altero la estructura y el funcionamiento del cerebro. Sé que, más allá de lo que pensemos que es la mente, en realidad se trata del cerebro.

No es momento de ponerse a discutir. Estamos empapados y ya me ha dicho lo que tenía que decirme. Le doy las gracias por haberme contado la historia y me voy a casa, donde X y su hijo me esperan para ver si he sobrevivido a mi intento de autoestrangulamiento.

* * *

Estoy cansado de este tipo de cenas. He asistido a demasiadas. Tal y como señaló el Catedrático, suelen convertirse en un asalto de varios frentes contra las falacias del hombre de paja, que en realidad no son ni mucho menos tan interesantes como la verdad. Odio el fundamentalismo estridente que tengo en mi interior y que emerge debido al fundamentalismo estridente del Catedrático: la petulancia y la contrapetulancia, el atrincheramiento aburrido y el desgaste agotador, los tópicos y, sobre todo, la tergiversación de la Ilustración por parte de sus defensores.

En este libro he dado un gran salto desde el Neolítico hasta la Ilustración [206] (y, a pesar de no ser históricamente correcto, he mezclado la Ilustración, el Renacimiento, las revoluciones científica e industrial, y el nacimiento y el triunfo del cientificismo moderno), saltándome la formación del Estado; saltándome la extraordinaria época en torno al siglo v a.C., que vio el nacimiento de la filosofía griega clásica; saltándome el fecundo judaísmo del Segundo Templo; saltándome el hinduismo, el budismo, el jainismo, el confucianismo, el zoroastrismo y los grandes imperios de Egipto, Mesopotamia y China; saltándome Roma; saltándome el advenimiento del cristianismo en el siglo i de nuestra era y del islamismo en el siglo vii; saltándome los años en Europa, que no son para nada oscuros; y saltándome lo que llamamos de manera peyorativa Edad Media, cuyo nombre denota que, claramente, asumimos que somos la cúspide de la historia.

Me he saltado todo eso porque estoy explorando la idea de que los humanos nos definimos por nuestra relación con el mundo más que humano. En los aproximadamente 6.000 años que transcurrieron entre el final del Neolítico y el siglo xvi [207] cambiaron muchas relaciones, pero esta relación en concreto, a pesar de haberse pulido, limitado, discutido, ignorado y abusado, no cambió mucho. Había dos mundos paralelos; el de los cazadores-recolectores, donde cazaban y recolectaban, y se consideraban parte de la naturaleza, y hablaban con ella y la escuchaban; y el otro donde se practicaba la agricultura y los humanos se veían a sí mismos, en mayor o menor medida, como algo separado de la naturaleza y, en cualquier caso, consideraban que se regían por unas reglas diferentes a las de los pájaros, aunque estuvieran sujetas al mundo natural, para bien o para mal; sabían que debían doblegarse ante el mundo natural si no podían controlarlo adecuadamente, que tenían que apaciguarlo o, cada vez más, apaciguar a sus controladores trascendentes. La relación con el mundo no humano disminuyó: puede que un granjero grite órdenes a su perro o insulte a su vaca, pero a cambio solo espera obediencia.

Fundamentalmente, el mundo era un organismo que hasta cierto punto estaba personificado, ya fuera en forma de entidad como Gaia, o de un conjunto vibrante de entidades, o de un lugar infundido con personalidad porque fue creado por una persona divina. Tenía alma. Los humanos intuyeron que los animales se llamaban así porque tenían una *anima* en su interior, un alma. La creación tenía alma.

Pero entonces, en la revolución científica de los siglos XVI y XVII, empezó un gran exorcismo. Las almas fueron expulsadas del mundo no humano, por lo que los humanos (por ahora, y porque la iglesia ha insistido en ello) pasaron a ser las únicas criaturas con alma.

El exorcismo empezó como cualquier otro ejercicio de dibujo. En este caso, fue Descartes quien empuñó el bolígrafo. Dividió la realidad en dos ámbitos incomunicados: el material y el mental. Al principio esto debió parecerle muy inocente, una simple parte pedante de la taxonomía filosófica, pero tuvo consecuencias devastadoras. La mente o el alma, llámala como quieras, de repente se alejó de cualquier materia no humana. Se puede vincular ese alejamiento directamente con los ultrajes ecológicos de nuestra época. Matar a un ciervo con alma o talar un árbol con alma requiere una sólida justificación moral, tal y como saben todos los cazadores-recolectores; pero no está del todo claro si deberíamos atormentarnos por destruir una simple máquina. Y es que eso es precisamente en lo que se ha convertido el mundo y todos sus habitantes no humanos.

Pero, por supuesto, todo eso no fue obra de Descartes. C. S. Lewis, con su sombrero secular puesto, al escribir en términos generales sobre el efecto de la reconcepción científica (particularmente matemática) del universo, observa que lo que «nos entregó a la Naturaleza en bandeja» fue el uso de las matemáticas para construir hipótesis y la «observación controlada de fenómenos que pueden controlarse con precisión». Esto, dice, provocó un profundo efecto en nuestros pensamientos y emociones.

> Al reducir la naturaleza a sus elementos matemáticos, sustituimos una concepción mecánica del universo por una concepción genial o animista. El mundo quedó vacío primero de sus espíritus internos, luego de sus simpatías y antipatías ocultas, y finalmente de sus colores, olores y sabores. (Al principio de su carrera, Kepler explicó el movimiento de los planetas con el *animae motrices*; pero antes de morir, lo explicó mecánicamente). [208]

El resultado inmediato fue el dualismo, no el materialismo, aunque el dualismo fue la comadrona del materialismo y lo ayudó a venir al mundo. Todo lo que no fuera materia fue progresivamente ignorado y, por lo tanto, fue progresivamente desestimado como un tema digno de ser estudiado seriamente. El resultado final fue la afirmación de que no existe nada más que la materia. El materialismo nunca fue una doctrina positiva, sino más bien una falta de atención a otras categorías: fue, y es, un acto de ceguera voluntaria que se ha ido endureciendo hasta convertirse en una doctrina canónica muy peligrosa de negar: basta con preguntarle al pobre Fisiólogo.

El Catedrático mostró su tarjeta de miembro del Club de la Ilustración esperando una reciprocidad masónica. Y al no recibirla, se sintió violado. A sus ojos, me había ganado el sitio en aquella mesa de manera fraudulenta. Y se preocupó. ¿Qué le ocurriría a la universidad si hubiera gente como yo entre sus sagradas paredes?

Al mencionar la Ilustración, él se refería a un movimiento del siglo XVIII que fue la culminación de la revolución científica. Uno de sus principales defensores modernos, Steven Pinker, lo describe como un movimiento que tiene cuatro pilares. El pilar central es la razón. Un pensador de la Ilustración no recurrirá a «elementos ilusorios como la fe, el dogma, la revelación, la autoridad, el carisma, el misticismo, la adivinación, los sentimientos viscerales o el análisis hermenéutico de los textos sagrados».[209] Pero a partir de esa afirmación no podemos deducir que los humanos sean agentes perfectamente racionales.

Luego está la ciencia y después el humanismo, que proporciona una base secular para la moral, utilizando el bienestar humano individual como piedra angular del comportamiento ético. Y, por último, está el progreso intelectual y moral. El progreso no es inevitable, diría un pensador de la Ilustración, pero si se tiene un firme compromiso con la razón, la ciencia y el humanismo, es probable que acabe ocurriendo. Y, según sus defensores, eso es exactamente lo que ha pasado. Hay unas cuantas joyas deslumbrantes en la corona de la Ilustración (somos más seguros, más felices, más pacíficos, más ricos, más iguales y más democráticos, según dicen). Bueno, sí, muchas cosas han ido mejorando con el tiempo,[210] pero, tal y como ya hemos hablado, la correlación no es lo mismo que la causalidad, y sospecho de un método histórico que parece concluir que la revolución industrial es un bien incondicional[211] y no ve que la *imago dei*, la idea de que todos los humanos están hechos a imagen de Dios, es una doctrina radicalmente democrática. El método científico y, durante un tiempo, la cultura intelectual más general de la Ilustración, produjeron unos beneficios indudablemente maravillosos. Pero no me gusta que me digan que es hipócrita e ingrato por mi parte aceptar la anestesia dental y que al mismo tiempo me pregunte si la ética humanista satisface todas las cuestiones morales. Es como si me dijeran que no puedo admirar las pinturas de la Capilla Sixtina sin creer a pies juntillas en la transustanciación.

También me inquietan las ideas que rodean estos principios. Es demasiado pulcro para ser verdaderamente histórico. El verdadero sonido de la Ilustración [212] no fue un anuncio tranquilo de un programa, sino el alboroto del debate ilimitado por las presunciones de los siglos anteriores.

Fue un sonido verdaderamente glorioso. «Debemos tener el valor de examinarlo todo, de discutirlo todo, incluso de enseñarlo todo», [213] escribió el principal pensador de la Ilustración, Condorcet. «Tened el valor de utilizar vuestro propio entendimiento», instó Kant. «La máxima de pensar por uno mismo en todo momento es la iluminación». [214] Y «Nuestra época es la época de la crítica, y todo debe estar sujeto a ella». [215]

Quiero vivir en esa época. Pero esta no es la época alabada por Steven Pinker, no es la época del Catedrático burlón o del Fisiólogo tembloroso, preocupado por quedarse sin beca y no poder pagar la hipoteca si dice la verdad. No oigo el sonido del debate ni siento la calidez y la emoción de la exploración amistosa en las modernas academias de la Ilustración: oigo el sonido de la catequesis y tengo la sensación, que también tuve durante la cena del Catedrático, de tener las manos de la policía del pensamiento en el cuello y de notar el frío de la disidencia sofocada. «Uno de los grandes avances de la revolución científica», [216] escribe Steven Pinker, «quizá su mayor avance, fue refutar la intuición de que el universo está repleto de propósito». ¿Cómo es posible que, utilizando métodos científicos, se pueda refutar esa intuición? Su afirmación no está basada en la ciencia o en la razón, sino en una cláusula no negociable de un credo religioso.

En 1981, el biólogo Rupert Sheldrake publicó *Una nueva ciencia de la vida*, que proponía un nuevo mecanismo para algunos fenómenos observados habitualmente, cuestionando la idoneidad del reinante paradigma reduccionista-materialista. El libro provocó una respuesta extraordinaria. Fue, según dijo enfurecido Sir John Maddox, el entonces editor de *Nature*, un «tratado exasperante», [217] que era «el mejor candidato a ser quemado que he visto en muchos años». Maddox, en una entrevista posterior en la que se le preguntó por su arrebato, no se arrepintió de sus palabras. Estaba «ofendido» por el trabajo de Sheldrake, y podía «condenarse exactamente con el mismo lenguaje que el papa utilizó para condenar a Galileo, y también por el mismo motivo. Es una herejía».

Mi objetivo no consiste en defender la tesis de Sheldrake, sino simplemente en preguntar: ¿por qué Maddox se sintió tan asustado y molesto? Creo que su lenguaje explícitamente religioso lo hace evidente. Se consideraba a sí mismo el guardián de la ortodoxia religiosa del materialismo, y le preocupaba que Sheldrake estuviera erosionando el credo. Pero si el credo realmente fuera el escepticismo exhaustivo en que insiste la Ilustración, preocupado solamente por la elucidación de la verdad sobre el mundo natural, ¿acaso Maddox no debería haber apoyado a Sheldrake en vez de molerlo a críticas? Pero no lo era y no lo hizo. Para los talibanes de la Ilustración, la ciencia no es un método: es una religión. Son gente fiel, y muchos siguen aferrándose a su catecismo incluso después de que se haya demostrado que es irrisorio. El conservadurismo es la opción fácil y vaga.

El fundamentalismo paranoico es la etapa final de cualquier movimiento. Cuando la gente deja de lado los argumentos y vuelve a caer furiosamente en la afirmación estridente, puedes estar seguro de que se avecina una tormenta. Siguiendo el lenguaje de Maddox, estamos en el Fin de los Tiempos del materialismo de la Ilustración. Las viejas y reconfortantes certezas han demostrado ser verdades a medias. En unos momentos veremos unos cuantos ejemplos.

Para gente como el Catedrático, esto es aterrador. Pero para los científicos de verdad es emocionante. [218]

Lo siento por muchos de los biólogos que conozco. Cuando hicieron su doctorado les dijeron que si ascendían por las cuerdas fijadas en los siglos XVIII y XIX, formarían parte del grupo que coronaría triunfalmente el gran monte de la Nada, desde donde tendrían una vista no distorsionada de todo el universo. Les aseguraron solemnemente que el mundo natural no alberga ningún misterio, que todo podía y debía acomodarse fácilmente dentro del paradigma ilustrado del reduccionismo material. [219]

Pero los engañaron. El paradigma se está resquebrajando y derrumbando. Dawkins es una vergüenza. El determinismo genético ha muerto. Sabemos que los genes mantienen una apasionante conversación con el entorno, y sabe Dios lo amplia que acabará siendo la definición de «entorno». El lamarckismo, que hasta ahora había estado tan denostado, ha empezado a resurgir, [220] pero ha sido rebautizado como «epigenética». En general, la genética no tiene nada que ver con el poder explicativo o predictivo que se creía que tenía. Los genes no son egoístas o, por lo menos, no son meramente egoístas. De hecho, ya nada es meramente nada.

Es hora de que los biólogos salgan a la luz: que reconozcan que se ha exagerado el poder de sus viejos y gastados axiomas, que vean que su paradigma se está resquebrajando y que lo arreglen o encuentren uno nuevo. Son reduccionistas materiales de nueve a cinco para asegurarse el salario y la permanencia, y por disonancia cognitiva. Trabajan en una realidad virtual construida sobre premisas que saben que son falsas. Cuando vuelven a casa del laboratorio, reconocen (por lo menos cuando leen cuentos a sus hijos, lloran a sus padres muertos y acarician a sus perros) que los humanos y los perros, y quizás incluso las plantas de marihuana, son más que máquinas, que el altruismo no queda totalmente explicado por el altruismo recíproco o la selección de parentesco, y que hay más mentes que la química del cerebro. Se quedan maravillados con las puestas de sol, lloran con la *Pasión de San Mateo* y creen que Wordsworth es más sabio que su jefe. No se puede vivir una vida feliz oscilando de esta manera tan mareante entre mundos mutuamente inconsistentes. Es hora de que se conviertan en personas completas y de que vivan en un solo mundo.

Esto en cuanto a los biólogos. Pero la situación es muy, muy diferente en el caso de las matemáticas y las ciencias físicas. En estos campos, el escepticismo de la Ilustración sigue vivito y coleando, y ha producido un verdadero progreso científico. Pero también podría y debería producir una reorientación completa de nuestra actitud hacia todos los demás seres y, de hecho, hacia todas las demás cosas, justamente el tipo de progreso moral que tan devotamente buscaban los arquitectos de la Ilustración.

Mi queja contra la cultura de la Ilustración que vi durante la cena, y que veo en mis temerosos amigos biólogos, es que no cumple su propio principio de indagar sin miedo, por lo que se ha convertido en un credo tan tiránico como las religiones contra las que arremetió, y en un obstáculo para que florezca verdaderamente lo humano y lo no humano. Porque no se puede promover eficazmente la prosperidad de criaturas cuya naturaleza no se entiende [221] y, de hecho, se elige no entender. El verdadero escepticismo científico, tal y como se ve en las ciencias matemáticas y físicas, sugiere que el núcleo central de todas las cosas es la Mente. Si eso fuera cierto, lo cambiaría todo. De hecho, lo cambiaría todo a nivel ontológico, ético y epistemológico, y además nos acercaría más a la postura de los cazadores-recolectores del Paleolítico superior.

Para tener una ética humanista adecuada hay que saber qué es un ser humano. Para tratar adecuadamente las vacas, los pollos, las montañas y los amigos, también hay que saber lo que son.

El Catedrático cree que todas estas cosas son solamente un conjunto de materia. Y, efectivamente, son un conjunto de materia. Pero ¿se ha demostrado que sean solamente un conjunto de materia? No, no se ha demostrado. Pero en realidad el problema del Catedrático es mucho mayor, y es que nadie tiene la menor idea de lo que es la materia. Lo único que sabemos es cómo se comporta bajo ciertas circunstancias. Solo podemos utilizar meras metáforas [222] para intentar explicar lo que es, como por ejemplo «energía congelada». Ningún progreso que pueda lograr la física, por muy impredecible que sea, servirá más que para afinar la metáfora. Puede que encontremos metáforas más poéticas o que concuerden un poco menos insatisfactoriamente con las ecuaciones. Pero seguirán siendo metáforas.

Newton y otros veían el mundo natural como un mecanismo de relojería. Y este modelo implica que, en principio, todos los elementos del mundo natural son explicables y predecibles. Los espléndidos éxitos de las ciencias naturales y de las tecnologías relacionadas han convertido esa implicación en una certeza, en la ilusión de que el modelo newtoniano lo explica todo y que, por lo tanto, si lo aplicamos acabaremos pudiendo explicarlo y describirlo todo siempre y cuando dediquemos el tiempo, el esfuerzo y la reflexión suficientes. La ciencia, vista así, se convierte en omnisciencia (por lo menos potencialmente).

Ya hace tiempo que la humanidad necesita una buena dosis de realismo, humildad y racionalismo de la Ilustración. Y una buena manera de empezar el proceso de volverse realista, humilde e ilustrado consiste en estudiar la conciencia.

El estado actual del estudio de la conciencia es muy sencillo de resumir. Nadie tiene la menor idea sobre el propósito, la naturaleza o la ubicación de la conciencia. Los biólogos ruegan que les demos más tiempo. No, lo siento. El tiempo se ha acabado. Han tenido aproximadamente 40.000 años. Y no es que solamente no hayan hecho ningún progreso, sino que además no hay nada que sugiera que puedan lograr ninguno con esa visión materialista dogmática del mundo por mucho que les demos más tiempo; en cambio, hay varios indicios que sugieren que no podrán conseguirlo.

Mira, Catedrático, tal y como dijo el Shakesperiano, hay más cosas en el cielo y la tierra que las que puede llegar a soñar tu filosofía newtoniana de precisión. Esta filosofía de precisión no nos da la historia completa: es una aproximación, una descripción de cómo tienden a comportarse las cosas a gran escala. Y cuando afirmas que, en principio, todo puede encajar dentro de esta filosofía, simplemente te equivocas. Ha pasado de moda. Asúmelo.

Entre 1927 y 1955 (cuando murió Einstein), se produjo un debate entre Einstein y Niels Bohr (coautor, junto con Werner Heisenberg, Max Born y otros, de la ahora principal versión de interpretación de

Copenhague de la mecánica cuántica [223]). Se trataba de establecer si, en principio, era posible que alguna teoría pudiera corresponder perfectamente con el mundo. Einstein (aunque pueda parecer sorprendente, ya que fue el artífice de la relatividad) estaba de acuerdo con el Catedrático, con todos mis amigos biólogos esperanzados y con Newton: sí que era posible y, de hecho, estaba convencido de que acabaría surgiendo una teoría que podría explicarlo y predecirlo todo. No, decía Bohr: la incertidumbre es un elemento crucial de la propia naturaleza de las cosas, [224] parte del tejido del mundo. El principio de incertidumbre de Heisenberg dice que no se puede hablar del comportamiento de las partículas independientemente del proceso de observación, y el principio de complementariedad cuántica significa que, para describir plenamente los fenómenos, hay que asumir el comportamiento tanto de las partículas como de las ondas; sin embargo, el comportamiento de las partículas y el de las ondas son mutuamente excluyentes. Heisenberg escribió:

> Cuando hablamos de la imagen de la naturaleza en el lenguaje de las ciencias exactas de nuestra época no nos referimos tanto a una imagen de la naturaleza como a una imagen de nuestra relación con la naturaleza […] La ciencia ya no se enfrenta a la naturaleza como una observadora objetiva, sino que se ve a sí misma como una actora en esta interacción entre el hombre y la naturaleza. El método científico de analizar, explicar y clasificar ha tomado conciencia de sus limitaciones, que se derivan del hecho de que, mediante su intervención, la ciencia altera y remodela el objeto de investigación […] No se puede seguir separando método y objeto. [225]

La conciencia del observador, por lo tanto, está inextricablemente entremezclada con aquello que observa, y además lo afecta. La afirmación de Heisenberg de que la ciencia «ha tomado conciencia de sus limitaciones» es, más de medio siglo después, solo parcialmente cierta.

Einstein y algunos de sus colegas de Princeton publicaron en 1935 lo que consideraron una demostración rotunda del error de Bohr. Si Bohr estaba en lo cierto, decían, el comportamiento de dos partículas que habían interactuado una vez quedaría correlacionado para siempre a partir de entonces, por muy lejos que se encontraran en el espacio o en el tiempo. Esto no podía ser correcto, ya que la teoría de la relatividad decreta que no hay nada que pueda viajar más deprisa que la velocidad de la luz, así que, por lo tanto, dos partículas no podían comunicarse entre sí más deprisa que la velocidad de la luz.

Sin embargo, hoy en día se ha demostrado empíricamente y sin lugar a dudas que Bohr tenía razón.[226] En cuanto unos elementos se relacionan, quedan relacionados para siempre. Ningún machete matemático puede romper ese entrelazamiento cuántico. A nivel cuántico, el espacio y el tiempo parecen irrelevantes: es la doctrina de la no-localidad cuántica.[227]

Nadie ha sido capaz de dilucidar cómo podría haber surgido la conciencia a partir de la materia inconsciente, un problema que ha llevado a filósofos como Alfred North Whitehead, Timothy Sprigge, David Griffin, Thomas Nagel, David Chalmers y Galen Strawson a defender la solución antigua: que la materia no carece de conciencia.[228] Y esta idea no deja demasiado bien a los pobres biólogos. Pero, tal y como he visto una y otra vez en cenas en la mesa de honor mucho más agradables que la que organizó el Catedrático, los físicos, acostumbrados a la no-localidad cuántica y al entrelazamiento, ni siquiera fruncen el ceño.

La conciencia (sea lo que fuere) de la materia (sea lo que fuere) parece ser la explicación más sencilla de los efectos que anticiparon Heisenberg y Bohr, y que posteriormente quedaron demostrados por los audaces experimentos realizados en Berkeley, Orsay y Ginebra. La atención de un observador humano implica todo lo que se puede entender por conciencia. Afecta al comportamiento de aquello distinto a lo humano (si es que realmente existen las distinciones). ¿No es probable que lo semejante afecte a lo semejante? ¿Que la conciencia se relacione con la conciencia? ¿Que la Mente hable con la Mente?

La no-localidad y el entrelazamiento tienen que ver con el comportamiento de las partículas subatómicas, [229] pero no tienen nada que ver de forma directa con la relación entre el cerebro de un perro y el cerebro de su dueño separados por una gran distancia, o entre alguien y los ojos de otra persona que lo miran mientras está de espaldas. Pero los cerebros de los perros y los cerebros y los ojos de los humanos están compuestos por esas partículas.

Además, según la ortodoxia, todas las partículas subatómicas del universo estuvieron muy, muy cerca hace solo 13.800 millones de años, cuando se produjo el Big Bang. Y si eso es cierto, entonces cada partícula del universo está entrelazada con todas las demás partículas del universo, afectando mutuamente su comportamiento para siempre. La unidad de la que hablan los místicos puede que sea un hecho. Si uno de los electrones de la chuleta de cordero que cenaré esta noche afecta y es afectado por un electrón de un cuásar situado a 15.000 millones de años luz, ya no parece tan descabellado pensar que tu perro pueda captar que has cambiado de opinión aunque estés a ciento cincuenta kilómetros de casa.

Alrededor de los símbolos blancos y negros del Yin y el Yang hay un círculo que los convierte en un todo. En la tradición sánscrita, el ser (*sat*), la conciencia (*chit*) y la dicha (*ananda*) se unen en una sola palabra: *Satchitananda*. En la tradición cristiana, tanto el Hijo material y sensual como el Espíritu inmaterial y omnipresente forman parte y están amorosamente relacionados con el Padre, creador de todo, cuyo carácter está infundido en toda la creación.

La afirmación del Fisiólogo, mientras estábamos bajo la lluvia, de que el cerebro y la mente son lo mismo, es comprensible. Porque es evidente que existe una relación entre los estados cerebrales y la conciencia. Si me inyectasen un medicamento anestésico, o me pasara un camión por encima, mi conciencia quedaría afectada de una manera u otra. Pero demostrar que «a» está relacionado de alguna manera con «b» está muy lejos (a no ser que recibas ayuda de algunos axiomas importados ilegítimamente) de demostrar que «a = b». Y no es que haya escasez de axiomas listos para ser importados. [230] De hecho, el Catedrático tiene una estantería llena de axiomas en sus habitaciones de estilo Tudor.

William James, en una conferencia que dio en Harvard en 1897, estuvo de acuerdo con que la conciencia humana es una función del cerebro, pero remarcó que decir que algo es una función del cerebro no es lo mismo que decir que ese algo es un producto del cerebro. La función puede indicar transmisión: un prisma, por ejemplo, refracta la luz, pero no la produce. [231] La luz que entra en un prisma es muy diferente de la que sale. Las características individuales del prisma determinan el aspecto que tendrá la luz cuando salga. Quizás ocurra algo parecido con el cerebro y la mente. Tal vez el cerebro dé un color particular a la parte de la Mente que se proyecta a través de él. Pero a partir de eso no se puede deducir que si la rueda de un camión me aplastase el cerebro, destrozándome así el prisma, la parte individualizada de la mente a la que llamo «yo» dejaría de existir. Puede que simplemente se reubicase. [232]

Los cerebros, por lo tanto, son transmisores, mediadores y quizás hasta receptores de conciencia. Son más bien como radios. Si se daña una radio, su capacidad para recibir o transmitir quedará afectada. Aldous Huxley hablaba del cerebro como una «válvula reductora» [233] que ralentiza el flujo de datos a niveles fácilmente procesables por el cerebro cotidiano, y que puede aflojarse con drogas alucinógenas, permitiendo una avalancha de información en longitudes de onda que normalmente están bloqueadas. El teórico de los números Jason Padgett, [234] al que muchos consideran un genio que «ve» sinestésicamente patrones fractales en el mundo, era un negado en matemáticas cuando iba al instituto. Unos atracadores le golpearon en la cabeza, y aquellos golpes desencadenaron su relación clarividente con los números y los patrones. Es como si los golpes le hubieran dañado el tejido cerebral que formaba la válvula que inhibía la visualización de los fractales. ¿Quién sabe cómo pudo haber cambiado a rasgos generales la función de la válvula en los humanos durante los últimos 40.000 años?

Nos movemos, por lo general, en cuatro dimensiones: tres espaciales y una temporal. Son las dimensiones de la Ilustración, las del Catedrático y las de los biólogos. Pero no son las únicas que existen, diría cualquier matemático, y a menudo parecen constreñirnos. Los poetas y los músicos se rebelan contra esas dimensiones; los consumidores de drogas y otros perseguidores del éxtasis intentan trascenderlas; nuestros recuerdos de la infancia insisten en que hay muchas más que cuatro. E incluso siendo adultos crecidos y sobrios, a menudo hablamos como si esas cuatro dimensiones (y el tiempo, en particular) no fueran nuestro hábitat natural. «El tiempo vuela, ¿verdad?». «No puede ser que hayan pasado cinco años desde la última vez que nos vimos». No hablaríamos así si nos sintiéramos como en casa en el tiempo. «¿Se quejan los peces del mar por estar mojados?», preguntó C. S. Lewis. «Y si lo hicieran, ¿no sería eso un indicio que sugeriría que no siempre han sido, o no siempre serán, criaturas puramente acuáticas?».[235]

El tiempo no tiene sentido para nosotros. Es como si hubiéramos intuido lo que los físicos cuánticos han demostrado después de muchos esfuerzos; que el tiempo en sí mismo es una categoría sin sentido. Para empezar, el tiempo no puede considerarse por sí solo, sino que debe considerarse como un elemento más dentro del medio único del espacio-tiempo. Pero todavía hay más. Ya conocemos la idea de la no-localidad cuántica (según la cual las entidades que ya se han relacionado previamente pueden afectarse mutuamente de manera instantánea independientemente del tiempo y del espacio que las separe). En caso de que así sea, tanto el espacio como el tiempo quedarían reducidos por lo menos a la irrelevancia, si no a la inexistencia. Eso no está tan lejos de la perspectiva de Jesús, quien, al reclamar la divinidad, confundió los tiempos al afirmar: «Antes de que Abraham fuese, yo soy».[236]

Hay algunos indicios curiosos, pero comunes, de que a veces (¿y tal vez con el tiempo?) podemos salir de la camisa de fuerza que son nuestras dimensiones cotidianas. Las experiencias extracorpóreas, como la que tuve en el hospital, suelen ir acompañadas de una aparente multiplicación de las dimensiones en las que existimos de manera consciente. Los sujetos suelen tener una visión de 360º: «Exactamente lo que se esperaría»,[237] señala Jeffrey Kripal, «si una persona hubiera aparecido de repente en una dimensión espaciotemporal adicional». Estudios recientes han demostrado que las redes neuronales del cerebro humano son capaces de procesar en once dimensiones.[238] Sin embargo, solo pensamos de manera consciente en cuatro. Tenemos el hardware necesario para habitar en cuatro más, en este caso abstracciones matemáticas; para poder explicarlas necesitaríamos la ayuda de gruesos libros de ecuaciones, y para poder ilustrarlas necesitaríamos muchísimo más que un Blake o un Bosco o un El Greco. Estamos preparados para mucho más de lo que solemos darnos cuenta. Es una extravagancia poco característica por parte de la selección natural si se supone que nunca nos aventuramos fuera de nuestras cuatro dimensiones habituales.

Estoy sentado en un restaurante en Tailandia. El sudor me gotea por la nariz y cae encima del tofu, las cucarachas pasan corriendo por arriba de mis pies, y el croar de las ranas de la orilla del río ahoga la voz de Michael Jackson. Mi cuaderno está empapado; parece como si lo hubiera tirado por el retrete. Está tan mojado que no puedo escribir nada, así que me termino la última de varias cervezas y miro el reloj de la pared. Es tarde, pero el reloj marca las ocho y diez, cosa que obviamente debe de ser un error. Solo hay otra persona europea en el local, una mujer que está comiendo sola con un ejemplar de *El leopardo de las nieves* apoyado en un bol de sopa.

—Perdona —le digo—, ¿sabes qué hora es?

Levanta la vista del libro y se ríe.

—Soy la última persona a quien deberías preguntárselo. —Mueve la cabeza en dirección al reloj—. He llegado a las ocho y diez.

Vuelvo al antro donde me alojo pasada la medianoche porque la mujer decide contarme su historia. Es francesa, y hace diez años resultó gravemente herida cuando el coche en el que viajaba chocó frontalmente. La llevaron al hospital y le drenaron un hematoma en el cerebro. Durante un tiempo estuvo debatiéndose entre la vida y la muerte, y tuvo una experiencia cercana a la muerte bastante clásica: bajó por un túnel hacia una luz brillante donde la esperaban sus familiares muertos y sintió una sensación de felicidad y paz abrumadora; pero entonces alguien tiró de ella y regresó a regañadientes a la cama del hospital.

Desde entonces, dice, vuelve locos a los dispositivos electrónicos. Los relojes se paran, aunque a veces se ponen a dar vueltas incontrolablemente. Los ordenadores se estropean si se acerca a ellos. Todavía no había hecho caer ningún avión del cielo, aunque siempre le había dado miedo volar, por lo menos antes de que su experiencia cercana a la muerte le hiciera perder el miedo a morir. Cuando nos disponemos a salir del restaurante, me ofrezco a pagarle la cena.

—Es muy amable por tu parte —me dice—. Pero apuesto lo que quieras a que el datáfono no funcionará si estoy cerca. Siempre tengo que cargar con un montón de dinero en efectivo.

Y tenía razón: no funcionó. Tuvo que cruzar al otro lado de la calle para que yo pudiera pagar con tarjeta.

Es como si, debido al accidente, su hardware estuviera emitiendo algo a una frecuencia a la que no se suele transmitir nada, a una frecuencia que solo los relojes, los ordenadores y los datáfonos pueden captar, ya que utilizan el mismo tipo de señales. ¿Conciencia a conciencia? Este tipo de experiencias (tanto estar al borde de la muerte como sus secuelas) son muy comunes. Pero el Catedrático y los que concuerdan con él las desestiman y afirman que no ocurren porque no pueden ocurrir. [239]

Hay muchas pruebas que sugieren (tal y como Bohr ya predijo al nivel de los fenómenos cuánticos) que la Mente actúa directamente sobre la Mente, produciendo un tipo de conocimiento peculiar y enfático: que las mentes individuales pueden ejercer su influencia mucho más allá del cráneo. Sin duda, tendría que llevarse a cabo una investigación más sistemática. El único motivo por el cual no se ha realizado es simplemente por el miedo a que el paradigma existente, sobre cuya base se han construido todas las carreras científicas modernas en las ciencias biológicas y afines, quede destruido o matizado. Los estudios que se han realizado en condiciones de laboratorio controladas sobre este tipo de fenómenos, como por ejemplo la telepatía, suelen mostrar pequeños resultados (mayores que el azar, sin duda, pero pequeños) que apoyan la hipótesis de que las mentes pueden extenderse más allá de nuestras cabezas y afectar otro tipo de materia [240] que no sea el cuerpo al que pertenece el cerebro en cuestión.

Sin embargo, fuera del laboratorio, y en el ámbito de las historias, a menudo bien documentadas, los efectos suelen ser mucho más dramáticos. Parece que haya, tal y como dice Kripal, un «privilegio de la condición extrema», [241] refiriéndose a que la Mente parece hablar directamente con la Mente precisamente cuando resulta imposible utilizar otros tipos de comunicación más cotidianos, normalmente en el momento de la muerte o al revelar (como es habitual) acontecimientos futuros, o cuando echas terriblemente de menos a tu padre muerto en medio de un bosque de Derbyshire. Los experimentos en el laboratorio inevitablemente excluyen las condiciones que constituyen el contexto y la justificación habituales para que se produzca una interacción directa Mente-Mente de tipo más dramático, que sería el equivalente a querer demostrar la hipótesis de que los seres humanos son capaces de nadar solamente dejando nadar a los sujetos en aire. Pero para la mayoría de nosotros la interacción Mente-Mente de tipo más moderado forma parte de la experiencia cotidiana, como por ejemplo saber lo que alguien está pensando o está a punto de decir.

La mayoría de nuestras relaciones se basan (¿no es así?) en cosas para las que no hay ni puede haber ninguna prueba demostrativa. El amor apasionado que el Catedrático siente por su esposa, bastante autoritaria, no tiene ningún fundamento empírico o matemático demostrable y, sin embargo, es mucho más real y sólido que cualquiera de las afirmaciones sobre la naturaleza de la sociedad que aparecen en los artículos que ha publicado, aunque estén plagados de estadísticas. El sustrato de la relación parece ser la incertidumbre, de la misma manera que la incertidumbre (tal y como anticipó Bohr) es una de las vigas de carga del universo. [242]

* * *

Estoy en el tren, volviendo de Londres a Oxford, intentando emocionarme con una novela de incuestionable brillantez y fracasando en el intento, cuando de repente veo al Catedrático sentado a unos cuantos asientos de distancia. Lleva los auriculares puestos, tiene los ojos cerrados pero activos, y sus manos dirigen una orquesta inaudible.

No oso entrar en el espacio sagrado en el que está inmerso, pero al cabo de unos minutos baja las manos, abre los ojos y me ve, se levanta y se acerca para sentarse delante de mí. Ambos nos sentimos incómodos por la forma en que nos separamos la última vez y aliviados de poder empezar de nuevo.

—¿Cómo estamos? —pregunta, como si no hubiera pasado nada, y durante un par de minutos intercambiamos información que no nos interesa a ninguno de los dos.

—¿Qué estabas escuchando? —pregunto.

—Cosas que odiarías —espeta. No lo hace de mala fe, pero no puede evitarlo—. Los frutos de la alta cultura. Nada que se pueda tocar con un tambor de piel de alce o con un didgeridoo. Bach. Todo muy matemático y sobreeducado. No hay ni una pizca de cannabis o de semen por ninguna parte.

Y entonces nos transportamos de vuelta a esa cena, pero esta vez estoy demasiado cansado como para discutir y trato de desviar la conversación hacia la política universitaria. Sin embargo, una vez en marcha, el Catedrático no sabe frenar.

—¿Cómo puedes dar la espalda a lo mejor que ha conseguido el ser humano? —me pregunta—. Todo lo que hemos descubierto sobre nosotros mismos, todos los intensos placeres intelectuales. Esos placeres que tú desprecias, a mí me llegan aquí —dice golpeándose la barriga—, y aquí —afirma señalándose la entrepierna con el dedo—, y aquí —añade dándose una palmada en la cabeza—. Me llega a todas partes. Al *ego* y al *id*; al hemisferio izquierdo y al derecho.

Y entonces, de repente, empieza a caerme bien. Muy bien. Pero como no tengo palabras para expresar que estoy completamente de acuerdo, asiento con la cabeza de una manera que espero que considere délfica, y aguanto sumido en un tenso silencio hasta llegar a Oxford mirando sagazmente por la ventana.

La diatriba del Catedrático y mi respuesta tácita constituyen un resumen suavizado de la mayoría de las conversaciones que mantuve con mi madre durante los últimos años de su vida. No daba cuartel en su guerra contra la naturaleza. O eso era lo que a mí me parecía. A pesar de sus raíces sicilianas y de haber pasado mucho tiempo en los epicentros culturales del Mediterráneo, su piel era de un color blanco mortecino. Me daba la impresión de que le tenía miedo al sol, porque si le tocaban sus rayos significaba que no estaba en su biblioteca o en una galería, y que las cosas indómitas, sin placas ni marcos dorados, podían ir a por ella. Así que se burlaba amorosamente de mi atavismo desgreñado, y yo me burlaba de ella, no siempre con delicadeza, por su intelectualismo. Desafortunadamente nos fuimos distanciando, y solo cuando la vi luchar contra el lobo que la devoraba por dentro comprendí que ella sabía mucho más que yo sobre la naturaleza salvaje, un conocimiento que había obtenido de la maternidad, el matrimonio, los mocosos de la escuela y la alta cultura europea. Mi madre eligió quedarse dentro para poder cuidar mejor de nosotros y porque comprendió que si lees bien a Goethe, sabes lo que se siente al estar tumbado en la cima de una montaña; que si escuchas bien a Mozart, sabes lo que es oler el espíritu de un zorro; y que la galaxia de Andrómeda canta la *Misa en si menor*. Sabía que Apolo y Dionisio eran el mismo dios.

No recomiendo seguir su camino; exige tener una sensibilidad que hace que incluso las sensaciones normales de la vida sean exquisitamente dolorosas. Es mucho más fácil, y también mucho más divertido, correr por Derbyshire con un taparrabos de piel de ciervo. Pero mi madre me demostró que la cognición, al haber surgido de la naturaleza, nunca pierde del todo el contacto con ella y, si tenemos cuidado y mantenemos la cognición controlada, puede ayudarnos a olfatear el camino de vuelta al lugar donde nacimos.

El mundo siempre va muchos pasos por delante de nosotros; siempre nos desconcierta, siempre nos ciega con su esplendor. Necesitamos toda la ayuda posible mientras cojeamos tras él, y eso incluye la ayuda de las ecuaciones diferenciales parciales, los radiotelescopios, el Quattrocento italiano, y también las herramientas primarias (que siempre deben seguir siendo las herramientas primarias) de los místicos y los extáticos.

Si nos adentramos en los bosques y los ríos y las colinas y los mares con todos estos elementos, seguro que la naturaleza se sentirá apreciada. Sabrá que lo estamos intentando y empezará a salir y a presentarse. Y dado que tú formas parte de la naturaleza, deberías estar preparado para encontrarte contigo mismo. Es mucho más emocionante y aterrador ser un ser humano totalmente activado que un tejón, una nutria, un zorro, un ciervo o un vencejo con más conciencia.

¡Podemos tenerlo todo! ¡Debemos tenerlo todo! ¡Tenemos que ser codiciosos!

Nuestra principal forma de conocer la mayoría de las cosas que realmente importan es el tipo de conocimiento que proviene de la relación: del encuentro directo, sin la mediación de la cognición ni del lenguaje. Antes éramos expertos en ese tipo de conocimiento. Y podemos volver a serlo. También debemos reclutar todas las demás formas de conocimiento que hemos adquirido en nuestro empeño por conocer.

Me muero de ganas de seguir adquiriendo conocimientos.

¿Qué somos? Criaturas deslumbrantes; cada uno de los electrones que nos componen vibran al unísono y, si lo permitimos, en armonía con todos los demás electrones del universo. La misteriosa «materia» que, por ahora, alberga la Mente que consideramos como propia parece determinar algunas de las formas en que la Mente se comporta (y puede ser importante para determinar la configuración de lo que tú llamas Mente). Pero la materia parece ser más bien un vehículo para la Mente (un carro bastante rudimentario). De hecho, es posible que incluso esté inhibiendo su funcionamiento, que la esté limitando, que le esté cortando las alas.

Vuelvo la vista atrás, avergonzado, hacia ese abogado tan centrado en la materia y tan dolorosamente sumido en sus conflictos internos, que una tarde estuvo en la cima de una colina manchado de sangre y que aquella misma noche escuchó a Schubert, y que a la mañana siguiente intentó plasmar el sufrimiento humano en un silogismo. Ojalá pudiera volver atrás y derribar las divisiones que lo mantenían dividido, de la misma manera que los muros neolíticos dividían el ancho mundo salvaje. Espero que así hubiese deambulado por el mundo, descubriendo y viviendo la bondad salvaje que está por todas partes.

* * *

—Cuéntame una historia —dice Tom.

Ha llegado el momento de que la cuentes tú mismo.

«La li-li-li, li-li».

Epílogo

Estamos en el bosque de Derbyshire. Ha hecho un muy buen día de invierno de cielo azul y frío, y ahora hace una muy buena noche de invierno de cielo negro y frío.

Estamos acurrucados alrededor de una hoguera. Nuestras sombras bailan en las copas de los árboles. La urraca que hace tictac está en el espino, justo por encima de mi hombro, emocionada por conocer a la familia.

Tom saca una patata del fuego y, antes de comérsela, se la lleva bosque adentro durante unos minutos. Cuando vuelve, le falta una pizca de la patata. Los demás no se dan cuenta. Se niega a mirarme. No puede haber pasado por alto el olor a foso de alquitrán de hulla que rodea al fuego.

Junto al granero hay dos figuras que a estas alturas ya conozco. Están inmóviles y, si no supiera quiénes son, los hubiera confundido con unos postes. Cuando el viento desciende desde el páramo de Howden y Bleaklow, despeina sus sombreros de piel. Tom también los mira.

Nunca he llegado a saber cómo se llaman.

Apagamos la hoguera y caminamos en dirección a la casa. Me doy la vuelta y miro hacia el bosque. Los postes se han movido.

Algo o alguien está silbando. Al principio pienso que se trata del viento filtrándose por los agujeros de la pared de piedra seca, pero no, es Jonny, nuestro hijo de ocho años, que silba: «La li-li-li, li-li».

Agradecimientos

Muchas gracias a los arqueólogos y antropólogos que me ofrecieron generosamente su tiempo, su sabiduría y su café, y en particular a: Jan Abbink (Leiden), Justin Barrett (St. Andrews), Vicki Cummings (Universidad de Central Lancashire), Barry Cunliffe (Oxford), Robin Dunbar (Oxford), Avi Faust (Bar Ilan), Israel Finkelstein (Tel Aviv), Clive Gamble (Southampton), Yossi Garfinkel (Universidad Hebrea), el difunto David Graeber (LSE), Mary MacLeod Rivett (Historic Environment Scotland), Steven Mithen (Reading), Paul Pettitt (Durham), el difunto Steve Rayner (Oxford), Rick Schulting (Oxford), James C. Scott (Yale), Julian Thomas (Manchester) y Harry Wels (Leiden).

Tengo los mejores amigos del mundo, y todos ellos me han ayudado a ser tan humano como soy, y me han aguantado cuando me he quedado corto. Pero he involucrado a algunos más directamente que a otros en las investigaciones recogidas en este libro en concreto, y por ello debo dar las gracias especialmente a: David Abram, Aharon Barak, Theo Bargiotas, Susan Blackmore, John Butler, Rachel Campbell-Johnston, Stefano Caria, John y Margaret Cooper, James Crowden, Steve Ely, John y Nickie Fletcher, Mariam Motamedi Fraser, Shimon Gibson, Jay Griffiths, David Haskell, Caspar Henderson, Jonathan Herring, Ben Hill, Marie Hauge Jensen, Geoff Johnson, Helen Jukes, Paul Kingsnorth, Marinos Kyriakopolous, Andy Letcher, John Lister-Kaye, Andy McGee, Iain McGilchrist, George Monbiot, Helen Mort, James Mumford, James Orr, Andrew Pinsent, Keith Powell, Jonathan Price, Julian Savulescu,

Noam Schimmel, Dietrich Graf von Schweinitz, Stephen Sedley, Karl Segnoe, Martin Shaw, Merlin Sheldrake, Rupert Sheldrake, John Stathatos, Peter Thonemann, Chris Thouless, Colin Tudge, Michael Umney, Emily Watt, Ruth West y Theodore Zeldin.

Quiero dar las gracias también a Manolis Basis, el mejor intérprete de buzuki de Grecia, quien me ayudó a adentrarme en la música como nadie lo ha había hecho nunca, y a James Bell y a todos los participantes de la Bastard English Session en el pub Isis Farmhouse Tavern que canalizan cada mes a los labradores que murieron hace tiempo.

Aprendí los fundamentos del canto diftónico mongol de la mano de la maravillosa Jill Purce, y así descubrí lo literalmente resonante y fundamentalmente musical que es mi cuerpo. Esta experiencia fue decisiva para mi reflexión sobre la relación entre la música y el lenguaje.

Fran y Kevin Blockley hicieron todo lo posible para convencerme de que el Neolítico fue algo bueno.

John Lord, el decano de los talladores de sílex, que nos enseñó con mucha amabilidad y paciencia los rudimentos de la fabricación de hachas y puntas de flecha a los niños y a mí, y nos introdujo en muchas otras tecnologías prehistóricas. Vive en la Edad de Piedra como nadie que yo conozca, pero no reproduciendo anacronismos, sino respetando las reglas de la dignidad y la cortesía que enseñan la roca y el lugar.

El Ashram de Saccidananda, en Tamil Nadu, me ayudó a reducir la brecha entre Oriente y Occidente, y gracias a ello no me mareé tanto al investigarla.

Varios monjes del Monte Athos, el padre Ian Graham, de la comunidad griega ortodoxa de Oxford, y mi compañero de estudio del Talmud, el difunto Micky Weingarten, me enseñaron que la trascendencia y la inmanencia no son contrarias.

Peter Thonemann leyó el borrador del manuscrito y lo comentó con una perspicacia aterradora.

La Green Templeton College en Oxford es la arboleda más verde y hermosa de toda la academia. Allí no se hubiera podido producir la disfuncional cena con el Catedrático Black. Mi amiga y colega Denise Lievesley, antigua directora del *college*, ha realizado un trabajo extraordinario para convertir el *college* en un lugar donde las ideas como las que aparecen en este libro puedan ser pronunciadas sin miedo y deconstruidas con rigor, y saludo con gratitud y respeto a los compañeros y estudiantes.

A lo largo del camino he recibido la maravillosa ayuda y amabilidad de muchos amigos queridos, en particular de: Elika Barak, Chris y Suz Beckingham, Andrew y Lucy Billen, Magnus Boyd, los rabinos Eli Brackman y Freidy Brackman, Zoe Broughton, Marnie Buchanan, Peter y Laura Carew, Malcolm y Pip Chisholm, Murray Corke, Colette Dewhurst, Issi y Tal Doron, Melina Dritsaki, Tony y Rose Dyer, Kate Foster, Esti Herskowitz, Tony y Sally Hope, Gill y Barry Howard, Mandy Johnson, Pramod Kumar Joshi, Pat Kaufman, Michael y Abigail Lloyd, Nigel McGilchrist, Jolyon y Clare Mitchell, Penelope Morgan, Bewe Munro, Mike Parker, Nigel y Janet Phillips, Costa Pilavachi, Louise Reynolds, Roland Rosner, Kathy Shock, Claire y Mike Smith, Katherine Stathatou, Sarah Thonemann, Caroline Thouless, Hugh Warwick, Jimmy y Melanie Watt, Mark y Sue West, Rob y Alex Yorke, y Joe Zias.

Hace años que sabía que quería escribir un libro ilustrado por Geoff Taylor. ¡Y por fin he tenido la oportunidad de hacerlo! Entendió el libro por completo desde la primera lectura. Sus maravillosas ilustraciones exponen lo que quiero decir mucho mejor que mis palabras.

Mi inigualable agente, Jessica Woollard, creyó en este libro desde el principio, me asombran su energía y su dedicación. Un enorme agradecimiento a mis editores en Profile, Helen Conford y Ed Lake, y en Metropolitan, Riva Hocherman, por haber adoptado a este bebé extraño, turbulento e histéricamente ambicioso, y por su estilo de crianza amable, hábil y disciplinado, sin el cual hubiera salido al mundo mucho más monstruoso de lo que es ahora. La magnífica edición de Matthew Taylor mejoró enormemente el libro, y Lottie Fyfe lo produjo con gran pericia.

He cambiado algunos nombres, lugares y épocas, y he unido incisos de diferentes lugares y épocas en un intento por convertir esta aventura fragmentaria y errática en una historia coherente. Por ello, a veces Tom interpreta papeles que en realidad corresponden a mi propia infancia.

A pesar de los cambios, puede que algunas personas se sientan heridas por cómo las he representado; en este caso, les pido disculpas.

La mayor parte de mi humanidad proviene de mi familia, viva y muerta. Mi madre y mi padre insistieron (y, a pesar de estar muertos, siguen insistiendo) en que el negocio de ser un humano es la mayor aventura imaginable, y mis actuales profesores del curso intensivo en humanidad son mi mujer, Mary, y mis hijos, Lizzie, Sally, Tom, Jamie, Rachel y Jonny. Me sorprende que sigan teniendo fe en mí y que, por lo general, no pierdan los estribos. Es asombroso, y estoy muy, muy agradecido.

Lecturas recomendadas

Esto no es una bibliografía. Una bibliografía adecuada tendría que incluir una lista de todo lo que se ha escrito por o sobre los seres humanos. Una bibliografía menos adecuada sería una lista de todo lo que se ha escrito sobre el Paleolítico superior, el Neolítico y la Ilustración. Pero no es posible hacer lo uno ni lo otro. Así que esto es simplemente lo que anuncia el título: una lista de recomendaciones.

La lista es bastante larga. Si no tienes mucho tiempo, te recomiendo a David Abram, Joseph Campbell, Robin Dunbar, Clive Gamble, Alan Garner, Jay Griffiths, Joan Halifax, Ian Hodder, Timothy Insoll, Paul Kingsnorth, Jeff Kripal, Iain McGilchrist, David Miles, Steven Mithen, Mike Parker Pearson, Paul Pettitt, Steven Pinker, Colin Renfrew, Rick Schulting y Linda Fibiger, James C. Scott y Martin Shaw. Y todos los niños deberían crecer leyendo a Michelle Paver.

Abram, D. (1997). *The Spell of the Sensuous: Perception and Language in a More-Than-Human World.* Vintage.

Abram, D. (2021). *Devenir animal: una cosmología terrestre.* Madrid: Sigilo.

Adams, C.; Luke, D.; Waldstein, A.; King, D., y Sessa, B. (eds.) (2014). *Breaking Convention: Essays on Psychedelic Consciousness.* North Atlantic Books.

Aldhouse-Green, S., y Pettitt, P. (1998). «Paviland Cave: Contextualizing the "Red Lady"» *Antiquity*, (72728) pp. 756-772.

Barham, L.; Priestley, P., y Targett, A. (1999). *In Search of Cheddar Man*. Tempus.

Barrett, J. L. (2011). *Cognitive Science, Religion, and Theology: From Human Minds to Divine Minds*. Templeton Press.

Bentley Hart, D. (2013). *The Experience of God: Being, Consciousness, Bliss*. Yale University Press.

Blackburn, J. (2019). *Time Sing: Searching for Doggerland*. Random House.

Blackmore, S. (2010). *Conversaciones sobre la conciencia*. Barcelona: Paidós Ibérica.

Bradley, R. (2002). *The Past in Prehistoric Societies*. Psychology Press.

Bradley, R. (2009). *Image and Audience: Rethinking Prehistoric Art*. Oxford University Press.

Bradley, R. (2012). *The Idea of Order: The Circular Archetype in Prehistoric Europe*. Oxford University Press.

Brener, M. E. (2004). *Vanishing Points: Three Dimensional Perspective in Art and History*. McFarland.

Broadie, A. (2012). *The Scottish Enlightenment*. Birlinn.

Burns, J. (2007). *The Descent of Madness: Evolutionary Origins of Psychosis and the Social Brain*. Routledge.

Burroughs, W. J. (2005). *Climate Change in Prehistory: The End of the Reign of Chaos*. Cambridge University Press.

Campbell, J. (2015). *El héroe de las mil caras: psicoanálisis del mito*. Madrid: Fondo de Cultura Económica de España.

Campbell, J. (2017). *Las máscaras de Dios I: mitología primitiva*; (2018). *Las máscaras de Dios II: mitología oriental*; (2018). *Las máscaras de Dios III: mitología occidental*; (2018). *Las máscaras de Dios IV: mitología creativa.* Vilaür: Atalanta.

Campbell, J. (1983). *The Way of the Animal Powers*, vol. 1 de *Historical Atlas of World Mythology.* Harper and Row.

Campbell, J. (1989). *The Way of the Seed Earth*, vol. 2 de *Historical Atlas of World Mythology.* Harper and Row.

Campbell, J. (2018). *Los alcances interiores del espacio exterior.* Vilaür: Atalanta.

Campbell, J. (1991). *El poder del mito.* Madrid: Capitán Swing.

Cassirer, E. (1993). *La filosofía de la ilustración.* Madrid: Fondo de Cultura Económica de España.

Cauvin, J. (2000). *The Birth of the Gods and the Origins of Agriculture.* Cambridge University Press.

Chatwin, B. (2000). *Los trazos de la canción.* Barcelona: Península.

Chatwin, B. (2012). «La alternativa nómada», en *Anatomía de la inquietud.* Madrid: Anaya & Muchnik.

Chatwin, B. (2012), «Es un mundo nómada», en *Anatomía de la inquietud.* Madrid: Anaya & Muchnik.

Clottes, J., y Lewis-Williams, D. (2001). *Los chamanes de la prehistoria.* Barcelona: Ariel.

Clutton-Brock, J. (1999). *Natural History of Domesticated Mammals.* Cambridge University Press.

Clutton-Brock, J. (ed.) (2014). *The Walking Larder: Patterns of Domestication, Pastoralism, and Predation*. Routledge.

Coward, F.; Hosfield, R.; Pope, M., y Wenban-Smith, F. (eds.) (2015). *Settlement, Society and Cognition in Human Evolution*. Cambridge University Press.

Crockett, T. (2003). *Stone Age Wisdom: The Healing Principles of Shamanism*. Fair Winds Press.

Cummings, V. (2013). *The Anthropology of Hunter–Gatherers: Key Themes for Archaeologists*. A. & C. Black.

Cummings, V. (2017). *The Neolithic of Britain and Ireland*. Taylor & Francis.

Cummings, V., y Johnston, R. (eds.) (2007). *Prehistoric Journeys*. Oxbow Books.

Cummings, V.; Jordan, P., y Zvelebil, M. (eds.) (2014). *The Oxford Handbook of the Archaeology and Anthropology of Hunter-Gatherers*. Oxford University Press.

Cunliffe, B. W. (2008). *Europe between the Oceans*. Yale University Press.

Currie, G. (2012). *Artes & mentes*. Boadilla del Monte: Machado Grupo Distribución.

Davies, S. (2012). *The Artful Species: Aesthetics, Art, and Evolution*. Oxford University Press.

Dawkins, M. S. (2012). *Why Animals Matter: Animal Consciousness, Animal*. Oxford University Press.

Dehaene, S. (2014). *Consciousness and the Brain: Deciphering How the Brain Codes Our Thoughts*. Penguin.

Dennett, D. C. (1995). *La conciencia explicada: una teoría interdisciplinar*. Barcelona: Paidós Ibérica.

Diamond, J. M. (2020). *Armas, gérmenes y acero: breve historia de la humanidad en los últimos trece mil años*. Barcelona: Debate.

Dossey, L. (2013). *One Mind*. Hay House.

Dowd, M., y Hensey, R. (2016). *The Archaeology of Darkness*. Oxbow Books.

Dunbar, R. (2011). *Grooming, Gossip, and the Evolution of Language*. Harvard University Press.

Dunbar, R. (2011). *The Human Story*. Faber & Faber.

Edmonds, M. R., y Seaborne, T. (2001). *Prehistory in the Peak*. Tempus.

Eire, C. (2009). *A Very Brief History of Eternity*. Princeton University Press.

Eisenstein, C. (2013). *The Ascent of Humanity: Civilization and the Human Sense of Self*. North Atlantic Books.

Eliade, M. (2004). *Shamanism: Archaic Techniques of Ecstasy*. Princeton University Press.

Engels, F. (2010). *El origen de la familia, la propiedad privada y el Estado*. Madrid: Diario Público.

Fowler, C. (2004). *The Archaeology of Personhood: An Anthropological Aprroach*. Psychology Press.

Francis, P. (2017). *The Shamanic Journey*. Paul Francis.

Gamble, C. (1990). *El poblamiento paleolítico de Europa*. Barcelona: Crítica.

Gamble, C. (2007). *Origins and Revolutions: Human Identity in Earliest Prehistory*. Cambridge University Press.

Gamble, C.; Gowlett, J., y Dunbar, R. (2014). *Thinking Big: How the Evolution of Social Life Shaped the Human Mind*. Thames & Hudson.

Garner, A. (1996). *Strandloper*. Harvill Press.

Garner, A., «Aback of Beyond», en (1997). *The Voice that Thunders*. Harvill Press, pp. 19-38.

Garner, A., «Achilles in Altjira», en (1997). *The Voice that Thunders*. Harvill Press, pp. 39-58.

Garner, A. (2004). *Thursbitch*. Vintage.

Garner, A. (2012). *Boneland*. HarperCollins UK.

Gay, P. (1995). *The Enlightenment: An Interpretation*. W. W. Norton & Co.

Gazzaniga, M. S. (2018). *The Consciousness Instinct: Unravelling the Mystery of How the Brain Makes the Mind*. Farrar, Straus and Giroux.

Goff, P. (2017). *Consciousness and Fundamental Reality*. Oxford University Press.

Goldstein, R. (2009). *Betraying Spinoza: The Renegade Jew Who Gave Us Modernity*. Nueva York: Schocken.

Gosso, F., y Webster, P. (2013). *The Dream on the Rock: Visions of Prehistory*. SUNY Press.

Graeber, D. (2018). *Trabajos de mierda*. Barcelona: Ariel.

Graeber, D., y Wengrow, D. (2018). «How to Change the Course of Human History». *Eurozine*. https://www.eurozine.com/change-course-human-history

Graziano, M. S. A. (2019). *Rethinking Consciousness: A Scientific Theory of Subjective Experience*. W. W. Norton & Co.

Greene, J. D. (2013). *Moral Tribes: Emotion, Reason, and the Gap Between Us and Them*. Penguin.

Griffin, D. R. (1986). *El pensamiento de los animales*. Barcelona: Ariel.

Griffiths, J. (2008). *Wild: An Elemental Journey*. Penguin.

Griffiths, J. (2014). *Kith: The Riddle of the Childscape*. Hamish Hamilton.

Haidt, J. (2006). *La hipótesis de la felicidad: la búsqueda de verdades modernas en la sabiduría antigua*. Barcelona: Gedisa.

Haidt, Jonathan (2012). *The Righteous Mind: Why Good People Are Divided by Politics and Religion*. Vintage.

Halifax, J. (1979). *Shamanic Voices: A Survey of Visionary Narratives*. Plume.

Halifax, J. (1982). *Shaman, the Wounded Healer*. Thames & Hudson.

Hamilakis, Y.; Pluciennik, M., y Tarlow, S. (eds.) (2002). *Thinking through the Body: Archaeologies of Corporeality*. Springer Science & Business Media.

Hampson, N. (1990). *The Enlightenment*. Penguin.

Hancock, G. (2006). *Supernatural: Meetings with the Ancient Teachers of Mankind*. Red Wheel Weiser.

Hanh, T. N.; Stanley, J.; Loy, D.; Tucker, M. E.; Grim, J.; Berry, W.; LaDuke, W., *et al.* (2013). *Spiritual Ecology: The Cry of the Earth*. The Golden Sufi Center.

Hankins, T. L. (1988). *Ciencia e Ilustración*. Madrid: Siglo xxi.

Harner, M. (2015). *La cueva y el cosmos: Encuentros chamánicos con otra realidad*. Barcelona: Kairós.

Harner, M. J.; Mishlove, J., y Bloch, A. (2017). *La senda del chamán*. Barcelona: Kairós.

Harvey, A. (2002). *The Direct Path: Creating a Personal Journey to the Divine Using the World's Spiritual Traditions*. Harmony.

Harvey, G., y Wallis, R. J. (2015). *Historical Dictionary of Shamanism*. Rowman & Littlefield.

Herbert, R. (2013). *Everyday Music Listening: Absorption, Dissociation and Trancing*. Ashgate.

Hodder, I. (2012). *Entangled: An Archaeology of the Relationships between Humans and Things*. John Wiley & Sons.

Hodder, I. (ed.) (2013). *The Meanings of Things: Material Culture and Symbolic Expression*. Routledge.

Hoffecker, J. F. (2017). *Modern Humans: Their African Origin and Global Dispersal*. Columbia University Press.

Hoffman, D. (2019). *The Case against Reality: Why Evolution Hid the Truth from Our Eyes*. W. W. Norton & Co.

Huxley, A. (2004). *Las puertas de la percepción*. Barcelona: Editora y Distribuidora Hispanoamericana.

Insoll, T. (2004). *Archaeology, Ritual, Religion*. Psychology Press.

Insoll, T. (ed.) (2007). *The Archaeology of Identities: A Reader.* Routledge.

Insoll, T. (ed.) (2011). *The Oxford Handbook of the Archaeology of Ritual and Religion.* Oxford University Press.

Israel, J. I. (2001). *Radical Enlightenment: Philosophy and the Making of Modernity, 1650-1750.* Oxford University Press.

James, W. (2002). *Las variedades de la experiencia religiosa: estudio de la naturaleza humana.* Barcelona: Península.

Jefferies, R. (1883). *The Story of My Heart: An Autobiography.* Longman, Green & Co.

Jones, A. (ed.) (2008). *Prehistoric Europe: Theory and Practice.* John Wiley & Sons.

Jones, A. (2012). *Prehistoric Materialities: Becoming Material in Prehistoric Britain and Ireland.* Oxford University Press.

Jung, C. G. (2011). *The Earth Has a Soul: C. G. Jung on Nature, Technology and Modern Life.* North Atlantic Books.

Kalof, L. (2007). *Looking at Animals in Human History.* Reaktion Books.

Kastrup, B. (2021). *Decoding Jung's Metaphysics: The Archetypal Semantics of an Experiential Universe.* Iff Books.

King, B. J. (2017). *Evolving God: A Provocative View on the Origins of Religion.* University of Chicago Press.

King, D.; Luke, D.; Sessa, B.; Adams, C., y Tollan, A. (2015). *Neurotransmissions: Essays on Psychedelics from Breaking Convention.* Strange Attractor Press/MIT Press.

Kingsnorth, P. (2019). *Savage Gods*. Little Toller.

Kingsnorth, P., y Hine, D. (2014). *Uncivilisation: The Dark Mountain Manifesto*. Dark Mountain Project.

Kripal, J. J. (2019). *The Flip: Who You Really Are and Why It Matters*. Penguin.

Lanza, R., y Berman, B. (2018). *Más allá del biocentrismo: repensando el tiempo, el espacio, la conciencia y la ilusión de la muerte*. Málaga: Sirio.

Lewis, I. M. (2003). *Ecstatic Religion: A Study of Shamanism and Spirit Possession*. Psychology Press.

Lewis-Williams, D. (2011). *Conceiving God: The Cognitive Origin and Evolution of Religion*. Thames & Hudson.

Lewis-Williams, D. (2015). *La mente en la caverna: la conciencia y los orígenes del arte*. Madrid: Akal.

Lewis-Williams, D., y Challis, S. (2012). *Deciphering Ancient Minds: The Mystery of San Bushman Rock Art*. Thames & Hudson.

Lewis-Williams, D., y Pearce, D. G. (2004). *San Spirituality: Roots, Expression, and Social Consequences*. Rowman Altamira.

Lewis-Williams, D., y Pearce, D. G. (2016). *Dentro de la mente neolítica: conciencia, cosmos y el mundo de los dioses*. Madrid: Akal.

Malafouris, L. (2013). *How Things Shape the Mind*. MIT Press.

Matthiessen, P. (2018). *El leopardo de las nieves*. Madrid: Siruela.

Matthiessen, P. (1999). *El río del dragón de nueve cabezas: diarios Zen, 1969-1989.* Palma de Mallorca: José J. Olañeta.

McCarraher, E. (2019). *The Enchantments of Mammon: How Capitalism Became the Religion of Modernity.* Belknap.

McGilchrist, I. (2009). *The Master and His Emissary: The Divided Brain and the Making of the Western World.* Yale University Press.

McGilchrist, I. (pendiente de publicación). *The Matter with Things.* Perspectiva Press.

McKenna, T. (1991). *The Archaic Revival.* HarperSanFrancisco.

McKenna, T. (1994). *El manjar de los dioses: la búsqueda del árbol de la ciencia del bien y del mal. Una historia de las plantas, las drogas y la evolución humana.* Barcelona: Paidós Ibérica.

McMahon, D. M. (2002). *Enemies of the Enlightenment: The French Counter-Enlightenment and the Making of Modernity.* Oxford University Press.

Miles, D. (2016). *The Tale of the Axe: How the Neolithic Revolution Transformed Britain.* Thames & Hudson.

Mindell, A. (2012). *Quantum Mind: The Edge between Physics and Psychology.* Deep Democracy Exchange.

Mithen, S. (1998). *Arqueología de la mente: orígenes del arte, de la religión y de la ciencia.* Barcelona: Crítica.

Mithen, S. (2003). *After the Ice: A Global Human History, 20.000-5.000 BC.* Weidenfeld y Nicolson.

Mithen, S. (2011). *The Singing Neanderthals: The Origins of Music, Language, Mind and Body.* Hachette.

Mohen, J.-P. (2002). *Prehistoric Art: The Mythical Birth of Humanity*. Editions Pierre Terrail.

Monbiot, G. (2019). *Salvaje*. Madrid: Capitán Swing.

Morley, I. (2013). *The Prehistory of Music: Human Evolution, Archaeology, and the Origins of Musicality*. Oxford University Press.

Morton, T. (2017). *Humankind: Solidarity with Non-Human People*. Verso Books.

Muraresku, B. C. (2020). *The Immortality Key: The Secret History of the Religion with No Name*. St. Martin's Press.

Neumann, E. (2015). *The Origins and History of Consciousness*. Routledge.

Newberg, A., y d'Aquili, E. G. (2008). *Why God Won't Go Away: Brain Science and the Biology of Belief*. Ballantine Books.

Outram, D. (2019). *The Enlightenment*. Cambridge University Press.

Owens, S. (2020). *Spirit of Place: Artists, Writers and the British Landscape*. Thames & Hudson.

Pasternak, C. (ed.) (2007). *What Makes Us Human?* Oneworld.

Paver, M. (2014), *Crónicas de la Prehistoria*. Salamandra.

Pearson, M. P. (2012). *Stonehenge: Exploring the Greatest Stone Age Mystery*. Simon and Schuster.

Penrose, R.; Hameroff, S., y Kak, S. (eds.) (2011). *Consciousness and the Universe: Quantum Physics, Evolution, Brain and Mind*. Cosmology Science Publishers.

Pettitt, P. (2013). *The Palaeolithic Origins of Human Burial*. Routledge.

Pettitt, P., y White, M. (2012). *The British Palaeolithic: Human Societies at the Edge of the Pleistocene World*. Routledge.

Pinker, S. (2012). *Los ángeles que llevamos dentro: el declive de la violencia y sus implicaciones*. Barcelona: Paidós Ibérica.

Pinker, S. (2018). *Enlightenment Now: The Case for Reason, Science, Humanism and Progress*. Penguin Random House.

Plotkin, B. (2010). *Nature and the Human Soul: Cultivating Wholeness and Community in a Fragmented World*. New World Library.

Plotkin, B. (2013). *Wild Mind: A Field Guide to the Human Psyche*. New World Library.

Price, N. S. (ed.) (2001). *The Archaeology of Shamanism*. Psychology Press.

Pryor, F. (1998). *Farmers in Prehistoric Britain*. Tempus.

Pryor, F. (2003). *Britain BC: Life in Britain and Ireland before the Romans*. HarperCollins Publishers.

Radin, D. (2009). *Entangled Minds: Extrasensory Experiences in a Quantum Reality*. Simon and Schuster.

Reill, P. H. (2005). *Vitalizing Nature in the Enlightenment*. University of California Press.

Renfrew, C. (1990). *Arqueología y lenguaje: la cuestión de los orígenes indoeuropeos*. Barcelona: Crítica.

Renfrew, C. (1994). *The Ancient Mind: Elements of Cognitive Archaeology*. Cambridge University Press.

Renfrew, C. (2008). *Prehistory: The Making of the Human Mind*. Modern Library.

Robb, J., y Harris, O. J. T. (eds.) (2013). *The Body in History: Europe from the Palaeolithic to the Future*. Cambridge University Press.

Roberts, A. (2019). *Domesticados: las diez especies que han cambiado la historia*. Barcelona: Seix Barral.

Rosengren, M. (2012). *Cave Art, Perception and Knowledge*. Springer.

Rossano, M. (2010). *Supernatural Selection: How Religion Evolved*. Oxford University Press.

Russell, N. (2011). *Social Zooarchaeology: Humans and Animals in Prehistory*. Cambridge University Press.

Safina, C. (2015). *Beyond Words: What Animals Think and Feel*. Macmillan.

Schellenberg, S. (2018). *The Unity of Perception: Content, Consciousness, Evidence*. Oxford University Press.

Schulting, R. J., y Fibiger, L. (eds.) (2012). *Sticks, Stones, and Broken Bones: Neolithic Violence in a European Perspective*. Oxford University Press.

Scott, J. C. (1998). *Seeing Like a State: How Certain Schemes to Improve the Human Condition Have Failed*. Yale University Press.

Scott, J. C. (2010). *The Art of Not Being Governed: An Anarchist History of Upland Southeast Asia*. Nus Press.

Scott, J. C. (2017). *Against the Grain: A Deep History of the Earliest States*. Yale University Press.

Sessa, B.; Luke, D.; Adams, C.; King, D.; Tollan, A., y Wyrd, N. (2017). *Breaking Convention: Psychedelic Pharmacology for the 21st Century*. Strange Attractor Press.

Shaw, M. (2011). *A Branch from the Lightning Tree: Ecstatic Myth and the Grace in Wildness*. White Cloud Press.

Shaw, M. (2016). *Scatterlings: Getting Claimed in the Age of Amnesia*. White Cloud Press.

Shaw, M. (2019). *Wolf Milk: Chthonic Memory in the Deep Wild*. Cista Mystica.

Sheldrake, M. (2020). *Entangled Life*. Bodley Head.

Sheldrake, R. (2013). *Una nueva ciencia de la vida: la hipótesis de la causación formativa*. Barcelona: Kairós.

Sheldrake, R. (2001). *De perros que saben que sus amos están de camino de casa: y otras facultades inexplicables de los animales*. Barcelona: Paidós Ibérica.

Sheldrake, R. (1990). *La presencia del pasado: resonancia mórfica y hábitos de la naturaleza*. Barcelona: Kairós.

Sheldrake, R. (2013). *The Sense of Being Stared at, and Other Aspects of the Extended Mind*. Random House.

Siedentop, L. (2015). *Inventing the Individual: The Origins of Western Liberalism*. Penguin Random House.

Siegel, D. J. (2017). *Viaje al centro de la mente: lo que significa ser humano*. Barcelona: Paidós Ibérica.

Solms, M. (2021). *The Hidden Spring: A Journey to the Source of Consciousness*. Profile.

Stavrakopoulou, F. (2010). *Land of Our Fathers: The Roles of Ancestor Veneration in Biblical Land Claims*. T. & T. Clark.

Steel, C. (2020). *Ciudades hambrientas: cómo el alimento moldea nuestras vidas*. Madrid: Capitán Swing.

Talbot, M. (2007). *El universo holográfico: una versión nueva y extraordinaria de la realidad*. Madrid: Palmyra.

Tattersall, I. (1999). *Becoming Human: Evolution and Human Uniqueness*. Houghton Mifflin Harcourt.

Tattersall, I. (2016). *The Monkey in the Mirror: Essays on the Science of What Makes Us Human*. Houghton Mifflin Harcourt.

Thomas, J. (2000). «Death, Identity and the Body in Neolithic Britain». *Journal of the Royal Anthropological Institute*, 6(4), pp. 653-668.

Thompson, W. I. (1996). *The Time Falling Bodies Take To Light: Mythology, Sexuality and the Origins of Culture*. Palgrave Macmillan.

Todorov, T. (2017). *EL espíritu de la ilustración*. Barcelona: Galaxia Gutenberg.

Tudge, C. (2000). *Neandertales, bandidos y granjeros: cómo surgió realmente la agricultura*. Barcelona: Crítica.

Turner, M. (2014). *The Origin of Ideas: Blending, Creativity, and the Human Spark*. Oxford University Press.

Vernon, M. (2019). *A Secret History of Christianity: Jesus, the Last Inkling, and the Evolution of Consciousness*. John Hunt.

Wallis, R. J. (2013). *Shamans/Neo-Shamans: Ecstasy, Alternative Archaeologies, and Contemporary Pagans*. Psychology Press.

Wengrow, D., y Graeber, D. (2015). «Farewell to the "Childhood of Man": Ritual, Seasonality, and the Origins of

Inequality». *Journal of the Royal Anthropological Institute*, 21(3), pp. 597-619.

Whittle, A. (2003). *The Archaeology of People: Dimensions of Neolithic Life*. Routledge.

Wittmann, M. (2018). *Altered States of Consciousness: Experiences out of Time and Self*. MIT Press.

Wragg-Sykes, R. (2020). *Kindred: Neanderthal Life, Love, Death and Art*. Bloomsbury.

Wyrd, N.; Luke, D.; Tollan, A.; Adams, C., y King, D. (2019). *Psychedelicacies: More Food for Thought from Breaking Convention*. Strange Attractor/MIT Press.

Zaidel, D. W. (2015). *Neuropsychology of Art: Neurological, Cognitive, and Evolutionary Perspectives*. Psychology Press.

Referencias

Epígrafe

1. Yeats, W. B. (1993). «Before the World Was Made», en *The Winding Stair and Other Poems.*

Nota del autor

2. Sospecho, sin embargo, que en África (a diferencia de en Europa) ocurrieron muchas más cosas de las que generalmente han reconocido los arqueólogos eurocéntricos.

3. Unas palabras sobre los genes. Los haplotipos del Mesolítico, más que los del Paleolítico superior, pueden predominar o no en los humanos ingleses modernos. Pero nadie niega la continuidad del comportamiento entre nosotros y el Paleolítico superior (o entre el Paleolítico superior y el Mesolítico), que es precisamente lo que me preocupa. También se ha demostrado debidamente que hay una continuidad genética entre el Paleolítico superior y el Mesolítico en Europa: véase Jones, E. R.; González Fortes, G.; Connell, S.; Siska, V.; Eriksson, A.; Martiniano, R.; McLauglin, R. L., *et al.* (2015). «Upper Palaeolithic Genomes Reveal Deep Roots of Modern Eurasians», *Nature Communications,* 6(1), pp. 1-8.

4. «Uro» proviene del alto alemán antiguo «ūrohso». Muchas gracias a Lottie Fyfe por hacérmelo saber.

5. Puede que a algunos lectores les sorprenda que se haga tan poca referencia a la relevancia que ha tenido para la historia humana y para nuestra crisis actual la cuestión de la lateralización del cerebro y, en particular, el trabajo de Iain McGilchrist, sobre todo en: (2009). *The Master and His Emissary: The Divided Brain and the Making of the Western World.* New Haven, Estados Unidos: Yale University Press. Su tesis es que los dos hemisferios cerebrales tienen funciones diferentes: cada uno facilita un tipo distinto de atención al mundo. Al hemisferio izquierdo se le da bien la atención estrecha y focalizada. Le gusta archivar y categorizar, y es muy conservador. No le gusta que sus categorías sean cuestionadas o confundidas. Al igual que los ordenadores con los que está tan

contento, tiene un sistema operativo basado en una visión binaria de la realidad. Es un empollón. El hemisferio derecho tiene una visión más holística del mundo; ve el contexto y la relación, y sabe que a menudo la verdad se encuentra en la paradoja. No le molestan las contradicciones. No confunde la recopilación de datos con la sabiduría. Se supone que el hemisferio izquierdo es el administrador del cerebro; el que se ocupa de lo cotidiano; el que mantiene las cosas ordenadas de modo que todo el cerebro pueda funcionar de manera óptima. Pero (según esta tesis) el administrador se ha ido apoderando progresivamente del control: el matiz, la reflexión, la sabiduría y, probablemente, la identidad humana y el planeta entero han sido víctimas de este golpe.

Iain es uno de mis mejores amigos, y su trabajo me ha afectado profundamente. Estoy seguro de que, en esencia, su tesis es correcta. Explica mucho más sobre la historia de las ideas y la naturaleza de nuestra precaria posición actual que cualquier otro análisis que conozca. Pero en este libro no hago muchas referencias a su tesis porque estamos intentando conseguir cosas muy diferentes. Iain busca sistemáticamente un paradigma dominante. En cambio, yo busco de forma no sistemática unas migajas de consuelo y autoconocimiento. Me remito a Iain para los detalles de la lucha entre los hemisferios, pero no tengo ninguna duda de que durante el Neolítico y la Ilustración, el hemisferio izquierdo hizo grandes avances hacia la hegemonía.

6. En la página 164 hablo de los indicios que sugieren que los neandertales tenían creencias/prácticas religiosas.

Paleolítico superior: Invierno

7. Moss, S. (2020). *Muro fantasma*. Madrid: Sexto Piso, p. 35.

8. Cazador inuit Igulikik dirigiéndose a Knud Rasmussen, citado por Halifax, J. (1982). *Shaman: The Wounded Healer*. Londres: Thames & Hudson, p. 6.

9. Rees, A., y Rees, B. (1961). *Celtic Heritage: Ancient Tradition in Ireland and Wales*. Londres: Thames & Hudson, p. 16.

10. Esto no quiere decir que niegue que los no humanos puedan (por ejemplo) mostrar empatía, y mucho menos que tengan (por ejemplo) el deseo de matar. Más adelante hablaré de la relevancia de la conciencia de los no humanos, y sostendré que resulta evidente que muchos no humanos tienen un sentido del «yo», y, por lo tanto, un sentido del «tú». Sin embargo, ahora solo voy a decir que la forma particular en que el «yo» humano surgió y se manifestó cambió la manera en que surgieron y se manifestaron el amor humano, la empatía y otros sentimientos. Y esto comportó unas consecuencias éticas muy claras.

11. Agradezco a Paul Pettitt que me haya asegurado que la presencia de X en Derbyshire, tan lejos de su hogar y tan a los albores de la historia de la humanidad, es casi plausible.

12. E incluso suponiendo que hubiera alguna manera de amputar todo esto, ¿cómo podría escribir un libro sobre ello? El acto de escribir un libro depende de todo el software que estoy fantaseando con desinstalar. Sin embargo, ¿no podemos hacer algo modestamente parecido a esto? Si no puedo desinstalarme a mí mismo y luego reinstalar la conciencia, ¿no podría por lo menos alejarme lo bastante de mí como para revalorizarme estáticamente? ¿Y no resulta por lo menos plausible, si no muy probable, que si hago eso se cuele algún nuevo tipo de conciencia que me permitiera así adivinar y describir la sensación de un torrente de conciencia en un recipiente que antes estaba vacío?

Pero no: el lenguaje es el principal obstáculo a la hora de describir esa sensación. Decir que el lenguaje nos impide percibir absolutamente nada, que inhibe cualquier conversación significativa con el mundo, resulta un poco vergonzoso para un escritor. Este es un libro sobre lo desesperantes, autodestructivos y mortales que son los libros. No lo leas. Ponte a hacer cualquier otra cosa. Tengo la esperanza de que, si sigo escribiendo sin parar, el lenguaje destrozará el lenguaje y acabará ocurriendo algo diferente.

13. ¿Recuerdas que, en la película, Lawrence de Arabia apaga una cerilla encendida con los dedos? «El truco, William Potter, está en que no te importe que te duela».

14. Lewis-Williams, J. D., y Dowson, T. A. (1989). *Images of Power: Understanding Bushman Rock Art*. Southern Book Publishers; Clottes, J., y Lewis-Williams, J. D. (2010). *Los chamanes de la prehistoria*. Barcelona: Ariel; Lewis-Williams, J. D., y Pearce, D. G. (2004). *San Spirituality: Roots, Expression, and Social Consequences*. AltaMira Press; Lewis-Williams, J. D. (2015). *La mente en la caverna: la conciencia y los orígenes del arte*. Madrid: Akal; Lewis-Williams, J. D. (2011). *Conceiving God: The Cognitive Origin and Evolution of Religion*. Thames & Hudson; Lewis-Williams, J. D., y Pearce, D. G. (2016). *Dentro de la mente neolítica: conciencia, cosmos y el mundo de los dioses*. Madrid: Akal. Este punto de vista ha sido fuertemente criticado, y hoy en día pocos lo considerarían una explicación completa del arte rupestre prehistórico; véase, por ejemplo: McCall, G. S. (2007). «Add Shamans and Stir? A Critical Review of the Shamanism Model of Forager Rock Art Production». *Journal of Anthropological Archaeology*, 26(2), pp. 224-233; y Bradley, R. (2009). *Image and Audience: Rethinking Prehistoric Art*. Oxford University Press.

15. Eliade, M. (2001). *El chamanismo y las técnicas arcaicas del éxtasis*, Madrid: Fondo de Cultura Económica de España; Halifax, J. (1979). *Shamanic Voices: A Survey of Visionary Narratives*. Plume; Halifax, J. (1982). *Shaman, the Wounded Healer*. Thames & Hudson.

16. Para un relato neurobiológico de los orígenes de la conciencia, véase Solms, M. (2021). *The Hidden Spring: A Journey to the Source of Consciousness*. Profile.

17. Con John Lord, uno de los talladores de sílex más experimentados del mundo: https://www.flintknapping.co.uk/

18. Muchos cazadores-recolectores tienen tabúes sobre la matanza (y ciertamente sobre el consumo) de carnívoros. Michelle Paver los ilustra bellamente en su serie *Crónicas de la Prehistoria* (Salamandra, 2014), y es posible que las prohibiciones levíticas de comer carnívoros y carroñeros se remonten a dichos tabúes (además de señalar que Yahvé desaprueba el derramamiento de sangre: recuerda que el orden natural, tal y como fue concebido originariamente, era vegetariano, incluyendo a los humanos).

19. No hay evidencia de que hubiera conejos durante el Paleolítico superior en Gran Bretaña, pero se han encontrado huesos de conejo fechados del periodo romano en Lynford, Norfolk. Anteriormente, se creía que los conejos habían sido introducidos por los normandos.

20. Véase Halifax, *Shaman, The Wounded Healer,* ob. cit., p. 6.

21. Véase (2015). *The Hare Book.* The Hare Preservation Trust.

22. Véase Hodgson, D., y Pettitt, P. (2018). «The Origins of Iconics Depictions: A Falsifiable Model Derived from the Visual Science of Palaeolithic Cave Art and World Rock Art». *Cambridge Archaeological Journal,* 28(4), pp. 591-612.

23. McGilchrist, *The Master and His Emissary: The Divided Brain and the Making of the Western World,* ob. cit.

24. Weir, H. J.; Yao, P.; Huynh, F. K.; Escoubas, C. C.; Gonçalves, R. L.; Burkewitz, K.; Laboy, R.; Hirschey, M. D., y Mair, W. B. (2017). «Dietary Restriction and AMPK Increase Lifespan via Mitochondrial Network and Peroxisome Remodelling». *Cell Metabolism,* 26(6), pp. 884-896. Mihaylova, M. M.; Cheng, C. W.; Cao, A. Q.; Tripathi, S.; Mana, M. D.; Bauer-Rowe, K. E.; Abu-Remaileh, M., *et al.* «Fasting Activates Fatty Acid Oxidation to Enhance Intestinal Stem Cell Function during Homeostasis and Aging». *Cell Stem Cell,* 22(5), pp. 769-778. McCracken, A. W.; Adams, G.; Hartshorne, L.; Tatar y Mirre, M., y Simons, J. P. (2020). «The Hidden Costs of Dietary Restriction: Implications for Its Evolutionary and Mechanistic Origins». *Science Advances,* 6(8), p. 3047.

25. Parece que Tom había intuido la práctica, omnipresente en los cazadores-recolectores, de ofrecer una porción de su comida al bosque antes de empezar a comer. También persisten vestigios de esta práctica en algunas religiones mayoritarias. Obsérvese, por ejemplo, la práctica judía ortodoxa de reservar una porción de la masa del pan «para Hashem», la práctica cristiana del diezmo y las ofrendas de comidas que se dejan en los templos hindúes y budistas.

26. Esta es, por supuesto, una idea de Platón. La expuso brillantemente Garner, A. (1997). «Achilles in Altjira», en *The Voice that Thunders.* Harvill Press.

27. Virgilio, *Eneida,* Libro II.

28. Para un análisis del papel de la hoguera en el mundo antiguo, véase Siedentop, L. (2015). *Inventing the Individual: The Origins of Western Liberalism.* Penguin, pp. 10-13.

29. Mavromatis, A. (ed.) (1987). *Hypnagogia: The Unique State of Consciousness between Wakefulness and Sleep.* Routledge; James, S. (2006). «Similarities and Differences between Near Death Experiences and Other Forms of Religious Experience». *Modern Believing,* 47(4), pp. 29-40; Powell, A. J. (2018). «Mind and Spirit: Hypnagogia and Religious Experience», *The Lancet Psychiatry,* 5(6), pp. 473-475.

30. Stamp Dawkins, M. (2012). *Why Animals Matter: Animal Consciousness, Animal Welfare, and Human Well-Being.* Oxford University Press; Griffin, D. R. (1986). *El pensamiento de los animales.* Barcelona: Ariel; Safina, C. (2018). *Una mente maravillosa: lo que piensan y sienten los animales.* Barcelona: Galaxia Gutenberg; Morton, T. (2017). *Humankind: Solidarity with Non-Human People.* Verso Books; Le Neindre, P.; Bernard, E.; Boissy, A.; Boivin, X.; Calandreau, L.; Delon, N.; Deputte, B., *et al.* (2017). «Animal Consciousness». *EFSA Supporting Publications,* 14(4), 1196E.

31. McGilchrist, Iain (publicado próximamente). *The Matter with Things.* Penguin Random House.

32. Rees, A., y Rees, B. (1961). *Celtic Heritage: Ancient Tradition in Ireland and Wales.* Thames & Hudson, p. 16.

Paleolítico superior: Primavera

33. Las cuevas de Altamira, en España, son probablemente el mejor ejemplo.

34. Griffiths, J. (2008). *Wild: An Elemental Journey.* Penguin.

35. Wengrow, D., y Graeber, D. (2015). «Farewell to the "Childhood of Man": Ritual, Seasonality, and the Origins of Inequality». *Journal of the Royal Anthropological Institute,* 21(3), pp. 597-619; Graeber, D., y Wengrow, D. (2018). «How to Change the Course of Human History». *Eurozine.* https://www.eurozine.com/change-course-human-history

36. Basado en Dunbar, R. (2007). *La odisea de la humanidad: una nueva historia de la evolución de la raza humana.* Barcelona: Crítica.

37. Thompson, W. I. (1996). *The Time Falling Bodies Take To Light: Mythology, Sexuality and the Origins of Culture.* Palgrave Macmillan, p. 102.

38. Para saber más sobre el «Síndrome del Internado», véase Stibbe, M. (2016). *Home at Last.* Malcolm Down Publishing; y Schaverien, J. (2015). *Boarding School Syndrome: The Psychological Trauma of the «Privileged» Child.* Routledge.

39. No sé de dónde viene. No la he compuesto yo y no puedo rastrear su origen.

40. No me refiero a la escuela de Shrewsbury. Fui posteriormente y era muy diferente.

41. Terence McKenna observó muy acertadamente: «La naturaleza ama el coraje. Si te comprometes, la naturaleza responde a ese compromiso eliminando los obstáculos imposibles».

42. El libro en cuestión es: (2022). *A Little Brown Sea*. Fair Acre Press.

43. Hace muy poco tiempo que estas ideas han dejado de parecer fantasiosas. Gilbert White, el naturalista del siglo XVII que tenía unas dotes de observación e inferencia legendarias, pensaba que las golondrinas hibernaban en el barro del fondo de los estanques en vez de migrar.

44. Dunbar, R. «Why only Humans Have Language», en Botha, R., y Knight, C. (eds.) (2009). *The Prehistory of Language*. Oxford University Press.

45. Dunbar, R. I. M. «Mind the Gap: Or Why Humans Are Not Just Great Apes», en Dunbar, R. I. M.; Gamble, C., y Gowlett, J. A. J. (2014). *Lucy to Language: The Benchmark Papers*. Oxford University Press, pp. 3-18.

46. Dunbar, R. (1998). *Grooming, Gossip, and the Evolution of Language*. Harvard University Press; Dunbar, R. (2012). «On the Evolutionary Function of Song and Dance», en Bannon, N. (ed.) (2012). *Music, Language, and Human Evolution*. Oxford University Press, pp. 201-214.

47. Dunbar afirma que llegaron en ese orden.

48. Manninen, S.; Tuominen, L.; Dunbar, R. I.; Karjalainen, T.; Hirvonen, J.; Arponen, E.; Hari, R.; Jääskeläinen, I. P.; Sams, M., y Nummenmaa, L. (2018). «Social Laughter Triggers Endogenous Opioid Release in Humans». *Journal of Neuroscience,* 37(25), pp. 6125-6131.

49. Mithen, S. (2011). *The Singing Neanderthals: The Origins of Music, Language, Mind and Body*. Hachette, pp. 168-169.

50. Winkelman, M. «Psychointegrator Plants: Their Roles in Human Culture», en Winkelman, M., y Andritzky, W. (eds.) (1996). *Consciousness and Health, Yearbook of Cross-Cultural Medicine and Psychotherapy. Verlag für Wissenschaft und Bildung,* pp. 9-53; Winkelman, M. (2010): *Shamanism: A Biopsychosocial Paradigm of Consciousness and Healing*. ABC-CLIO.

51. Esto me ha hecho reflexionar sobre cómo deberíamos considerar a los pacientes con trastornos prolongados de la conciencia. A veces nos referimos a ellos de forma desagradable, como por ejemplo «vegetal». Pero quizá se estén divirtiendo como nunca. Quizá sean más auténticamente ellos que nunca. Tal vez la vida vegetativa sea mucho más satisfactoria que la nuestra. He hablado sobre algunos de los resultados

éticos y jurídicos de estas reflexiones en varios lugares, por ejemplo: (2019). «It Is Never Lawful or Ethical to Withdraw Life Sustaining Treatment from Patients with Prolonged Disorders of Consciousness». *Journal of Medical Ethics,* 45(4), pp. 265-270; y (2019). «Deal with the Real, Not the Notional Patient, and Don't Ignore Important Uncertainties». *Journal of Medical Ethics,* 45(12), pp. 800-801.

52. Mithen, S. (1998). *Arqueología de la mente: orígenes del arte, de la religión y de la ciencia.* Barcelona: Crítica.

53. Mithen, *The Singing Neanderthals,* ob. cit., numerosas referencias.

54. Mithen, *The Singing Neanderthals,* ob. cit., p. 245. Véase también Tattersall, I. (2017). «The Material Record and the Antiquity of Language». *Neuroscience & Biobehavioral Reviews,* 81, pp. 247-254; Dediu, D., y Levinson, S. C. (2018). «Neanderthal Language Revisited: Not Only Us». *Current Opinion in Behavioral Sciences,* 21, pp. 49-55; Albessard-Ball, L., y Balzeau, A. (2018). «Of Tongues and Men: A Review of Morphological Evidence for the Evolution of Language» *Journal of Language Evolution,* 3(1), pp. 79-89; Conde-Valverde, M., et al. (2021). «Neanderthals and Homo Sapiens Had Similar Auditory and Speech Capacities», *Nat Ecol Evol.* https://doi.org/10.1038/s41559-021-01391-6

55. Gamble, C.; Gowlett, J., y Dunbar, R. (2014). *Thinking Big: How the Evolution of Social Life Shaped the Human Mind.* Thames & Hudson.

56. Dunbar, «Mind the Gap...», ob. cit.; Kinderman, P.; Dunbar, R., y Bentall, R. P. (1998). «Theory of Mind Deficits and Causal Attributions». *British Journal of Psychology,* 89(2), pp. 191-204; Stiller, J., y Dunbar, R. I. M. (2007). «Perspective-Talking and Memory Capacity Predict Social Network Size». *Social Networks,* 29(1), pp. 93-104.

57. Baron-Cohen, S. (2010). «Emphathizing, Systemizing, and the Extreme Male Brain Theory of Autism». *Progress in Brain Research,* 186, pp. 167-175. Adenzato, M.; Brambilla, M.; Manenti, R., et al. (2017). «Gender Differences in Cognitive Theory of Mind Revealed by Transcranial Direct Current Stimulation on Medial Prefrontal Cortex». *Scientific Reports* 7(41219); Cigarini, A.; Vicens, J., y Perelló, J. (2020). «Gender Based Pairings Influence Cooperative Expectations and Behaviours», *Scientific Reports,* 10(1), pp. 1-10.

58. Dunbar, R. I. M. (2017). «Group Size, Vocal Grooming and the Origins of Language» *Psychonomic Bulletin and Review,* 24, pp. 209-212.

59. Dunbar, R. «The Social Brain Hypothesis and Its Relevance to Social Psychology», en Forgas, J. P.; Haselton, M. G., y Von Hippel, W. (eds.) (2017). «Evolution and the Social Mind: Evolution Psychology and Social Cognition». *Psychology Press,* 21-31, p. 28.

60. El autismo, el TOC y el TDAH son ejemplos de condiciones que, según la medicina imperante, los individuos que las tienen prestan un tipo de atención al

mundo. Pero, a mi parecer, cualquiera que pueda lidiar de la manera que se considera correcta con la abrumadora masa de información desordenada con la que se nos bombardea es mucho más susceptible a sufrir una patología mental grave que las personas con autismo/OCD/ADHD. En cualquier caso, si la música ayuda a estas «condiciones», esto podría significar que es un objeto y/o medio de atención humana más satisfactorio (y tal vez evolutivamente más antiguo).

61. Para profundizar en esta cuestión, véase Haidt, J. (2012). *The Righteous Mind: Why Good People Are Divided by Politics and Religion*. Vintage; y Greene, J. D. (2013). *Moral Tribes: Emotion, Reason, and the Gap Between Us and Them.* Penguin.

62. Haidt, J. (2006). *La hipótesis de la felicidad: la búsqueda de verdades modernas en la sabiduría antigua.* Barcelona: Gedisa; y Haidt, *The Righteous Mind,* ob. cit.

63. Mithen, *The Singing Neanderthals,* ob. cit., p. 69. Sherlock Holmes está de acuerdo: «¿Recuerda usted lo que afirma Darwin sobre la música? Sostiene que la capacidad de producirla y de apreciarla existió en la raza humana mucho antes de que esta alcanzarse la facultad de la palabra. Quizá sea esta la razón de que influya en nosotros de una manera tan sutil. Existen en nuestras almas confusos recuerdos de aquellos siglos nebulosos en que el mundo se hallaba en su niñez.

—Esa es una idea de bastante amplitud —hice notar yo.

—Nuestras ideas deben ser tan amplias como la Naturaleza si aspiran a interpretarla —me contestó».

Doyle, A. C. (2000). *Estudio en escarlata.* Madrid: Grupo Anaya, p. 62.

Darwin trató la cuestión en: (2019). *El origen del hombre y la selección en relación al sexo.* Los libros de la catarata. Sus pensamientos están siendo cada vez más desenterrados y rehabilitados: véase, por ejemplo, Kirby, S., «Darwin's Musical Protolanguage: An Increasingly Compelling Picture», en Rebuschat, P.; Rohrmeier, M.; Hawkins, J. A., y Cross, I. (eds.) (2012). *Language and Music as Cognitive Systems.* Oxford University Press, pp. 96-102.

64. Mithen, *The Singing Neanderthals,* ob. cit., p. 70.

65. Nuestros rostros son muy elocuentes. Por ejemplo, tenemos una esclerótica blanca en los ojos, lo que hace que la señalización sea especialmente potente, incluso con poca luz.

66. Mithen, *The Singing Neanderthals,* ob. cit., p. 89.

67. Mithen, *The Singing Neanderthals,* ob. cit., p. 169.

68. Mithen, *The Singing Neanderthals,* ob. cit., p. 170.

69. Una discusión completa implicaría una exploración de la «gramática universal» de Chomsky; véase Chomsky, N. (2018). *La arquitectura del lenguaje.* Barcelona: Kairós. Solo quiero señalar que, aunque su tesis es enormemente

controvertida, ha vuelto a ser impulsada recientemente por algunos nuevos hallazgos: véase Futrell, R.; Mahowald, K., y Gibson, E. (2015). «Large-Scale Evidence of Dependency Length Minimization in 37 Languages». *Proceedings of the National Academy of Sciences,* 112(33), pp. 10336-10341.

70. Sin lugar a dudas, empezaron a adornarse simbólicamente el cuerpo antes de pintar cualquier cueva.

71. *Crónicas de la prehistoria.* La serie de libros favorita de mis hijos.

72. Para profundizar más exhaustivamente en el comportamiento de los primates no humanos hacia los muertos, véase Gonçalves, A., y Carvalho, S. (2019). «Death among Primates: A Critical Review of Non-Human Primate Interactions towards Their Dead and Dying». *Biological Review,* 94(4), pp. 1502-1529. Véase también Anderson, J. R. (2020). «Responses to Death and Dying: Primates and Other Mammals». *Primates,* pp. 1-7. Para saber más sobre lo que podrían significar estos hallazgos para la interpretación de las primeras actitudes humanas ante la muerte, véase Pettitt, P., y Anderson, J. R. (2019). «Primate Thanatology and Hominoid Mortuary Archaeology». *Primates,* pp. 1-11.

73. Pettitt, P., «Landscapes of the Dead: The Evolution of Human Mortuary Activity from Body to Place in Pleistocene Europe», en Coward, F.; Hosfield, R.; Pope, M., y Wenban-Smith, F. (eds.) (2015). *Settlement, Society and Cognition in Human Evolution: Landscape in Mind.* Cambridge University Press, pp. 258-274. Para un estudio exhaustivo de la vida, la muerte y la cognición de los neandertales, véase Wragg-Sykes, R. (2020). *Kindred: Neanderthal Life, Love, Death and Art.* Bloomsbury.

74. Para profundizar en estudios sobre experiencias cercanas a la muerte, véase Van Lommel, P. (2021). «Near-Death Experiences during Cardiac Arrest». https://www.essentiafoundation.org/reading/near-death-experiences-during-cardiac-arrest/. Van Lommel concluye: «Los estudios sobre las ECM parecen sugerir que nuestra conciencia no reside en nuestro cerebro ni está limitada por él, porque nuestra conciencia tiene propiedades no locales».

75. El arqueólogo Paul Pettitt resume muy bien el consenso: «Los científicos cognitivos que investigan los orígenes de la religión parecen estar de acuerdo en que en una época relativamente temprana en su evolución, los homínidos llegaron a estar cognitivamente predispuestos hacia la creencia de que las mentes podían sobrevivir más allá de la muerte física»: Pettitt, «Landscapes of the Dead», ob. cit., p. 262.

76. Pettitt, «Landscapes of the Dead», ob. cit., p. 262.

77. Pettitt, «Landscapes of the Dead», ob. cit., p. 263; y véase Bloom, P. (2007). «La religión es natural». *Developmental Science,* 10(1), pp. 147-151, esp. p. 148.

78. Pettitt, «Landscapes of the Dead», ob. cit., p. 258.

79. Shermer, M. (2014). «Infrequencies». *Scientific American,* 311(4), p. 97; comentado en Kripal, J. J. (2019). *The Flip: Who You Really Are and Why It Matters.* Penguin, pp. 83-84.

80. Alan Garner escribió: «Aquiles puede caminar en Altjira [el «Sueño» aborigen australiano]. Seguro que sí: tiene mucho que recordar. Pero el recuerdo de que vivir como un ser humano es en sí mismo un acto religioso no es poco importante». «Aquiles en Altjira», en *The Voice that Thunders,* ob. cit., p. 58. Pero para él, la «religión» es «esa área de preocupación humana y compromiso con la cuestión de nuestro ser dentro del cosmos» (p. 55).

Paleolítico Superior: Verano

81. Chatwin, B. (2000). *Los trazos de la canción.* Barcelona: Península, p. 311.

82. Espero que no sea necesario decir que las filosofías de «sangre y tierra» son radicalmente erróneas y malvadas.

83. McGilchrist, *The Matter with Things,* ob. cit.

84. Chatwin, *Los trazos de la canción,* ob. cit., p. 264.

85. Jonathan Balcombe dijo que si los peces tuvieran párpados en lugar de depender del agua para lavarse los ojos, no nos comportaríamos de forma tan psicopática con ellos: Balcombe, J. (2018). *El ingenio de los peces.* Barcelona: Ariel.

86. El contexto es: «El Tao que puede ser expresado con palabras no es el Tao eterno. El nombre que puede ser pronunciado no es el nombre eterno. Lo que no tiene nombre es el principio del cielo y la tierra. Lo que tiene nombre es la madre de todas las cosas. La permanente ausencia de deseos permite contemplar el gran misterio. La constante presencia de deseos permite contemplar sus manifestaciones. Ambos estados tienen un origen común y con nombres diferentes aluden a una misma realidad. El infinito insoldable es la puerta de todos los misterios.» Tse, L. (2002). *Tao Te Ching.* Barcelona: RBA Libros, p. 39.

87. Hechos 9: 3-9.

88. Aunque quizá (según me han sugerido) la experiencia de la maternidad temprana sea una importante excepción a esta regla general. No me sorprendería.

89. Harvey, A. (2002). *The Direct Path: Creating a Personal Journey to the Divine Using the World's Spiritual Traditions.* Harmony, Kindle locus 248.

90. Estoy seguro de que no soy la primera persona a la que se le ha ocurrido este chiste malo, pero no lo encuentro por ningún sitio.

91. Edwards, S. D. (2011). «A Psychology of Indigenous Healing in Southern Africa». *Journal of Psychology in Africa,* 21(3), pp. 335-347; Edwards, S. (2015). «Some Southern African Views on Interconnectedness with Special Reference to Indigenous Knowledge». *Indilinga African Journal of Indigenous Knowledge Systems,* 14(2), pp. 272-283; Reddekop, J. (2014). «Thinking across Worlds: Indigenous Thought, Relational Ontology, and the Politics of Nature; or, if only Nietzsche Could Meet a Yachaj». *Electronic Thesis and Dissertation Repository 2082*: https://ir.lib.uwo.ca/etd/2082. Aunque existen dudas sobre su autenticidad, el conocido discurso del jefe Seattle, de los duwamish y los suquamish, que se dice que fue pronunciado en 1854, resume algunas facetas de las actitudes de los indígenas norteamericanos hacia el mundo natural: «Cada parte de esta tierra es sagrada para mi pueblo. Cada aguja de pino brillante, cada niebla en los bosques oscuros, todos los claros y los insectos que zumban son sagrados en la memoria y la experiencia de mi pueblo. La savia que corre a través de los árboles lleva la memoria del hombre rojo [...] Somos parte de la tierra y ella es parte de nosotros [...] Las flores perfumadas son nuestras hermanas; el ciervo, el caballo, la gran águila, son nuestros hermanos. Las crestas rocosas, la energía de los prados, el calor del cuerpo del poni, y el hombre; todos pertenecen a la misma familia [...] Esta agua brillante que fluye en los arroyos no es solo agua sino la sangre de nuestros antepasados [...] El murmullo del agua es la voz del padre de mi padre [...] todas las cosas comparten el mismo aliento; la bestia, el árbol, el hombre [...] ¿Qué es el hombre sin las bestias? Si todas las bestias desaparecieran, los hombres morirían de una gran soledad de espíritu, pues lo que les ocurre a las bestias, enseguida le ocurre al hombre. Todas las cosas están conectadas [...] La tierra no pertenece al hombre; el hombre pertenece a la tierra. Esto lo sabemos. Todas las cosas están conectadas como la sangre que une a una familia. Todas las cosas están conectadas. Todo lo que le ocurre a la tierra les ocurre a los hijos de la tierra. El hombre no tejió la red de la vida, sino que es un mero hilo en ella. Lo que hace a la red, se lo hace a sí mismo».

92. https://hedgerowsurvey.ptes.org/biodiversity

93. Gagliano, M.; Renton, M.; Duvdevani, N.; Timmins, M., y Mancuso, S. (2012). «Acoustic and Magnetic Communication in Plants: Is It Possible?». *Plant Signaling & Behavior,* 7(10), pp. 1346-1348. Gagliano, M.; Renton, M.; Duvdevani, N.; Timmins, M., y Mancuso, S. (2012). «Out of Sighr but not Out of Mind: Alternative Means of Comminication in Plants». *PLoS One* 7(5). Gagliano, M.; Mancuso, S., y Robert, D. (2012). «Towards Understanding Plant Bioacoustics». *Trends in Plant Science,* 17(6), pp. 323-325. Gagliano, M. (2013). «Green Symphonies: A Call for Studies on Acoustic Communication in Plants». *Behavioral Ecology,* 24(4), pp. 789-796. Gagliano, M. (2015). «In a Green Frame of Mind: Perspectives on the Behavioural Ecology and Cognitive Nature of Plants». *AoB Plants,* 7. Gagliano, M.; Grimonprez, M.; Depczynski, M., y Renton, M. (2017). «Tuned in: Plant Roots Use Sound to Locate Water». *Oecologia,* 184(1), pp. 151-160.

94. Véase Jones, L. (2021). *Perdiendo el Edén: por qué necesitamos estar en contacto con la naturaleza*. Barcelona: Gatopardo; Hardman, I. (2020). *The Natural Health Service: How Nature Can Mend Your Mind*. Atlantic.

95. Jones, E. R.; González-Fortes, G.; Connell, S.; Siska, V.; Eriksson, A.; Martiniano, R.; McLaughlin, R. L., *et al.* (2015). «Upper Palaeolithic Genomes Reveal Deep Roots of Modern Eurasians». *Nature Communications*, 6(1), pp. 1-8. Fu, Q.; Posth, C.; Hajdinjak, M.; Petr, M.; Mallick, S.; Fernandes, D.; Furtwängler, A., *et al.*, (2016). «The Genetic History of Ice Age Europe». *Nature*, 534(7606), pp. 200-205.

96. Esta cuestión se analiza en detalle más adelante; véanse las páginas 353-360.

97. Discutiré esta objeción más adelante, en las páginas 355-356.

98. En principio, las comunidades itinerantes transportaban estas figuritas y bolitas de arcilla de un lado a otro. Que yo sepa, no tenían una asociación particular con lugares evidentemente votivos.

99. Por supuesto que los cazadores-recolectores tienen mapas mentales. Pero los cazadores-recolectores tienden a estar aislados del peligro hubrístico de los mapas por su actitud general de deferencia hacia el mundo natural, que es una de sus características definitorias. Y, a menudo, estos mapas (como por ejemplo las famosas *songlines* australianas) se crean a partir de la propia tierra, no son creaciones humanas.

Paleolítico superior: Otoño

100. Campbell, J. (1991). *El poder del mito*. Madrid: Capitán Swing, p. 163.

101. Garner, «Aquiles en Altjira», ob. cit., p. 58.

102. Renfrew, C. (1990). *Archaeology and Language: The Puzzle of Indo-European Origins*. Cambridge University Press.

103. No voy a insistir demasiado, pero esto encaja perfectamente con la idea de que en el Paleolítico superior el yo (y, por lo tanto, la relación del yo con otras entidades) floreció poderosamente.

104. Al euskera le gusta nombrar. Hay que nombrar para poder alabar adecuadamente (aunque algún cínico podría señalar que Adán nombra a los animales en el Génesis en un acto de control neolítico por antonomasia: un acto antitético a la alabanza). Los chamanes dicen que el mundo natural está desesperado por recibir nuestras alabanzas. En este fragmento, Martin Shaw describe su reconciliación con la naturaleza: «El primer gran movimiento fue [...] reorganizar el detritus de mi discurso para dedicar una alabanza clara y sutil a los habitantes que contemplaba ante mí. No al "dios del río" sino al "río dios". En el momento en que metí el "del" en la mezcla apareció la abstracción y la mujer-zorro huyó de la cabaña

del cazador». Shaw, M. (2016). *Scatterlings: Getting Claimed in the Age of Amnesia.* White Cloud Press. Habría sido capaz de hacer este cambio más deprisa si hubiese hablado euskera en el norte de España en lugar de devónico en Dartmoor.

105. Sé que el perdón y la gracia de la tierra se deben a que ya he recorrido suficientes sitios como para conocer y reconciliarme con el lugar, y como para que me enseñe y me alimente. Se llega a lo general a través de lo particular. Creo que este fue el verdadero gran descubrimiento del Paleolítico superior. Es una paradoja, como todo lo que vale la pena conocer: errando se aprende a estar en casa.

Neolítico: Invierno

106. Alan Garner, «Aback of beyond», en *The Voice that Thunders,* ob. cit., pp. 19-38, esp. p. 37.

107. El argumento de que el fuego fue el factor más importante para determinar el futuro de los homínidos lo expone brillantemente Scott, J. C. (2017). *Against the Grain: A Deep History of the Earliest States.* Yale University Press, pp. 37-42.

108. Sin lugar a dudas, hoy en día esto resulta obvio. Gaia está harta de nuestra arrogancia y nos ha sacado, por lo menos, la tarjeta amarilla, si no la roja. La alteración del clima y las epidemias que empezaron como zoonosis son solo dos de los muchos ejemplos de amenazas existenciales que son consecuencia directa del cambio del estilo cazador-recolector al estilo neolítico del mundo.

109. En este libro no hablo sobre la formación de los estados, de las consecuencias de la formación de los estados ni de las alternativas. Eso ya lo hizo James C. Scott en *Against the Grain.* Sin embargo, me limitaré a señalar que el anarquismo está muy mal entendido y sistemáticamente mal representado. Tanto en la literatura académica como en la popular es raro encontrar un anarquista que no sea un hombre de paja. Podemos encontrar un excelente ejemplo de ello en O'Rourke, P. J. (1990). *Vacaciones en la guerra.* Picador: «La civilización es una enorme mejora con respecto a la falta de civilización... Todos los anarquistas universitarios deberían pasar una hora en Beirut» (p. xvi).

110. Para saber más sobre el número de Dunbar, véase la página 135.

111. Puede que viendo un mapa parezca que Göbekli Tepe está en la Anatolia Oriental, pero por lo que se refiere a esta discusión forma parte de Mesopotamia sin duda alguna.

112. Mithen, S. (2003). *After the Ice: A Global Human History, 20.000-5.000 a.C.* Weidenfeld and Nicolson, p. 67.

113. Scott, *Against the Grain,* ob. cit., pp. 81, 86.

114. Los perros domésticos adultos, por ejemplo, tienen los hocicos comparativamente más cortos que los lobos, mucho más parecidos a los de los cachorros. Y siguen ladrando cuando son adultos, al igual que los cachorros de lobo, pero los lobos adultos solo lo hacen muy raramente. Véase Grandin, T., y Deesing M. J. (eds.) (2014). *Behavioral Genetics and Animal Science.* Academic Press, pp. 1-40. Y, para profundizar sobre la cuestión de la neotenia en relación con el atractivo humano, Swami, V., y Harris, A. S., «Evolutionary Perspectives on Physical Appearance», en Cash, T. (ed.) (2012). *Encyclopedia of Body Image and Human Appearance.* Academic Press, 2012, pp. 404-411.

115. Harlan, J. R. (1967). «A Wild Wheat Harvest in Turkey». *Archaeology,* 20(3), pp. 197-201.

116. Scott, *Against the Grain,* ob. cit., pp. 7-10.

117. Génesis 4: 1-21.

118. Revelación 21.

119. Mateo 8: 20.

Neolítico: Primavera

120. Doone, John (1609), «Holy Sonnets».

121. (2013) *Diagnostic and Statistical Manual of Mental Disorder* (5ª ed.). American Psychiatric Association.

122. Blackburn, J. (2019). *Time Sing: Searching for Doggerland.* Random House.

123. Thomas, J. (2000). «Death, Identity and the Body in Neolithic Britain», *Journal of the Royal Anthropological Institute,* 6(40), pp. 653-668, esp. p. 659.

124. Esta veneración por los huesos de los muertos es común en muchas culturas. En Grecia, por ejemplo, los huesos se desentierran, se lavan y se colocan en un panteón familiar.

125. Thomas, *«Death, Identity and the Body in Neolithic Britain»,* ob. cit., pp. 657-658.

126. Thomas, *«Death, Identity and the Body in Neolithic Britain»,* ob. cit., p. 662.

127. Las fechas en las que se produjeron estas transiciones y la rapidez con la que se produjeron varió mucho según la geografía. El Neolítico empezó y terminó antes en el Oriente Próximo que en el norte de Europa, por ejemplo.

128. En el norte de Inglaterra, construidos sobre cámaras lineales que contenían muchos cuerpos. Véase Thomas, «Death, Identity and the Body in Neolithic Britain», ob. cit., p. 663.

129. Podríamos discutir que existe un paralelismo (por ejemplo, en Judea durante el período del Segundo Templo) a la hora de agrupar los huesos de un individuo en un osario en lugar de mezclarlos con los de los antepasados, un marcador de la individualidad que normalmente (por lo menos en Judea) se interpreta que indica una creencia en la resurrección del individuo.

130. Para obtener un análisis general de esta idea en el contexto de Oriente Próximo, véase Stavrakopoulou, F. (2010). *Land of Our Fathers: The Roles of Ancestor Veneration in Biblical Land Claims.* T. & T. Clark.

131. A falta de un elegante y moderno juego de pies jurídico.

132. El poeta John Clare fue conducido al manicomio y a la tumba por las vallas inglesas que recortaron las tierras comunales (sobre todo las reformas agrarias), porque le desterraron de los lugares naturales que para él eran vitales.

133. Reed, L. (1924). *The Complete Limerick Book.* Jarrolds.

134. (2012). *Boneland.* Fourth Estate, p. 47.

135. Véanse las páginas 47-51 para saber más sobre la discusión acerca de estos y otros símbolos del Paleolítico superior.

136. Bradley, R, (2012). *The Idea of Order: The Circular Archetype in Prehistoric Europe.* Oxford University Press, pp. 7-11.

137. Bradley, *The Idea of Order,* ob. cit., p. 29.

138. No me estoy refiriendo al arte fuera de la arquitectura. Gran parte del arte del Neolítico y de la Edad de Bronce es, por supuesto, curvilíneo. Pero hay algunas excepciones, como por ejemplo en la Gran Bretaña e Irlanda del Neolítico tardío, donde las casas y los monumentos eran redondos, y la cerámica solía estar decorada con motivos angulares. Sin embargo, la regla general en el Neolítico fue: casas rectilíneas, arte curvilíneo. Esta disonancia la explora en detalle Richard Bradley en *The Idea of Order,* y no debe confundirse con la tesis que estoy exponiendo en este libro.

139. Cauvin, J. (2000). *The Birth of the Gods and the Origins of Agriculture.* Cambridge: Cambridge University Press. Este mismo argumento aparece resumido en Bradley, R., *The Idea of Order,* ob. cit., pp. 48 y 67. También puede resultar interesante ahondar en este tema con Thompson, W. I. (1996). *The Time Falling Bodies Take to Light: Mythology, Sexuality and the Origins of Culture.* Palgrave Macmillan. El autor sostiene que el arte del Paleolítico superior se caracteriza por las formas femeninas y que, en épocas posteriores, la forma femenina redondeada, que resulta tan familiar desde el Paleolítico superior, no deja de dominar. De ahí que la diosa Blanca de Robert Graves siga reinando de forma encubierta en la arquitectura de los templos y otros edificios y monumentos religiosos. Véase Graves, R. (1948). *The White Goddess.* Faber & Faber.

140. Para tener un contexto más amplio de Stonehenge, véase Leivers, M. (2021). «The Army Basing Programme, Stonehenge and the Emergence of the Sacred Landscape of Wessex». *Internet Archaeology*, 56.

141. Tal y como demuestran los estudios isotópicos, que pueden revelar el origen de algunos artefactos.

142. El miedo a la muerte es quizá la gran preocupación humana (aunque dudo de que sea una preocupación solo de los humanos). A diferencia de muchos, no considero que sea un asunto religioso o incluso de aquellas religiones que tienen una idea clara de una vida después de la muerte. Hay muchos ejemplos de sistemas que pretenden deshacerse del miedo sin insistir en ningún corolario metafísico. Sospecho que en el mundo antiguo los Misterios de Eleusis eran uno de esos sistemas. Aunque se tejió en torno al mito de Deméter y Perséfone, me sorprendería si alguien considerara que el asentimiento a cualquier proposición en relación con ese mito fuera central para el trabajo que los Misterios hicieron para los iniciados.

En nuestro mundo, el psicoanálisis y el floreciente uso de enteógenos son ejemplos evidentes de ello.

143. Para más información sobre los posibles propósitos de Stonehenge, véase Pearson, M. P. (2012). *Stonehenge: Exploring the Greatest Stone Age Mystery.* Simon and Schuster.

144. Por ejemplo, Mount Pleasant en Dorset. Para profundizar más sobre la cuestión de los círculos de madera como motivo de la transitoriedad humana, véase: Harris. O. J. T., y Sørensen, T. F. (2010). «Rethinking Emotion and Material Culture». *Archaeological Dialogues*, 17(2), p. 145; y Brazier, C. (2014). «Walking in Sacred Space». *Self & Society*, 41(4), pp. 7-14.

145. La avenida de Woodhenge-Stonehenge puede haber estado señalada originalmente con piedras. Hay una avenida mucho más evidente en la cercana Avebury, marcada con piedras a cada lado, y otra en Shap, en Cumbria.

146. 1 Corintios 15: 42 (versión estándar revisada): «Lo que se siembra, es perecedero, lo que resucita es imperecedero».

147. Las muertes metafóricas son bastante comunes en las religiones del mundo. Quizá las más explícitas sean las del budismo tibetano, en el que se intenta sistemáticamente entrar en la experiencia de la muerte y, así, prepararse para ella. En el bautismo cristiano, el nuevo creyente pasa por las aguas de la muerte figurada para emerger a la nueva vida del más allá.

148. 1 Corintios 13: 12 (versión del rey Jacobo): «Porque ahora vemos a través de un espejo, en tinieblas; pero luego cara a cara: ahora conozco en parte; pero entonces conoceré como también soy conocido».

149. Pryor, F. (2003). «Britain B.C: Life in Britain and Ireland before the Romans». HarperCollins.

150. En muchas de las antiguas tumbas de paso del Neolítico temprano, en el solsticio de invierno, cuando la oscuridad celebraba su mayor triunfo sobre la luz, el sol brillaba sobre los muertos. Y en el parque temático Stonehenge-Durrington, uno de esos efímeros círculos de madera de Durrington Walls estaba orientado hacia la luz de pleno invierno (reconociendo que hay muerte en medio de la vida), mientras que parte de la avenida de Stonehenge apuntaba en dirección al solsticio de verano, el momento en que el sol no tiene rival (mostrando que la luz gobierna incluso en la sombría ciudadela de piedra de los muertos).

151. Por supuesto, también lo es esta reivindicación, pero seguramente se desprende de la yuxtaposición deliberada de los pueblos de los vivos y de los muertos, y de la probabilidad de algún tipo de ruta procesional entre ellos.

152. Para ahondar en ese debate, véase, por ejemplo: Edmonds, M., «Interpreting Causewayed Enclosures in the Past and Present», en Tilley, C. Y. (ed.) (1993), *Interpretative Archaeology*. Berg, pp. 99-142; Barrett, J. C., «Fields of Discourse: Reconstituting a Social Archaeology», en Thomas, J. (ed.) (2000), *Interpretative Archaeology: A Reader*. Universidad de Leicester Press, pp. 23-32; Harris, O. J. T., «Communities of Anxiety: Gathering and Dwelling at Causewayed Enclosures in the British Neolithic», en Fleisher, J., y Norman, N. (eds.) (2016). *The Archaeology of Anxiety*. Springer; y Bradley, R. (2012). *The Significance of Monuments: On the Shaping of Human Experience in Neolithic and Bronze Age Europe*. Routledge.

Neolítico: Verano

153. Engels, F. (2010). *El origen de la familia, la propiedad privada y el Estado*. Madrid: Diario Público, p. 77.

154. Fiems, L.; Campaneere, S.; Caelenbergh, W., y Boucqué, C. (2001). «Relationship between Dam and Calf Characteristics with Regard to Dystocia in Belgian Blue Double Muscled Cows». *Animal Science,* 72(2), pp. 389-394. Arthur, P. (1995). «Double Muscling in Cows: A Review». *Australian Journal of Agricultural Research,* 46, pp. 1493-1515.

155. Es probable que eso se deba al «flushing», la práctica de dar a las ovejas comida adicional para promover la ovulación.

156. Atkinson, O. (diciembre 2018): *Feeding the Cow,* Webinar Vet.

157. Véase Levítico 25.

158. Un ejemplo de este punto de vista, de un antiguo (y ahora caído en desgracia) vicario de una iglesia evangélica conservadora: «Hoy mismo uno de nuestros miembros me ha dicho que, como resultado de haber estado en [un curso de formación] el año pasado, ahora le resulta imposible caminar por la calle

sin ser consciente de dónde pasará la eternidad la mayoría de la gente». Fletcher, J. (2013). *Dear Friends*. Lost Coin Books, p. 26.

159. A menudo me he preguntado sobre esta distinción. Supongo que si uno dice que es espiritual está afirmando algo sobre su constitución o disposición, pero si dice que es espiritual pero no religioso, está diciendo que su disposición no está o no puede estar limitada por un conjunto particular de proposiciones teológicas o metafísicas. La dificultad estriba en que la mayoría de las personas que son inequívocamente religiosas, pero que no son fundamentalistas, dirían que su disposición espiritual tampoco puede estar limitada.

160. Véase, por ejemplo, Harrison, S. (1987). «Cultural Efflorescence and Political Evolution on the Sepik River», *American Ethnologist*, 14(3), pp. 491-507.

161. Puede que haya unas 150 especies de flores y hierbas en un prado tradicional: véase http://www.bbc.co.uk/earth/story/20150702-why-meadows-are-worth-saving

162. En este libro no trato la cuestión de los primeros estados. Algunas de las cuestiones relativas a la formación de los estados son las mismas que se tratan aquí, pero otras no. El mejor relato que conozco sobre el nacimiento de los estados en el aluvión mesopotámico, y el más accesible, es Scott, J. C., *Against the Grain*, ob. cit.

163. La historia posneolítica del mundo podría escribirse coherentemente en su totalidad en términos de las limitaciones de las relaciones humanas impuestas por el número de Dunbar, pero como este libro salta directamente del Neolítico (al final del cual Dunbar apenas había empezado a morder) a la Ilustración, no voy a esbozar los contornos del argumento en esa línea que creo posible.

164. Scott, *Against the Grain*, ob. cit., p. 105.

165. Véase Crowden, J. (1999). *Cider: The Forgotten Miracle*. Cyder Press, p. 15.

166. Roger Wilkins, de la granja Land's End Farm, Mudgley.

167. Raymo, C. (2005). *The Soul of the Night: An Astronomical Pilgrimage*. Cowley Publications, p. 46.

168. Génesis 2: 20.

169. Véanse las páginas 278-281 para la discusión sobre la importancia de la mitad del verano en el Neolítico.

170. Steel, C. (2020). *Ciudades hambrientas: cómo el alimento moldea nuestras vidas*. Madrid: Capitán Swing, p. 57.

171. Steel, *Ciudades hambrientas*, ob. cit., p. 60.

172. ADM (Archer Daniels Midland), Bunge, Cargill y Dreyfus: véase Steel, *Ciudades hambrientas,* ob. cit., p. 165.

173. Pinker, S. (2012): *Los ángeles que llevamos dentro: el declive de la violencia y sus implicaciones.* Barcelona: Paidós Ibérica, p. 48.

174. En cualquier caso, no hay ningún pueblo vivo o reciente que, en el contexto que estoy discutiendo aquí, sea un buen análogo a los cazadores-recolectores de la Europa templada.

175. Bruce Chatwin señaló en *Los trazos de la canción* (pp. 311-312): «Una regla general de la biología estipula que las especies migratorias son menos "agresivas" que las sedentarias. Existe una razón evidente para ello. La migración misma, como el peregrinaje, es el viaje arduo: un "nivelador" en virtud del cual sobreviven los "aptos", en tanto que los rezagados caen a la vera del camino. Así el viaje hace innecesarias las jerarquías y las exhibiciones de autoridad. Los "dictadores" del reino animal son aquellos que viven en un ambiente de abundancia. Los anarquistas, como siempre, son los "caballeros del camino"».

176. Todas estas citas son de la charla de Jay Griffiths titulada «Ferocious Tenderness» que dio en la conferencia «Radical Hope and Cultural Tragedy», 2015: https://www.youtube.com/watch?v=4nzaFmluD0c. Véanse también los libros de Griffiths (2008). *Wild: An Elemental Journey.* Penguin; y (2014). *Kith: The Riddle of the Childscape.* Hamish Hamilton.

177. El papel de la escritura (y, en particular, de la escritura alfabética, no pictográfica) en el divorcio entre los seres humanos y el mundo no humano ha sido amplia y brillantemente explorado por Abram, D. (1997). *The Spell of the Sensuous: Perception and Language in a More-Than-Human World.* Vintage.

178. c. 3300 a.C.

179. A finales del cuarto milenio antes de Cristo.

180. Ver Abram, *The Spell of the Sensuous: Perception and Language in a More-Than-Human World,* ob. cit.

Neolítico: Otoño

181. Probablemente, en el Neolítico, la construcción de monumentos megalíticos era más importante que lo que ocurría en ellos.

182. Parece que las fiestas que celebraban en invierno en los grandes monumentos megalíticos británicos eran mayores que las de verano: véase, por ejemplo, Leivers, al que se hace referencia en la nota 140 de página 406.

183. Discutir de manera satisfactoria sobre los motivos binarios en el pensamiento antiguo y moderno es una cuestión que va mucho más allá de este libro. Tendría que incluir, entre otras muchas cosas, una exposición del estructuralismo y de sus críticos. Quizás empezaría con los relatos de la creación en el libro del Génesis (que tal vez no sean tan binarios como parecen a primera vista), y luego pasaría por Platón, la no dualidad oriental y occidental, el gnosticismo, Claude Lévi-Strauss (en particular su libro *Le cru et le cuit,* en el que explora las costumbres de las tribus amazónicas) y Jacques Derrida, hasta la programación informática y los modos algorítmicos de toma de decisiones.

184. En «Defending the Mysteries», https://vimeo.com/347380878

185. De *The Lawyer* (17 de enero de 2020), citado en el resumen diario de Lawtel.

186. Compara la historia de lo que ocurrió cuando el pueblo nayaka de las colinas de Nilgiri, en el noreste de la India, se dedicó a la agricultura. Por primera vez empezaron a comportarse de forma agresiva con los animales, y se vieron a sí mismos como propietarios de la tierra recién desocupada: véase Naveh, D., y Bird-David, N. (2014). «How Persons Become Things: Economic and Epistemological Changes Among Nayaka Hunter-Gatherers». *Journal of the Royal Anthropological Institute,* 20(1), pp. 74-92.

La Ilustración

187. Dresden James, ampliamente citado, pero de origen poco claro.

188. Kripal, J. J., *The Flip,* ob. cit., p. 12.

189. Garner, A. (1996). *Strandloper.* Harvill Press, p. 176.

190. Lewis, C. S. (2013). *La última batalla.* Barcelona: Planeta, p. 282.

191. Véase Aristóteles, *Historia de los animales, Sobre la generación de los animales, Sobre el movimiento de los animales* y *Sobre las partes de los animales.*

192. Aristóteles, *Acerca del alma.*

193. Véase *De la naturaleza de las cosas* de Lucrecio e *Historia natural* de Plinio el Viejo.

194. Las reinterpretaciones medievales de la epopeya de Troya son, igual que Homero, ciegas al paisaje: véase, por ejemplo, la epopeya francesa del siglo XII *Roman d'Enéas.* Véase la discusión sobre el paisaje y la perspectiva en Homero, Virgilio y la literatura medieval en Andersson, T. (1976). *Early Epic Scenery.* Cornell University Press; y Brener, M. E. (2004). *Vanishing Points: Three Dimensional Perspective in Art and History.* McFarland.

195. Brener, *Vanishing Points,* ob. cit., p. 178.

196. Burnet, T. (1681). *Sacred Theory of the Earth*. Citado en Brener, *Vanishing Points*, ob. cit., p. 179.

197. 1 Pedro 5: 8.

198. Para un análisis de estas prácticas, véase Owens, S. (2020). *Spirit of Place: Artists, Writers and the British Landscape*. Thames & Hudson.

199. Citado en Brener, *Vanishing Points*, ob. cit., p. 180.

200. En relación con Inglaterra, el cambio de actitudes hacia el paisaje ha sido magníficamente documentado y analizado por Susan Owens en *Spirit of Place*. Señala, por ejemplo, que las montañas tienden a ser vistas como algo aterrador, sostiene que su sublimidad fue reconocida por primera vez por Thomas Gray (1716-1771) en su famosa *Elegy in a Country Churchyard*, y observa que cuando la valiente Celia Fiennes cabalgó por Derbyshire a finales del siglo XVIII parecía no gustarle el condado principalmente por su relativa inutilidad agrícola. Difiero de Owens en ciertos puntos: ella ve una genuina observación y apreciación del paisaje en *Beowulf* (de la guarida de Grendel en particular) y en *Sir Gawain y el Caballero Verde*. Yo, no. De hecho, me parece que tanto Beowulf como Sir Gawain y el Caballero Verde ejemplifican bastante bien que el mundo natural se percibe simplemente como un telón de fondo para el drama humano.

201. Brener sostiene que fue el pintor alemán Albrecht Altdorfer (c.1480-1538).

202. Brener argumenta de forma convincente que, aunque los artistas chinos del periodo medieval eran observadores mejores y con más interés del mundo natural que los artistas europeos, también tenían poco interés intrínseco en la naturaleza, pero sí que utilizaban motivos naturales para expresar verdades sobre ellos mismos: «Los artistas chinos buscan en su interior y en su propia espiritualidad la expresión de lo que ven en la naturaleza. Los artistas europeos de los últimos siglos se fijan en la escena en sí»: Brener, *Vanishing Points*, ob. cit., p. 154.

203. Scott, *Against the Grain*, ob. cit., p. 253.

204. Jacobson, H. (2003). *Coming from Behind*. Vintage. El protagonista se llama Sefton Goldberg.

205. Romanos 8: 19-22.

206. Véase la discusión en Pinker, S. (2018). *Enlightenment Now: The Case for Reason, Science, Humanism and Progres*. Penguin Random House, p. 23.

207. Cuándo terminó el Neolítico es, por supuesto, una cuestión debatible, y depende de la zona de la que se esté hablando.

208. Lewis, C. S. (1954). *Poetry and Prose in the Sixteenth Century*. Clarendon Press, p. 3.

209. Pinker, *Enlightenment Now,* ob. cit., p. 8.

210. Para ver ejemplos de las afirmaciones sobre cómo han mejorado las cosas bajo la benévola influencia de la Ilustración, véase la obra de Steven Pinker *Los ángeles que llevamos dentro: el declive de la violencia y sus implicaciones y Enlightenment Now.*

211. En *Enlightenment Now* Pinker escribe: «Cuando la revolución industrial consiguió liberar energía utilizable a partir del carbón, el petróleo y la caída del agua, inició una Gran Evasión de la pobreza, la enfermedad, el hambre, el analfabetismo y la muerte prematura, primero en Occidente y cada vez más extendida por el resto del mundo» (p. 24). Ningún gráfico ni ninguna métrica de ningún tipo puede ser suficiente para hacer una afirmación tan halagüeña. Al considerar las ideas contrarias a la Ilustración, aborda de forma aguda y convincente las de las derechas (el fundamentalismo religioso y el nacionalismo), pero las de la izquierda no tanto. Dice que «la izquierda tiende a simpatizar con otro movimiento que subordina los intereses humanos a una entidad trascendente, el ecosistema. El movimiento romántico de los verdes ve la captura humana de energía no como una forma de resistir la entropía y mejorar el florecimiento humano, sino como un crimen atroz contra la naturaleza que exigirá una terrible justicia en forma de guerras por los recursos, aire y agua envenenados, y un cambio climático que acabará con la civilización» (p. 32). Considerar que los intereses humanos son distintos de los del mundo no humano hoy en día nos parece muy antediluviano y peligroso. No sigo hablando de esta cuestión en el cuerpo del texto porque mis preocupaciones están subsumidas en la discusión de la ubicuidad de la conciencia. Pero la defensa de Pinker de un ecologismo humanista «más ilustrado que romántico, a veces llamado ecomodernismo o ecopragmatismo» (pp. 121-155) no puede dejarse pasar. Cree que podemos resolver el problema del cambio climático si «mantenemos las fuerzas benévolas de la modernidad que nos han permitido resolver los problemas hasta ahora, incluyendo la prosperidad de la sociedad, los mercados sabiamente regulados, la gobernanza internacional y las inversiones en ciencia y tecnología» (p. 155). Propone poner a los zorros a cargo del gallinero. Esto parece poco inteligente. ¿Pueden los problemas convertirse realmente en soluciones? Parece poco probable.

212. Uno de los defensores más perspicaces de la Ilustración, Tzvetan Todorov, observa que fue «una era de debate más que de consenso». En (2009). *In Defence of the Enlightenment.* Londres: Atlantic, p. 9.

213. Todorov, *In Defence of the Enlightenment,* ob. cit., p. 44.

214. Citado en Todorov, *In Defence of the Enlightenment,* ob. cit., p. 44.

215. Citado en Todorov, *In Defence of the Enlightenment,* ob. cit., p. 35.

216. Pinker, *Enlightenmente Now,* ob. cit., p. 24.

217. John Maddox (1981). «¿Un libro para quemar?». *Nature,* 293(5830).

218. Un buen ejemplo de cómo debe funcionar el escepticismo científico está en la respuesta de Michael Shermer al incidente de la radio muerta que se detalla en la página 413. Concluye: «Si queremos tomarnos en serio el credo científico de mantener la mente abierta y permanecer agnósticos cuando las pruebas son inconclusas o el enigma no se resuelve, no debemos cerrar las puertas de la percepción cuando se nos abren para maravillarnos con lo misterioso». Shermer, M. (2014). «Infrequencies», *Scientific American,* 311(4), p. 97.

219. Un buen ejemplo de esto se encuentra en la entrevista de John Maddox sobre el libro de Rupert Sheldrake *A New Science of Life,* sobre el que ya he hablado. Dice: «Es innecesario introducir la magia en la explicación de los fenómenos físicos y biológicos cuando, de hecho, es muy probable que si continuamos investigando tal y como hemos hecho hasta ahora, acabemos llenando todas las lagunas que Sheldrake señala»: véase https://www.youtube.com/watch?v=QcWOz1xjtsY. Maddox también pensaba que el Big Bang era «filosóficamente inaceptable» y que pronto sería refutado: (1898). «Down with the Big Bang». *Nature,* 340(6233), p. 425; otra ilustración de la ideología materialista manipulando a la ciencia.

220. Lamarck es famoso por la noción de que la evolución procedía por la vía de la herencia de las características deseables adquiridas por los padres.

221. Todorov (*In Defence of the Enlightenment,* ob. cit., p. 6) escribe sobre el efecto de la Ilustración en nuestra autodefinición moderna. Si modifico su afirmación añadiendo dos palabras entre corchetes, creo que tiene razón: «La gran agitación que tuvo lugar en los tres cuartos de siglo anteriores al 1789 fue responsable, más que ninguna otra cosa, de nuestra [falta de] identidad actual».

222. Kripal, *The Flip,* ob. cit., p. 55.

223. No existe una definición universalmente aceptada de lo que es la «interpretación de Copenhague» de la mecánica cuántica. Algunos incluirían elementos que otros excluirían. Pero sí que hay un acuerdo suficiente sobre el contenido de la «interpretación» para que la expresión tenga sentido, por lo menos para los no especialistas. Los detalles del contenido no importan a efectos de mi argumento. Nadie cuestiona que los componentes básicos de la interpretación representen la ortodoxia dominante entre los físicos cuánticos en el siglo xx y hasta bien entrado el xxi. La mayoría de los componentes centrales siguen siendo objeto de un acuerdo generalizado, aunque quizás haya menos físicos cuánticos que se conformen con decir, sin calificar, que son miembros de la escuela de Copenhague.

224. Bohr se basó en el principio de incertidumbre de Heisenberg (que afirma que no podemos conocer el momento y la posición de un electrón en concreto al mismo tiempo).

225. Heisenberg, W. (1958). *The Physicist's Conception of Nature*, Pomerans, A. J. (trad.). Harcourt Brace, p. 29.

226. John Clauser *et al.*, University of California, Berkeley; Alain Aspect *et al.*, Universidad de París, Orsay; y Nicolas Gisin *et al.*, Universidad de Ginebra.

227. Para la discusión, véase Kripal, *The Flip*, ob. cit., pp. 98-103.

228. Whitehead, A. N. (1933). *Adventures of Ideas*. Macmillan; Sprigge, T. (1983). *A Vindication of Absolute Idealism*. Routledge and Kegan Paul; Griffin, D. (1998). *Unsnarling the World-Knot: Consciousness, Freedom, and the Mind-Body Problem*. University of Minnesota Press; Nagel, T., «Panpsychism», en (1979). *Mortal Questions*. Cambridge: Cambridge University Press, pp. 181-195; y (2014). *La mente y el cosmos: por qué la concepción neo-darwinista materialista de la naturaleza es, casi con certeza, falsa*. Biblioteca Nueva. El relato más accesible del punto de vista de Galen Strawson se encuentra en (2006). «Realistic Materialism: Why Physicalism Entails Panpsychism». *Journal of Consciousness Studies*, 13(10-11), pp. 3-31; véase también Sheldrake, R, (2021). «Is the Sun Conscious?». *Journal of Consciousness Studies*, 28(3-4), pp. 8-28.

229. Tenemos que ir con cuidado al suponer que las colecciones de partículas atómicas se comportan de la misma manera que las partículas subatómicas. Pero veamos qué dice el físico Erich Joos al respecto: «Simplemente asumir, o más bien postular, que la teoría cuántica es solo una teoría de los microobjetos, mientras que en el ámbito macroscópico por decreto (¿o debería considerarlo más bien un deseo?) un ámbito clásico tiene que ser válido... eso conduce a las paradojas interminablemente discutidas de la teoría cuántica. Estas paradojas solo se dan porque esa aproximación es conceptualmente inconsistente... Además, los microobjetos y los macroobjetos están tan fuertemente acoplados a nivel dinámico que ni siquiera sabemos dónde se supone que estaría la frontera entre los dos supuestos ámbitos. Por todo eso, parece obvio que no existe ninguna frontera». Erich Joos, «The Emergence of Classicality from Quantum Theory», en Philip Clayton y Paul Davies (eds.) (2006). *The Re-Emergence of Emergence: The Emergentist Hypothesis from Science to Religion*. Oxford: Oxford University Press, pp. 74-75. Véase también el análisis de esta cuestión por Bernardo Kastrup en (2021). *Decoding Jung's Metaphysics: The Archetypal Semantics of an Experiential Universe*. Iff Books, pp. 46-70.

230. Como por ejemplo de la presunción de que entendemos lo que es la materia. Y que nada que no sea materia existe. Y que cualquier fenómeno del mundo natural debe depender en última instancia de la materia.

231. Véase Kripal, *The Flip*, ob. cit., pp. 48-53.

232. ¿Tal vez a una dirección más salubre? Rumi, adoptando el punto de vista de Aristóteles sobre la jerarquía de las almas, observa que cuando su naturaleza mineral murió, adquirió un alma vegetal; cuando su cuerpo vegetal murió,

adquirió un alma animal; y cuando su cuerpo animal murió, se convirtió en un hombre. Al considerar su propia muerte, observa: «Entonces, ¿qué debo temer? Nunca me he convertido en menos al morir». *Masnavi III:* 3901-3906, traducido al inglés por Ibrahim Gamard, https://www.dar-al-masnavi.org/book3.html

233. (2004). *Las puertas de la percepción.* Barcelona: Editora y Distribuidora Hispanoamericana.

234. Véase Padgett, J., y Seaberg, M. (2014). *Struck by Genius: How a Brain Injury Made Me a Mathematical Marvel.* Houghton Mifflin Harcourt.

235. Carta a Sheldon Vanauken, diciembre 23 de 1950, en Hooper, W. (ed.) (2007). *The Collected Letters of C. S. Lewis: Narnia, Cambridge and Joy, 1950-1963.* HarperSanFrancisco.

236. Juan 8: 58.

237. Kripal, *The Flip,* ob. cit., pp. 55-56.

238. Reiman, M. W., *et al.,* (2017). «Cliques of Neurons Bound into Cavities Provide a Missing Link between Structure and Function». *Frontiers in Computational Neuroscience.*

239. Un excelente ejemplo de esta actitud está en la discusión de Gerd Ludemann sobre la Ascensión. «Por regla general, en un caso así no nos planteamos la cuestión histórica. En este caso particular, me apresuro a añadir que cualquier elemento histórico detrás de esta escena y/o detrás de Hechos 1: 9-11 debe ser descartado porque no existe tal cielo al que Jesús pueda haber sido llevado». (2004). *The Resurrection: A Historical Inquiry.* Prometheus, p. 114. James Tabor, al comentar el nacimiento y la resurrección de Jesús, mantiene una posición similar: «Los historiadores están obligados por su disciplina a trabajar dentro de los parámetros de una visión científica de la realidad. Las mujeres no se quedan embarazadas sin un varón, nunca. Así que Jesús tuvo un padre humano, tanto si lo podemos identificar como si no. Los cuerpos muertos no se levantan, no si uno está clínicamente muerto, como Jesús seguramente lo estuvo después de la crucifixión romana y tres días en una tumba. Así que si la tumba estaba vacía la conclusión histórica es simple; alguien trasladó el cuerpo de Jesús y probablemente lo enterró de nuevo en otro lugar». (2007). *The Jesus Dynasty.* Harper Element, pp. 262-263.

240. Cardeña, E. (2018). «La evidencia experimental de fenómenos parapsicológicos: una revisión». *American Psychologist,* 73.5, p. 663; Reber, A. S., y Alcock, J. E. (2019). «Searching for the Impossible: Parapsychology's Elusive Quest». *American Psychologist.*

241. Kripal, *The Flip,* ob. cit., pp. 36-37.

242. Véanse las páginas 353-355.